高职高专公共基础课课改系列教材

河北省职业教育精品在线开放课程配套教材

计算机文化基础一体化教程

(第二版)

主　编　高树芳　完颜严

副主编　高凌燕　李　亮　张少芳

　　　　陈亚莉　李志强　崔小静

主　审　王月春

本书资源列表

西安电子科技大学出版社

内 容 简 介

本书是基于理论和实践一体化的指导思想而编写的。全书共 6 章，主要内容包括：计算机基础知识，网络基础和 Internet 应用，Windows 10 操作系统——学生电脑资源管理，Word 2016 的应用——校园周刊制作，Excel 2016 的应用——学生成绩管理，PowerPoint 2016 的应用——我的大一生活。

本书具有理论与实践一体化、教材内容实用化等特点，适合以机房教学为主的“教、学、做”一体化教学。计算机基础知识、网络基础和 Internet 应用部分按照“理论知识+实训”方式编写，注重理论知识与实践能力的培养；Windows 10 操作系统和 Office 2016 软件部分按照“项目导向+任务驱动”方式编写，注重培养学生解决实际问题的能力。本书共设计了 4 个实训和 19 个教学任务，每个任务按照“任务描述与实施”“相关知识与技能”等环节展开，将主要知识点融入任务中，使学生在任务的实施过程中学习知识和技能，激发学生的学习积极性，提高学生的应用能力。

本书内容通俗易懂，案例丰富，易教易学。本书注重将计算机应用技能和学生养成教育相结合，从素材内容、任务要求和学习活动等多方位融入了思政内容，为有效发挥课堂育人主渠道作用奠定了基础。

本书可作为高职院校“计算机文化基础”或“计算机应用基础”课程的教材，也可供其他层次院校的教师和学生、企事业单位办公人员学习参考。

图书在版编目(CIP)数据

计算机文化基础一体化教程 / 高树芳，完颜严主编. —2 版. —西安：
西安电子科技大学出版社，2021.6(2022.8 重印)
ISBN 978-7-5606-6069-1

Ⅰ. ①计… Ⅱ. ①高… ②完… Ⅲ. ①电子计算机—高等职业教育—教材
Ⅳ. ①TP3

中国版本图书馆 CIP 数据核字(2021)第 103612 号

策　　划　毛红兵
责任编辑　王　瑛
出版发行　西安电子科技大学出版社(西安市太白南路 2 号)
电　　话　(029)88202421　88201467　　邮　　编　710071
网　　址　www.xduph.com　　电子邮箱　xdupfxb001@163.com
经　　销　新华书店
印刷单位　陕西天意印务有限责任公司
版　　次　2021 年 6 月第 2 版　2022 年 8 月第 8 次印刷
开　　本　787 毫米×1092 毫米　1/16　印　张　17
字　　数　399 千字
印　　数　17 101～20 100 册
定　　价　39.00 元
ISBN 978-7-5606-6069-1/TP
XDUP 6371002-8
如有印装问题可调换

前　言

“计算机文化基础”是高等学校为各专业学生开设的一门公共必修课程。该课程的教学目的是使学生增强信息意识，提升计算思维能力，促进数字化创新与发展能力，为学生职业发展、终身学习和服务社会奠定基础。

本书坚持理论与实践并重，教学与自学并用的基本原则，融入一体化教学设计思想，按照国家对新形态一体化教材开发要求，通过教材及配套资源建设，支撑 SPOC 和 MOOC 开放教学，以及翻转课堂、混合式教学活动。与第一版相比，本版主要做了以下修改：融入了课程思政元素；将操作系统版本升级为 Windows 10；将 Office 软件版本升级为 Office 2016；优化了各章习题；完善了教材配套资源。

本书具有以下四大特点：

(1) 教材内容实用。

本书基于理论和实践一体化的教学理念而编写，适合全程在计算机实验室实施“教、学、做”一体化教学。

本书以“拓宽知识、提高能力”作为课程改革的目标，以“必需的职业能力”作为教材内容的选取依据，适当提高了教材内容的深度和广度。教材内容全面涵盖全国计算机一级考试大纲内容，涉及全国计算机二级考试“MS Office 高级应用”的绝大部分内容。在 Excel 2016 一章，编者将程序设计基础、数据分析等计算机专业知识融入教材，通过大量例题和课堂练习，详细阐述了 Excel 2016 中的重点和难点内容，这有利于培养学生的逻辑思维能力，也为学生学习后续软件类课程奠定了基础。

(2) 章节结构合理。

本书根据每章具体内容的特点采用了合适的章节结构模式。

第 1、2 章(计算机基础知识、网络基础和 Internet 应用)系统性、理论性较强，采用了传统的“章节”结构，以“理论+实训”的方式编写。

第 3～6 章(Windows 10+Office 2016)实践性、应用性较强，采用了“项目化”编写方式，每章安排了一个项目。“学生电脑资源管理”“校园周刊制作”“学生成绩管理”“我的大一生活”四个项目的教学情景设置都与学生的学习和生活息息相关，体现了“以学生为主体”的教学思想。

(3) 任务实施表格化。

本书每个项目任务都由“任务描述与实施”和“相关知识与技能”两大部分组成。

“任务描述与实施”部分：通过设计一张“任务要求及操作要点”表格，进行任务的布置和操作步骤的讲解。表格分为左右两列，“任务要求”和“操作要点”左右对照、密切呼应。项目任务明确、要求具体，实施步骤清晰、便于操作。

基础好的学生可重点关注“任务要求”，先尝试着独立完成任务，再与“操作要点”比对检查；基础差的学生对照“任务要求”，重点学习“操作要点”，按操作提示并通过观看微课一步步完成任务。这种“一张表格做任务”的设计，既可提高学生的“读书”兴趣，也为实施“个性化”“分层分类”教学提供了支持。

“相关知识与技能”部分：为项目任务实施中的重点和难点问题提供支撑，并使知识和技能得以扩展。

任务实施表格化是本书编写中的一个重要创新点。

(4) “问、做、思、学”四步化。

本书以“问题＋任务”为驱动，让学生在解决问题、完成任务的过程中学习相关知识。

前两章内容以理论为主，在每节开头给出了“主要知识技能点一览表”，提出问题，让学生带着问题学习；在每一章后面给出了实训内容，有助于学生运用所学知识解决问题。

后四章内容以实操为主，每个任务按照“任务描述与实施”→“相关知识与技能”的结构组织内容，其中“任务描述与实施”中的“任务实施”部分又分为“解决思路”“实施步骤”“自主训练”“问题思考”四大环节，在任务实施过程中培养学生的计算思维和意识，提高学生利用信息技术解决实际问题的能力。

本书在编写过程中探索了“问、做、思、学”四步教学法。“问”指首先提出问题或任务，以激发学生的学习兴趣；“做”指回答问题或完成任务，通过实践掌握技能；“思”指完成任务后，开展“问题思考”或完成课后习题，使学生举一反三，引发思考；“学”指在实施任务前、任务中和完成任务后按需求、个性化、多频度地学习“相关知识与技能”内容和微课等配套资源，以达到知识的巩固、拓展和提高，从而实现知识体系的构建。

“问、做、思、学”四步教学法体现了“先实践，再理论”“先感性，再理性”“做中学，学中做”等教学思想，“学”贯穿于整个教学活动中，是所有教学活动的根本目的。

本书以二维码形式提供配套教学资源，读者可随扫随学。

(1) 扫描封面二维码可浏览全书资源列表。

(2) 扫描每章首页的二维码可观看本章的教学课件。

(3) 每章资源有重要知识点微课、任务操作演示视频，每章末的“第X章其他资源”二维码包括了更多的微课资源。

更多数字资源可登录https://mooc.icve.com.cn网站(“智慧职教MOOC学院”)或从手机上下载“云课堂智慧职教”APP，在MOOC课程中搜索“计算机文化基础”课程(高树芳)加入并学习。

本书由石家庄邮电职业技术学院高树芳、洛阳职业技术学院完颜严主编，由石家庄邮电职业技术学院王月春主审。石家庄邮电职业技术学院高凌燕、李亮、张少芳，洛阳职业技术学院陈亚莉、李志强，许昌工商管理学校崔小静担任本书副主编。本书编写分工如下：第1章由陈亚莉编写；第2章的2.1～2.3节由张少芳编写；第3章由完颜严编写；第4章的4.1～4.5节由高凌燕编写；第5章的5.1～5.3节由崔小静编写，5.4～5.6节由李志强编写；第6章由李亮编写；2.4节、4.6节、5.7节和附录由高树芳编写。全书由高树芳统稿。此外，石家庄邮电职业技术学院许彩欣、曹素丽、李献军、张倩、张昱、郑芳、武建强、王维涛、刘志静等老师参与了本书的内容研讨和配套资源建设工作，中国邮政集团有限公司石家庄市分公司信息技术局汪海智同志参与了本书的规划、研讨，并提出了许多宝贵的指导意见，在此一并表示感谢。

在编写过程中，我们参阅了大量文献，在此谨向这些作者表示真诚的感谢和崇高的敬意！

由于编者水平有限，书中难免存在不妥之处，恳请广大读者批评、指正，并提出宝贵的修改意见，以便我们再版时进一步完善。作者联系方式：1132257258@qq.com。

编　者

2021 年 4 月

扫码加入 MOOC 学习

目　录

第 1 章　计算机基础知识

计算机(Computer)俗称电脑，是一种能高速运算，具有内部存储能力，由程序控制其操作过程及自动进行信息处理的电子设备。目前，计算机已成为我们学习、工作和生活中使用最广泛的工具之一。本章介绍计算机基础知识，包括计算机的发展简史、特点、分类和应用领域，计算机系统组成和工作原理，微型计算机的硬件与软件系统，数制与编码，多媒体技术基础以及计算机病毒与防范等知识。本章主要任务与要求一览表如表 1-1 所示。

教学课件

表 1-1　本章主要任务与要求一览表

节次	节　名　称	主 要 内 容	要求
1.1	计算机概述	计算机的发展简史、特点、分类、应用领域、发展趋势及应用热点	理解
1.2	计算机系统组成和工作原理	计算机系统的组成，计算机的基本结构和工作原理	理解
1.3	微型计算机的硬件与软件系统	微型计算机的硬件组成以及主要设备的功能，软件的功能及分类	掌握
1.4	数制与编码	数制的概念，常用数制之间的转换，字符的编码	掌握
1.5	多媒体技术基础	多媒体的概念，多媒体数据表示	了解
1.6	计算机病毒与防范	计算机病毒的概念，计算机病毒的防范	了解

1.1　计算机概述

学习计算机的应用和操作技能，应首先从认识计算机开始。本节主要知识技能点如表 1-2 所示。

表 1-2　主要知识技能点一览表

序号	知识内容	重 点 问 题 描 述
1	计算机的发展简史	世界上第一台电子计算机产生于何年何地？其英文名字叫什么？运算速度是多少？
		我国第一台计算机于哪年诞生？它的名字叫什么？
		按电子元器件的不同，计算机的发展可分为哪四个时代？每个时代的主要特点是什么？

续表

序号	知识内容	重点问题描述
2	计算机的特点、分类和应用领域	按规模性能分类，计算机可分为哪几类？
		计算机的主要应用领域有哪些？
3	计算机的发展趋势	计算机的发展趋势是什么？
4	计算机应用热点	物联网与互联网有何关系？大数据的主要特征有哪些？

说明：通过此表可进行课前预习，带着问题教学。教师可利用此表梳理教学内容，学生可利用此表进行学习自查。

1.1.1　计算机的发展简史

1946 年 2 月，世界上第一台电子计算机诞生于美国宾夕法尼亚大学，其名称为 ENIAC(Electronic Numerical Integrator and Calculator，电子数字积分计算机)，如图 1-1 所示。这台计算机共用了 18 000 多个电子管，占地 170 m^2，重 30 吨，但其功能远不如现在的普通微型计算机。ENIAC 的诞生宣告了电子计算机时代的到来，奠定了计算机发展的基础，开辟了计算机科学技术的新纪元。

图 1-1　世界上第一台计算机 ENIAC

计算机的发展简史

ENIAC 采用十进制数进行运算，它的存储容量很小，程序是用线路连接的方式来表示的，尚未完全具备现代计算机的主要特征。针对 ENIAC 的这些缺陷，美籍匈牙利数学家冯 • 诺依曼提出了把指令和数据一起存储在计算机的存储器中，让机器能够自动地执行程序，即“存储程序”的思想。依据该原理，冯 • 诺依曼等人研制成功了能够存储程序的计算机 EDVAC(Electronic Discrete Variable Automatic Computer，电子离散可变计算机)。EDVAC 采用 2300 个电子管，其运算速度却比 ENIAC 提高了 10 倍，冯 • 诺依曼的设想在这台计算机上得到了圆满体现。

根据计算机所使用的电子元器件的不同，可以将电子计算机的发展大致分为四个时代，依次是电子管时代，晶体管时代，中小规模集成电路时代，大规模、超大规模集成电路时代，如表 1-3 所示。计算机的体积越来越小，功能越来越强，价格越来越低，应用越来越广。

表 1-3　计算机发展的四个时代

时代	年份	主要元件	速度/(次/秒)	主 要 特 点
第 1 代	1946—1957 年	电子管 	5000～几万	内存用汞延迟线；使用机器语言；主要用于科学计算
第 2 代	1958—1964 年	晶体管 	几万～几十万	内存用磁芯；使用高级语言，出现了监控程序；应用扩展到数据处理、工业控制
第 3 代	1965—1970 年	中小规模集成电路 	几十万～几百万	内存开始用半导体存储器；操作系统发展快；应用扩展到文字处理、企业管理等
第 4 代	1971 年至今	大规模、超大规模集成电路 	几千万～千百亿	内存完全用半导体存储器；操作系统功能更强大；广泛应用于社会生活的各个领域

1.1.2　计算机的特点、分类和应用领域

计算机的特点、分类和应用

1. 计算机的特点

(1) 处理速度快。当今计算机的运算速度已达到每秒万亿次，微型机也可达到每秒亿次以上。

(2) 计算精度高。一般计算机可以有十几位甚至几百位(二进制)有效数字，计算精度可由千分之几到百万分之几。

(3) 存储容量大。内存容量越来越大，随着大容量的磁盘、光盘等外部存储器的发展，存储容量达到海量。

(4) 逻辑判断能力。计算机不仅能进行算术运算，而且能进行逻辑判断与推理，也就是说它能“思考”。

(5) 自动化程度高。人们根据需要编好程序，计算机在程序控制下自动工作，无需人工干预。

2. 计算机的分类

依照不同标准，计算机有多种分类方法，如表 1-4 所示。

表 1-4　计算机的分类

分类方法	分类名称	特点和用途
按规模性能分	巨型机	巨型机即超级计算机，其功能最强、速度最快、价格最贵，多用于高精尖科技研究领域，如空间技术、天气预报等，号称国家级资源，如我国生产的“银河”“曙光”“神威”等
	大中型机	具有极强的综合处理能力和极大的性能覆盖面，主要用于政府部门、银行和大型企业，或作为大型计算机网络的主机，如 IBMS/390 系列等
	小型机	价格和性能介于微型机服务器和大型机之间，适合于中小型企事业单位使用，如 HP9000 系列等
	微型机	小巧、灵活、便宜，一次只能供一个用户使用。按结构和性能的不同，微型机可分为单片机、单板机、个人计算机(PC)、工作站和服务器等。 PC：包括台式机和便携机。 工作站：介于 PC 和小型机之间，用于图像处理、计算机辅助设计和计算机网络领域。 服务器：通过网络对外提供服务，相对于 PC 来说，稳定性、安全性、性能等方面要求更高
按使用范围分	通用计算机	适用于一般的科学计算、工程设计和数据处理，即通常所说的计算机
	专用计算机	为某种特殊应用而设计的，其运行的程序不变，效率高、精度高、速度快，如控制轧钢过程的计算机
按数据类型分	数字计算机	处理离散的数字信息，计算精度高，存储量大，通用性好。通常所说的计算机都是数字计算机
	模拟计算机	处理连续的模拟信号，运算速度快，精度低，通用性差，主要用于过程控制和模拟仿真
	数字模拟混合计算机	兼有两者优点，但造价昂贵

注意：过去对计算机的分类有过“中型机”级别，但是现在已经很难区分大型机和中型机，所以许多情况下往往不加区分，对中型机的定义变得模糊。

小贴士

1958 年 8 月我国第一台小型电子管通用计算机 103 机研制成功。

1965 年我国第一台大型晶体管计算机 109 乙机研制成功，1967 年推出 109 丙机，其在我国两弹试验中发挥了重要作用，被誉为功勋机。

1970 年初，我国陆续推出采用集成电路的计算机。1983 年，我国第一台亿次巨型电子计算机“银河一号”诞生，它以每秒 4.7 千万亿次的峰值计算速度首次将五星红旗插上超级计算机领域的世界之巅。

1993 年曙光一号共享存储多处理机研制成功。2013 年我国研制的峰值计算速度 5.49 亿亿次超级计算机“天河二号”在世界超级计算机 500 强排名榜首。

2019 年 11 月全球超级计算机 500 强排行榜榜单中，我国研制的“神威·太湖之光”“天河二号”分别位于第三、四名。

3. 计算机的应用领域

(1) 科学计算(数值计算)，主要解决科学研究和工程技术中产生的大量数值计算问题，这是计算机最早的应用领域。

(2) 信息处理(数据处理)，是对大量数据进行收集、存储、整理、分类、加工、利用和传播等活动的总称。这是计算机应用最广泛的领域，80%以上的计算机主要用于数据处理，如人口统计、银行业务、机票预订等。

(3) 过程控制(实时控制)，利用计算机实时采集控制对象的数据，并加以分析处理后，按系统要求对控制对象进行控制。该领域涉及范围很广，如工业、交通运输的自动控制，对导弹、人造卫星的跟踪与控制等。

(4) 计算机辅助系统，利用计算机自动或半自动地完成一些相关工作，包括计算机辅助设计(CAD)、计算机辅助制造(CAM)、计算机辅助教学(CAI)和计算机辅助工程(CAE)等。

(5) 人工智能(Artificial Intelligence，AI)，模拟实现人类思维，让机器成为知识和思维的结合体，能够在各类环境中自主交互地完成各种拟人任务。通过设计具有人工智能的计算机系统，让计算机具有通常只有人类才具有的智能特性。机器人是计算机在人工智能领域的典型应用。

(6) 网络通信，利用计算机网络，各计算机之间可以方便地共享数据、软件和硬件，可以快速、及时地传送或查询信息，可以收发传真、拨打可视电话，可以在家中购物、求医及求职等。

计算机的应用领域也包括多媒体技术、办公自动化、现代教育和家庭生活等方面。

1.1.3 计算机的发展趋势

(1) 巨型化，指发展高速、大存储容量和功能更强大的巨型机，以满足尖端科技的需求。

(2) 微型化，指发展体积更小、重量更轻、价格更低、功能更强的微型计算机，以适用于更广泛的应用领域。

计算机的发展趋势

(3) 网络化，指将计算机通过通信线路和通信设备互相连接成一个大规模、功能强大的网络系统，使计算机之间可以交互传递信息，共享数据和软、硬件资源。

(4) 智能化，指用计算机来模拟人的感觉和思维过程，使计算机具备人的某些智能，如能听，能说，能识别文字、图形和物体，并具备一定的学习和推理能力等。智能化是未来计算机发展的总趋势。

(5) 多媒体化，可使计算机能更有效地处理文字、图形、动画、音频、视频等多种形式的媒体信息，使人们能更自然、更有效地使用这些信息。

目前，各国研究人员正在加紧新型计算机的研发。不久的将来，新型的超导计算机、量子计算机、光子计算机、生物计算机(DNA 计算机)和纳米计算机等将会问世并走进我们的生活。

1.1.4 计算机应用热点

随着互联网的发展，新技术与新应用不断涌现，其中物联网、云计算、大数据等新技术得到了重点关注，并引发了广泛的研究热潮。

1. 物联网

物联网是基于“互联网”的应用拓展，其英文名称是“Internet of Things(IoT)”，即物物相连的互联网，是任何物品与物品之间进行信息交换和通信的一种网络概念。

物联网的概念

物联网的定义是：通过射频识别(RFID)装置、红外感应器、全球定位系统、激光扫描器等信息传感设备，按约定的协议，把任何物品与互联网相连接，进行信息交换和通信，以实现智能化识别、定位、跟踪、监控和管理的一种网络概念。在物联网中，物品或商品能够彼此进行“交流”，而无需人工干预。其实质是利用射频自动识别技术，通过计算机互联网实现物品或商品的自动识别和信息的互联与共享。

物联网与互联网相比，具有以下主要特征：

(1) 它是各种感知技术的广泛应用。物联网上部署了海量的多种类型的传感器，每个传感器都是一个信息源，不同类型的传感器所捕获的信息内容和信息格式不同。传感器按一定周期采集信息并不断实时更新。

(2) 它是一种建立在互联网基础上的泛在网络。物联网的技术基础仍然是互联网，通过各种有线和无线网络与互联网融合，将物体的信息实时、准确地传递出去。

(3) 物联网不仅提供了传感器的连接，其本身也具有智能处理能力，能够对物体实施智能控制。它将传感器和智能处理相结合，利用云计算、模式识别等各种智能技术，扩充其应用领域。

物联网的本质还是互联网，只不过终端不再是计算机，而是嵌入式计算机系统及其配套的传感器，物联网时代网络两头的机器可以自行交流。

互联网面向的对象是人，而物联网面向的对象是人和物。物联网主要解决物品与物品、人与物品、人与人之间的互联。物联网的传输通信保障是互联网，物联网发展的方向是泛在网。

物联网用途广泛，遍及智能交通、环境保护、政府工作、公共安全、智能消防、工业监测、老人护理、个人健康等多个领域。

2. 云计算

云计算(Cloud Computing)是一种分布式计算模式。它的基本原理是，将本地计算机无法处理的庞大的程序，自动拆分为无数个较小的子程序，再交给由多台服务器所组成的庞大系统进行计算，最后将结果返回给用户。

云计算的概念

狭义的云计算是指 IT 设施的交付和使用模式，即通过网络以按需、易扩展的方式获得所需要的资源，资源包括硬件、平台和软件，提供资源的网络被称为“云”，而且在用户看来“云”中的资源是可以无限扩展的，用户可以随时获取“云”上的资源，按使用量付费。

广义的云计算是指服务的交付和使用模式，即通过网络以按需、易扩展的方式获得所需要的服务，服务可以是与信息技术(IT)、软件、互联网相关的各种服务，也可以是任意其他的服务。

云计算把许多计算资源集合起来，通过软件实现自动化管理，只需要很少的人参与，就能快速提供资源。也就是说，计算能力作为一种商品，可以在互联网上流通，就像水、电、煤气一样使用方便、价格低廉。

云计算的典型应用有云存储、云安全、云音乐、云游戏等。例如，云存储通过集群应用、网格技术或分布式文件系统等功能，将网络中大量的、不同类型的存储设备通过应用软件集合起来协同工作，共同对外提供数据存储和业务访问功能。我国比较突出的云存储有百度云盘、360 云盘等。

3. 大数据

大数据(Big Data)是巨量数据的集合。简单地说，大数据是指无法在一定时间内用常规软件工具对其内容进行抓取、管理和处理的数据集合。大数据的概念如图 1-2 所示。

图 1-2　大数据的概念

大数据的概念

大数据具有 Volume、Variety、Velocity、Value 等 4V 特征。

Volume(大量)：具有海量的数据规模，数据体量巨大。

Variety(多样)：数据来源多，数据类型多，关联性强。

Velocity(高速)：快速的数据流转。数据增长速度快、处理速度快、时效性要求高。

Value(价值)：价值密度低。信息海量，但数据价值密度相对较低，商业价值高。

“大”是大数据的一个重要特征，但更重要的其实是蕴藏在大数据中的价值。在大数据时代已经到来时，要用大数据思维去发掘大数据的潜在价值，提高在多样的、大量的数据中迅速获取信息的能力是更为重要的。大数据的核心能力是发现规律和预测未来。

大数据的应用有很多。例如，GPS 导航就是在交通中的典型应用，大数据可以实时反映交通状况，帮助我们选择最优的路线；又如，当我们在电商网站或者 APP 上浏览商品信息时，这些网站就会记录下我们的浏览信息，之后我们再次登录浏览时，平台就会有针对性地给我们展示、推荐商品；再如，新冠肺炎疫情的爆发，使健康码在各大城市相继使用，通过健康码能够识别人员是否直接或间接接触过一些感染者，从而判断人员是否需要隔离排查，健康码在高效、精准防控疫情方面发挥了重要作用。

大数据技术影响着我们的“衣”“食”“住”“行”等日常生活。

1.2　计算机系统组成和工作原理

了解计算机系统的基本组成和工作原理，对于更好地使用计算机是非常必要的。本节主要知识技能点如表 1-5 所示。

表 1-5　主要知识技能点一览表

序号	知识内容	重点问题描述
1	计算机系统的组成	什么是硬件？什么是软件？两者是什么关系？
		“存储程序”设计思想是谁提出的？其主要内容是什么？
2	计算机的基本结构和工作原理	计算机硬件系统的五个功能部件是什么？它们之间是如何配合、协调工作的？
		计算机的主要工作原理是什么？

1.2.1　计算机系统的组成

一个完整的计算机系统包括硬件系统和软件系统两大部分，如图 1-3 所示。硬件系统是计算机系统的物质基础，软件系统是对硬件系统性能的扩充和完善。软、硬件系统相辅相成，缺一不可。

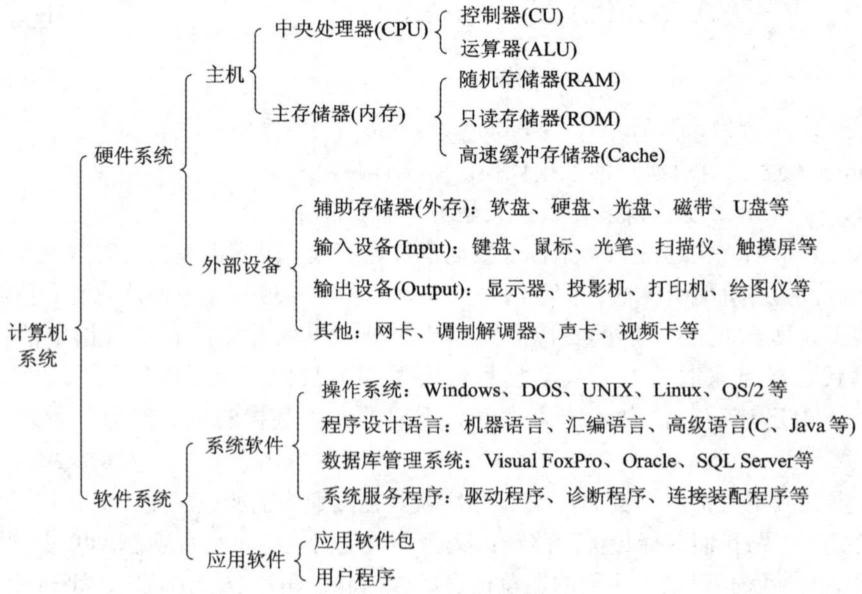

图 1-3　计算机系统的组成

硬件是看得见、摸得着的计算机实体部分，软件是程序、数据和相关文档。硬件是计算机的物质基础，没有硬件，软件就无法存储和运行；软件是计算机的灵魂，没有软件，硬件就是没有灵魂的“裸机”，计算机就没有任何价值。

1.2.2　计算机的基本结构和工作原理

计算机的基本结构和工作原理

1．“存储程序”设计思想

冯·诺依曼提出了关于计算机组成和工作方式的基本设想——“存储程序”设计思想，奠定了当代计算机体系结构的基础。“存储程序”设计思想可以归纳为以下三点：

(1) 采用二进制。在计算机内部，采用二进制代码表示指令和数据。

(2) 存储程序控制。将程序和数据事先存放在存储器中，计算机执行程序时无需人工干预，自动逐条取出指令和执行任务。

(3) 计算机的五个基本部件。计算机硬件系统包括运算器、控制器、存储器、输入设备和输出设备五个基本部件。

基于“存储程序”概念的各类计算机统称为冯·诺依曼结构计算机，冯·诺依曼被誉为“计算机之父”。

2．计算机的基本结构

计算机硬件系统的五个功能部件之间的关系如图 1-4 所示。

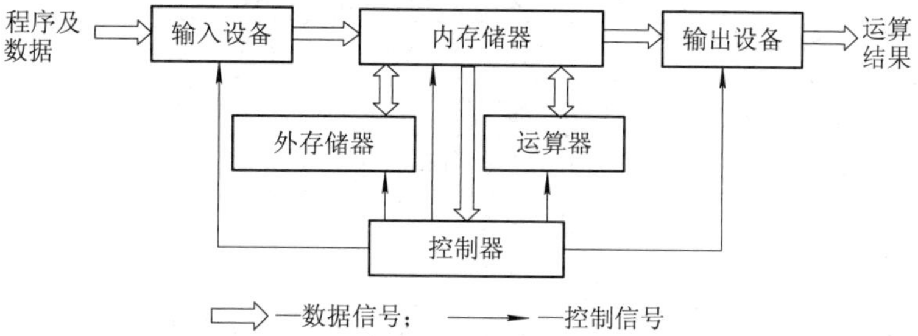

图 1-4　计算机的基本结构

(1) 输入设备。它用于接收用户输入的命令、程序、图像和视频等信息，负责把外部信息转换为计算机能够识别的二进制代码，并存储到内存中，如键盘、鼠标、扫描仪等。

(2) 输出设备。它用于将计算机处理后的二进制结果转换为人们能够识别的形式，如数字、字符、图形、声音和视频等。显示器、打印机、绘图仪等均为输出设备。

(3) 存储器。它是计算机的记忆装置，主要用于保存程序和数据，分为内存储器和外存储器两大类。

(4) 运算器。它的主要功能是在控制器的控制下与内存储器交换信息，并完成算术运算和逻辑运算。

(5) 控制器。它是计算机的指挥中心，其功能是从内存储器取出指令并分析指令，根据指令要求，按时间顺序向其他部件发出控制信号，保证各个部件协调一致地工作。

3．计算机的工作过程

计算机的工作原理可概括为“存储程序”和“程序控制”。计算机的工作过程如图 1-5(a)所示，其中第 3 步的指令执行过程如图 1-5(b)所示。

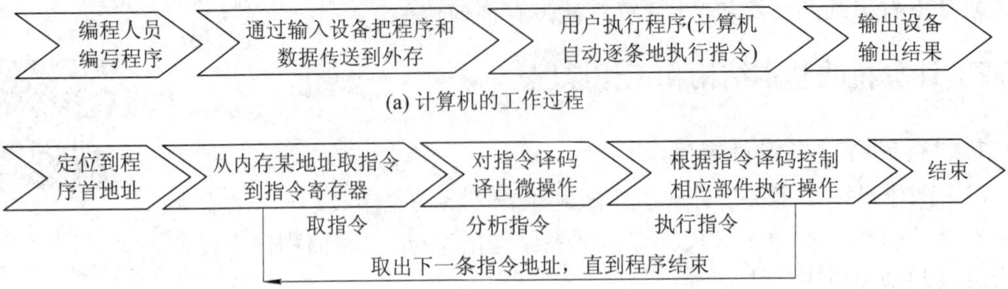

(b) 指令执行过程

图 1-5　计算机的工作过程及指令执行过程

1.3　微型计算机的硬件与软件系统

微型计算机简称“微机”，最常见的微机就是工作和生活中的 PC。了解微机的基本硬件组成、主要部件的功能和性能指标，对微机的选购和维护都很有必要。本节主要知识技能点如表 1-6 所示。

表 1-6　主要知识技能点一览表

序号	知识内容	重点问题描述
1	微型计算机的硬件系统	主板的主要作用是什么？CPU 的主要性能指标有哪些？
		RAM 和 ROM 各指什么？
		如何区分输入设备和输出设备？
		主要的外部存储设备有哪些？
2	微型计算机的软件系统	什么是软件？软件分哪两大类？系统软件有何特点？应用软件有何特点？

1.3.1　微型计算机的硬件系统

从外观上看微机是由主机、显示器、键盘、鼠标等组成的。主机是微型计算机的核心，主要由主板、中央处理器(CPU)、内存、硬盘、光盘驱动器(光驱)、显示器适配器(显卡)、电源等构成，主要部件如图 1-6 所示。

图 1-6　微型计算机的主要部件

微型计算机的硬件系统

1. 主板

主板(Main Board)也称为系统主板、主机板或母板。它是微型计算机最基本也是最重要的部件之一，是其他各种设备的连接载体，起着连接计算机一切板卡的作用。它是用来安装 CPU、内存条以及控制输入/输出设备工作的各种插件板，如显卡、声卡、网卡等。主板各接口一般采用有色标识，以方便用户识别。

主板是微型计算机主机箱内的一块平面集成电路板，一般安装在主机箱的底部(卧式机)或一侧(立式机)。主板上不仅有芯片组、BIOS 芯片、各种跳线、电源插座，还提供 CPU 插槽、内存插槽、总线扩展槽、IDE(电子集成驱动器)接口、软盘驱动器接口，以及串行口、并行口、PS/2 接口、USB 接口、CPU 风扇电源接口、各类外设接口等，如图 1-7 所示。

图 1-7　主板

主板和总线

主板几乎与主机内的所有设备都有连接关系，微型计算机通过主板上的总线及接口将 CPU 等器件与外部设备有机地连接起来，形成一个完整的系统。主板从结构上可分为 AT 主板、ATX 主板、NLX 主板等。其中 AT 主板已经淘汰，ATX 主板是目前市场上最常见的主板结构。

主板是决定计算机性能的一个重要部件。目前主流主板有华硕、技嘉、微星、富士康等。选择主板时要注意其芯片组档次、稳定性、散热性、兼容性、可扩展性等。近年来，一些主板上已经集成了显卡和声卡，如果用户使用计算机来处理专业图像或多媒体，建议不要选择这类主板。

小贴士

计算机的总线有两类：内部总线(同一部件内部的连接总线)和系统总线(各部件之间的连接总线)。主板系统总线按功能分为三类：地址总线，用于传送地址信息；数据总线，用于传送数据信息；控制总线，用于传送各种控制信息。

2. 中央处理器

硬件系统的核心是中央处理器(CPU)，它主要包括运算器和控制器两大部件，它是负责运算和控制的中心。计算机的所有操作都受 CPU 控制，CPU 的档次直接决定了计算机的性能。

运算器又称算术逻辑单元(Arithmetic Logic Unit，ALU)，它是计算机对数据进行加工处理的部件。控制器(Control Unit，CU)则控制计算机执行指令的顺序，并根据指令的具体含义，控制计算机各部件之间协调地工作。

在微机中，中央处理器一般称为微处理器，由一片或少数几片大规模集成电路组成。

目前市面上的 CPU 主要有 Intel 和 AMD 两种品牌，如 Intel 公司的 Core(酷睿)系列，AMD 公司的 Athlon(速龙)Ⅱ和 Phenom(羿龙)Ⅱ系列等。如图 1-8 所示是 Intel Core i7 CPU。

图 1-8　Intel Core i7 CPU

微机 CPU

衡量 CPU 的主要性能指标有字长、主频、核心数目、缓存等。

(1) 字长：指计算机在单位时间内能够同时处理的二进制位数。字长位数越多，运算速度越快。目前 CPU 的字长主要是 32 位和 64 位。

(2) 主频：指 CPU 的工作频率，用来表示 CPU 的运算速度。一般来说，主频越高，速度越快。主频是购机时首先考虑的一个因素，如 Intel Core i7 CPU 的主频是 3.5 GHz。

(3) 核心数目：按微机运算核心的多少，CPU 可分为单核、双核和四核。一般来说，运算主频数值越大，运算核心越多，CPU 运算速度就越快。

(4) 缓存：也称高速缓存(Cache)，配置于 CPU 内部或主板的特殊位置，其存取速度高于普通的内存，价格也较为昂贵。

封装在 CPU 内部的高速缓存称为内部高速缓存(可分成三个等级，一级缓存比二级缓存对 CPU 性能的影响更大)；安装在主板上的高速缓存称为外部高速缓存。目前使用三级缓存的 CPU 都是多核处理器。

3. 内存储器

内存储器，简称内存，又称主存储器(主存)，是由半导体器件构成的。它能够与 CPU 直接交换数据，其作用是暂时存放 CPU 中的运算数据以及与硬盘等外部存储器交换的数据。

数据一般是存储在外存(如硬盘)上的，只有把数据调入内存，才能被 CPU 处理。

1) 随机存储器和只读存储器

内存按存取方式的不同可分为两种：随机存储器(Random Access Memory，RAM)和只读存储器(Read Only Memory，ROM)。

随机存储器(RAM)又称为读写存储器。可从 RAM 中读出数据，也可向 RAM 中写入数据。计算机一旦断电(关机或意外掉电)，RAM 中的数据就会消失，而且无法恢复。我们常说的计算机的内存是多大，一般都是指 RAM 的容量。如图 1-9 所示为内存条的实物照片，可以将它插在主板的内存插槽中。

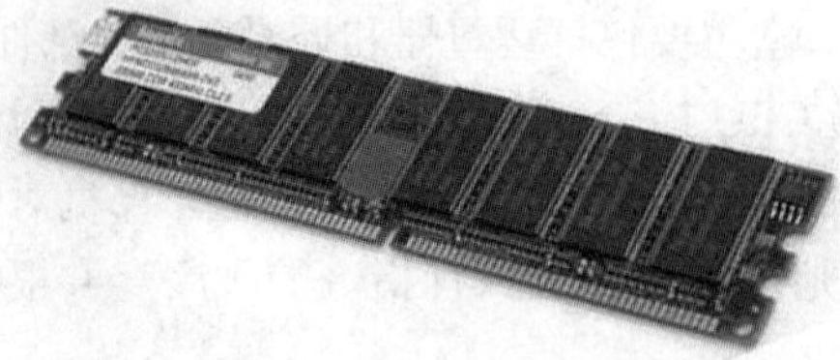

图 1-9　内存条

存储器

只读存储器(ROM)中的数据是由计算机厂家出厂前写入的，包括预先固化了的系统服务程序，如 BIOS(基本输入/输出系统)中的内容就存储在 ROM 中。用户只能读取 ROM 中的数据，不能修改或写入数据。

2) 内存插槽和内存条

内存插槽用于在主板上安装内存条。目前常见的内存插槽有 SDRAM、DDR、DDR2 和 DDR3 几种，SDRAM 内存条有两个缺口(将逐渐被淘汰)，而 DDR、DDR2 和 DDR3 内存条只有一个缺口。内存条必须安装在相同类型的内存插槽上。

内存容量是指内存条的存储容量，是内存条的关键性参数。内存容量以 MB、GB 等为单位。一般而言，内存越大，程序运行起来就越顺畅。

选购内存时最好选择名牌厂家的产品，如金士顿、现代、威刚等。

4. 输入设备

任何程序和数据必须放到内存以后计算机才能处理，能够把程序、数据等各种信息输入到计算机内存中的设备称为输入设备。输入设备有键盘、鼠标、触摸屏、扫描仪、手写板和光笔等。

输入输出设备

1) 键盘

键盘是计算机配置的标准输入设备，即默认的输入设备。常用的键盘有 101、102、104 或 107 个键等，其基本按键排列可以分为主键盘区、功能键区、控制键区、数字键区(也称数字小键盘)等。键盘接口主要有 PS/2(圆形接口，紫色)和 USB 接口，有的也采用无线连接。

2) 鼠标

鼠标多用于 Windows 环境中，以替代键盘的光标移动键，它可以使光标移动更方便、准确。按工作原理的不同，鼠标可分为机械式鼠标和光电式鼠标。常用的鼠标是带滚轮的二键光电式鼠标。

鼠标接口一般采用 PS/2(圆形接口，绿色)和 USB 接口，也有无线鼠标。图 1-10 所示分别是键盘和鼠标。

(a) 键盘　　(b) 鼠标

图 1-10　键盘与鼠标

3) 扫描仪

扫描仪是利用光电技术和数字处理技术，以扫描方式将图形或图像信息转换为数字信号的装置。人们通常使用扫描仪将各种图像或文稿输入到计算机中。图 1-11 所示分别为图形扫描仪和条码扫描仪。

(a) 图形扫描仪

(b) 条码扫描仪

图 1-11　图形扫描仪与条码扫描仪

5. 输出设备

输出设备的功能是将计算机处理后的信息以人或其他设备所接受的形式输出。常见的输出设备有显示器、打印机、绘图仪、投影仪等。

1) 显示器

显示器也称监视器，是微型计算机中最常用的和必备的标准输出设备，也是人机对话的主要工具，用来显示计算机软件的操作界面、系统信息、处理结果等。显示器根据制造材料的不同，一般分为阴极射线管(CRT)显示器、液晶显示器(LCD)、等离子(PDP)显示器等。

CRT 显示器(见图 1-12)是微型计算机上使用最早的显示器，其工作原理与普通电视机的相同，只是数据接收与控制方式不同。LCD 显示器(见图 1-13)使用 LED 背光技术，优点是使用范围广、电压低、辐射低、视觉效果好等。

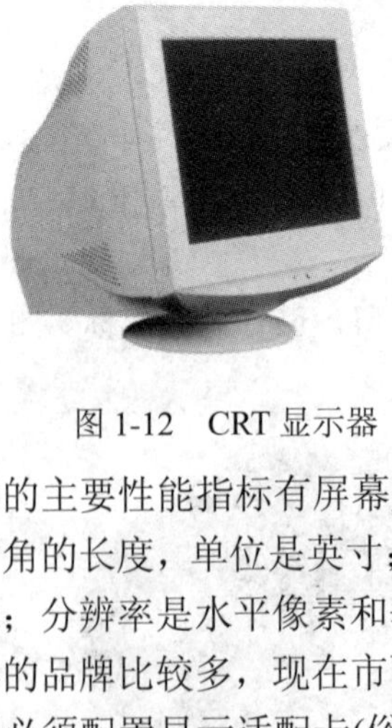

图 1-12　CRT 显示器

图 1-13　LCD 显示器

显示器的主要性能指标有屏幕尺寸、点距、像素、分辨率、亮度和对比度等。屏幕尺寸指屏幕对角的长度，单位是英寸；像素是形成图像的小光点；点距是像素点之间的距离，单位是毫米；分辨率是水平像素和垂直像素的总数目，例如，1024 × 768 等。

显示器的品牌比较多，现在市面上常见的品牌有飞利浦、现代、三星、LG、优派等。

显示器必须配置显示适配卡(俗称显卡，见图 1-14)才能构成完整的显示系统。显卡是连接主板与显示器的桥梁，能够将计算机系统所需的显示信息进行转换，并向显示器提供行扫描信号，控制显示器正确显示。

显卡分独立显卡和集成显卡两类，接口有 PCI、AGP、PCI-E 三种，目前的显卡几乎都是 PCI-E × 16 接口。著名的显卡品牌有七彩虹、蓝宝石、影驰、华硕、微星等。

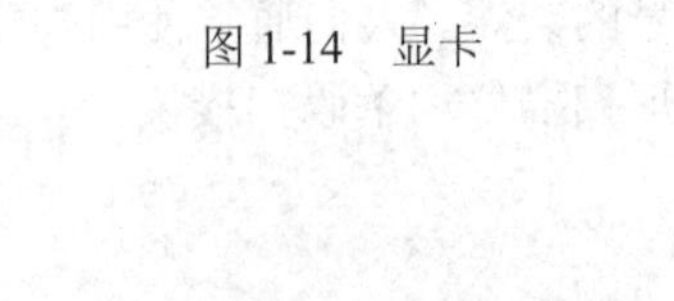

图 1-14　显卡

2) 打印机

打印机可以把文字或图形在纸上输出，供人们阅读和保存。打印机按打印类型的不同可分为击打式打印机和非击打式打印机两类。其中，打印票据用的针式打印机属于击打式打印机；非击打式打印机主要有喷墨打印机和激光打印机(见图 1-15)。喷墨打印机价格低，但墨盒较贵；激光打印机价格高，但打印速度快、精度高。

(a) 喷墨打印机　　(b) 激光打印机　　(c) 针式打印机

图 1-15　打印机

6. 外存储器

外存储器简称外存或辅存，属于外部设备，是对内存的扩充。外存具有存储容量大，可以长期保存暂时不用的程序和数据，信息存储性价比高等特点。和内存相比，内存速度快，但是容量小，不能长久保存信息。微机的外存主要有硬盘存储器、移动存储器、光盘存储器等(早期的软盘存储器有 5.25 英寸和 3.5 英寸两种，由于存储容量小、易损坏，已经被淘汰)。

1) 硬盘存储器

硬盘存储器是微机最主要的外部存储器，用户安装的一切软件都存储在硬盘上。硬盘由硬盘片、硬盘驱动器和适配卡组成。其中，硬盘片和硬盘驱动器简称硬盘，由于用户不能对硬盘进行拆卸，因此又称其为固定盘。硬盘读写数据的速度比软盘、光盘都快。著名的硬盘品牌有希捷、迈拓、西部数据等。

根据存储介质的类型和数据存储方式的不同，硬盘可分为传统的温切斯特盘(简称温盘)和新式的固态硬盘。根据体积的不同，硬盘可分为 3.5 英寸硬盘、2.5 英寸硬盘、1.8 英寸硬盘。3.5 英寸硬盘主要用于台式机，2.5 英寸硬盘用于便携机，1.8 英寸硬盘用于 MP4 播放器等小型移动设备。

存储容量是硬盘最主要的参数，一般以 GB 为单位。主流硬盘容量是 320 GB～1500 GB，更大容量的硬盘将来还会出现。

转速也是硬盘的一个重要参数，它是指硬盘片在一分钟内完成的最大转数，用转/分钟(r/min)表示，一般转数大则硬盘速度快。市场上台式机硬盘的主流转速为 7200 转/分钟。

硬盘的基本参数还有平均访问时间、传输速率和缓存等。硬盘的外形如图 1-16 所示。

图 1-16　硬盘的外形

2) 光盘存储器

光盘存储器由光盘驱动器(简称光驱)和光盘组成。光驱的核心部件是由半导体激光器和光路系统组成的光学头，主要用于读取数据。

光驱最重要的技术指标是读取速度，即数据传输率，常以“倍速”来表示，每倍速是 150 kb/s。例如，40 倍速或称 40X，对应的读取速度是 150 kb/s × 40＝6000 kb/s。光驱的其他技术指标还包括 CPU 占用时间、高速缓存容量、平均访问时间等。

光盘根据其制造材料和记录信息方式的不同一般可分为三类：只读型光盘(CD-ROM、DVD-ROM)、一次性写入光盘(CD-R、DVD-R)和可擦写光盘(CD-RW、DVD-RW、DVD-RAM)。

光盘的特点是存储容量大、价格低廉、保存时间长。一般 CD 的最大容量约 700 MB，DVD 的容量是 4.7 GB (注意：DVD 的 1 GB = 1000 MB)。

图 1-17 所示的是一台 DVD 光驱。

图 1-17　光驱

3) 移动存储器

移动存储器主要分为移动硬盘和 U 盘两种。

移动硬盘主要分为 2.5 英寸和 3.5 英寸两种。前者适用于笔记本计算机，小巧但转速慢；后者体积大、容量大，需要外接电源。通常使用 USB 接口，支持即插即用和热插拔功能。

U 盘或称优盘，因其采用 USB 接口而得名，学名为闪存盘或闪盘，支持即插即用和热插拔功能。另外，MP3 音频播放器及 MP4 多媒体影音播放器等数码设备也兼有移动存储的功能。

其他移动存储器还有存储卡、记忆棒等，它们主要用在数码相机、掌上电脑、MP3 等小型数码产品中。如手机绝大多数用 TF 卡，相机多数用 SD 卡，单反相机使用 CF 卡等，它们和 U 盘一样都采用闪存存储介质，都称闪存卡。不同的是，U 盘带有 USB 接口，能直接接到电脑上使用，速度快；而一般所指的存储卡(或内存卡)需要通过读卡器才能用电脑读取，速度稍慢。当然也可以用内存卡 + 读卡器当 U 盘使用。闪存著名的品牌有金士顿、闪迪、威刚、惠普等。

注意：外部存储设备既可以看作是输入设备，也可以看作是输出设备。

小贴士

存储容量是存储器的主要性能指标。表示存储容量的主要单位有字节(Byte，1 字节相当于 8 个二进制位)、千字节(KB)、兆字节(MB)、吉字节(GB)、万亿字节(TB)等。它们之间的换算关系如下：

1 KB(Kilobyte　千字节) = 1024 B

1 MB(Megabyte　兆字节，简称“兆”) = 1024 KB

1 GB(Gigabyte　吉字节，又称“千兆”) = 1024 MB

1 TB(Trillionbyte 万亿字节，又称太字节) = 1024 GB

1.3.2　微型计算机的软件系统

相对于硬件而言，软件是计算机的灵魂。计算机的硬件决定了计算机的性能，而软件则决定了计算机的功能，没有软件的计算机是无法工作的。

软件是计算机配置的各种程序、数据和文档。程序是为解决某一问题而设计的一系列指令的有序集合；数据是计算机程序的操作对象；文档是描述程序设计、命令操作和使用的有关资料。

计算机软件主要包括系统软件和应用软件两大类。

软件的概念及分类

1. 系统软件

系统软件是支持用户方便地使用和管理计算机的软件，其主要功能是对整个计算机系统进行调度、管理、监视和服务，还可以方便用户使用计算机，发挥和扩大计算机的功能，提高使用效率。系统软件的特点是基础性和通用性，一般由专门的软件公司研制。

常用的系统软件可分为操作系统、程序设计语言、系统服务程序和数据库管理系统等。

1) 操作系统

操作系统是管理和控制计算机软、硬件资源，合理组织计算机工作流程，为用户方便使用计算机的程序集合。它是最靠近硬件的底层支持软件，是软件系统的核心，其他软件必须在操作系统的支持下才能工作，用户通过使用操作系统提供的界面来使用计算机。

操作系统具有处理器管理(进程管理)、存储管理、设备管理、文件管理和作业管理五大管理功能。

目前常用的操作系统有 Windows 系列(Windows 7、Windows 10)、UNIX、Linux 等。

2) 程序设计语言

程序设计语言是人与计算机进行信息交流时使用的语言，是编写计算机程序的重要工具。按指令代码类型的不同，程序设计语言可分为机器语言、汇编语言、高级语言。

机器语言是以二进制代码形式表示的机器基本指令的集合，是计算机硬件唯一可以直接识别和执行的语言。其中的指令就是控制计算机操作的一条命令，每条指令都是由 0 和 1 组成的代码串。指令由操作码和地址码组成。操作码指定操作性质(做什么)，地址码指定操作数在存储器中的地址。机器语言的特点是运算速度快，但是难阅读、难修改，不同计算机的机器语言不同。

语言处理程序

汇编语言用易于理解和记忆的名称和符号(助记符)表示机器指令。虽然比机器语言直观，但依赖于具体的机器。计算机不能直接识别汇编语言，汇编语言源程序必须经过汇编过程翻译成机器语言程序(机器语言)，才能被执行。

高级语言是接近于生活的计算机语言，由接近自然语言和数学语言的语句组成，是面向问题的，并在一定程度上不依赖于机器。高级语言易学、易用、易维护，但高级语言不能被计算机识别和执行，必须由翻译程序把它翻译成机器语言。经过翻译程序“翻译”出的结果程序称为目标程序。翻译的方法有两种。一种是“解释”，好比口译方式，在程序的运行中解释一句、执行一句，边解释边执行，不产生目标程序，运行速度慢。早期的 BASIC 语言源程序的执行采用的就是这种方式。另一种是“编译”，好比笔译方式，对源程序经过编译处理后，产生一个与源程序等价的目标程序，一次编译，可多次运行，执行速度快，但修改源程序后必须重新编译。如 C 语言就是采用编译方式。

3) 系统服务程序

用于计算机的检测、故障诊断和排除的程序称为系统服务程序，例如磁盘扫描程序、各种驱动程序等。

4) 数据库管理系统

数据库是长期存储在计算机内、具有组织性和可共享性的数据集合。数据库管理系统(Data Base Management System，DBMS)是位于用户和操作系统之间的数据管理软件，其主要功能是数据定义、数据操纵、数据库的运行管理、数据库的建立和维护等。

常见的数据库管理系统有 SQL Server、Oracle、MySQL、Access 等。

2. 应用软件

应用软件是为解决某一具体问题而编制的程序及其有关资料，其特点是针对性强。根据服务对象的不同，应用软件可分为通用软件和专用软件。

(1) 通用软件：为解决某一类问题所设计的软件，如办公软件(如 WPS、Office)、网页制作软件(如 DreamWeaver)、图像视频处理软件(如 Photoshop、3ds Max、Premiere)等。

(2) 专用软件：专门适应特殊需求的软件，如教务管理系统、财务管理软件、图书管理系统等。

1.4 数制与编码

计算机能够接收和处理的对象统称为数据，包括数字、文字、声音、图形、图像、动画和视频等。

为了实现对数据的处理，首先要解决数据的表示问题。在计算机内部，各种数据都是采用二进制表示的。

计算机采用二进制，其优点是运算器的电路在物理上很容易实现，运算简便，运行可靠。但二进制数的缺点是数字冗长、不便书写和阅读，因此，计算机中也常用八进制数和十六进制数。

本节介绍常用数制及其转换规则，以及西文字符和汉字的编码规则。

本节主要知识技能点如表 1-7 所示。

表 1-7 主要知识技能点一览表

序号	知识内容	重点问题描述
1	常用数制及数制间的转换	计算机中常用的进制有哪几种？
		如何区分不同进制的数？八进制数 101 如何书写？
		十进制数 123 对应的二进制数、八进制数和十六进制数各是多少?
		什么是位、字节和字？
2	字符的编码	什么是 ASCII 码?
		汉字的编码主要有哪些?

1.4.1　常用数制及数制间的转换

1. 数制的定义与常用数制

数制是数的计数方法，是指用一组固定的符号按照一套规则来表示数值的方法。人们通常采用的数制有十进制、二进制、八进制和十六进制。学习数制之前必须先掌握数码、基数和位权这三个概念。

数码：数制中表示基本数值大小的数字符号。例如，十进制有 0～9 共 10 个数码。

基数：数制所使用数码的个数。例如，十进制的基数为 10。

位权：数制中某一位上的 1 所表示的数值的大小。例如，十进制数 123.45，从左到右各位的位权分别是 10^2、10^1、10^0、10^{-1}、10^{-2}。如果有 m 位小数、n 位整数，则第 i 位的位权是 10^i，其中 $i = -m \sim n-1$。常用数制的比较如表 1-8 所示。

表 1-8　常用数制的比较

数　制	数　码	基　数	位　权	运 算 规 则	表示字母
十进制	0～9	10	10^i	逢十进一，借一当十	D 或 d
二进制	0、1	2	2^i	逢二进一，借一当二	B 或 b
八进制	0～7	8	8^i	逢八进一，借一当八	O 或 o
十六进制	0～9 和 A～F	16	16^i	逢十六进一，借一当十六	H 或 h

为了区分不同进制的数字，在书写时常用两种方法：

方法一是将数字用括号括起来，在括号右下角写上基数。例如，$(1101)_2$。

方法二是在数字的后面加上一个字母表示进制。例如，1101B、123D，省略字母默认为十进制。0～7 四种计数制的对应关系如表 1-9 所示。

表 1-9　四种计数制的对应关系

十进制	二进制	八进制	十六进制	十进制	二进制	八进制	十六进制
0	0000	0	0	8			
1	0001	1	1	9			
2	0010	2	2	10			
3	0011	3	3	11			
4	0100	4	4	12			
5	0101	5	5	13			
6	0110	6	6	14			
7	0111	7	7	15			

请读者完善表 1-9 右侧部分(即 8～15 四种计数制的对应关系)。

2. 数制之间的转换

不同进制数据的转换原则：因为两个有理数相等要求其整数部分与小数部分分别相等，故整数部分与小数部分要分别转换。

数制之间的转换

1) 非十进制数转换为十进制数

转换规则:"按位权展开再相加"法,即将它们写成按位权展开的多项式之和,再按十进制运算规则求和,即可得到对应的十进制数。

例如:

$$(1101.01)_2 = 1\times2^3 + 1\times2^2 + 0\times2^1 + 1\times2^0 + 0\times2^{-1} + 1\times2^{-2} = (13.25)_{10}$$

$$(576.2)_8 = 5\times8^2 + 7\times8^1 + 6\times8^0 + 2\times8^{-1} = (382.25)_{10}$$

$$(1AD)_{16} = 1\times16^2 + 10\times16^1 + 13\times16^0 = (429)_{10}$$

二化十的快捷方法:

从小数点向两边推进,分别在所有 1 的下面写出位权,然后相加。

例如:$(1101.01)_2$ 到十进制数的转换步骤如图 1-18 所示。

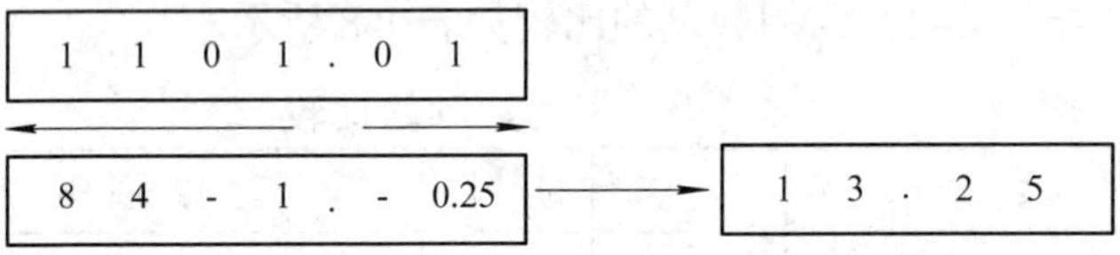

图 1-18　二化十的快捷方法示意图

2) 十进制数转换为二进制数

整数部分和小数部分需要分别转换,转换规则如下:

整数部分:"除 2 取余反向排列"法,即将十进制数整数部分连续除以基数 2,直到商是 0 为止,然后将所得的余数由下向上排列。

小数部分:"乘 2 取整正向排列"法,即将十进制数小数部分连续乘 2,取每次所得乘积的整数部分,直到小数部分为 0 或者达到所要求的精度为止,然后将所得的整数由上向下排列。请注意,十进制数小数有时不能精确地换算为等值的二进制数,会有误差存在。

【例 1.1】 将十进制数$(25.6875)_{10}$转换成二进制数,其转换步骤如图 1-19 所示。

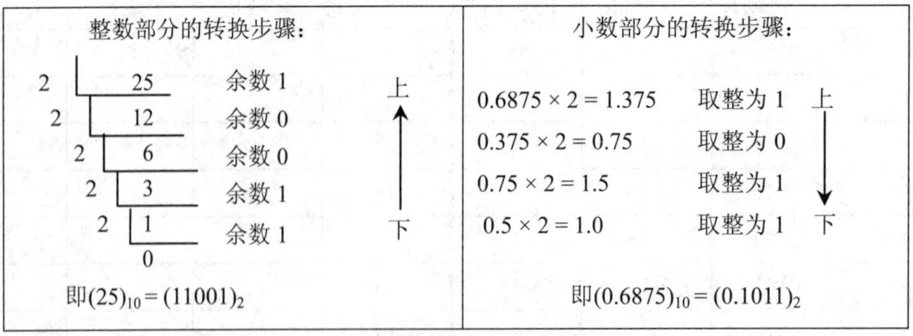

图 1-19　十进制数转换为二进制数的步骤

因此,转换结果为$(25.6875)_{10}=(11001.1011)_2$。

同理,十进制数转换为八进制数的方法是:整数部分采用"除 8 取余"法,小数部分采用"乘 8 取整"法。十进制数转换成十六进制数的方法与此类似。

十化二的快捷方法:

整数部分:向左折半 1 为止,奇 1 偶 0 向右排,排至数本身。

小数部分：乘 2 向右写，直到小数 0(或满足位数)，各数均取整，不含数本身。

【例 1.2】 $(13.25)_{10} = (1101.01)_2$ 的转换步骤如图 1-20 所示。

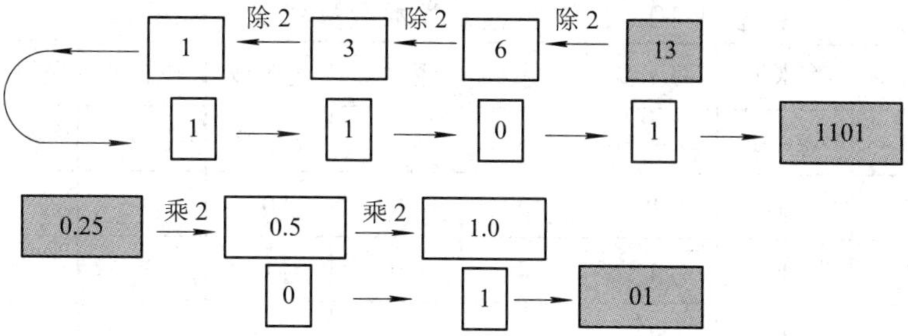

图 1-20 十化二的快捷方法示意图

3) 二进制数与八进制数、十六进制数互相转换

由于二进制数和八、十六进制数有 2 次方幂关系，因此转换很方便。

(1) 二进制数转换为八进制、十六进制数的转换规则如下：

以小数点为中心，分别向左右两侧进行，每 3 位(或 4 位)一组分别转换，不足 3 位(或 4 位)时，以“0”补足(整数部分左边补零，小数部分右边补零)。

例如：$(10101.1)_2 = (25.4)_8$。

(2) 八进制、十六进制数转换为二进制数的转换规则如下：

将每位数码分别用相应的 3 位(或 4 位)二进制数来表示，再去掉整数首部的 0 和小数尾部的 0 即可。一位八进制数用 3 位二进制数表示，一位十六进制数用 4 位二进制数表示。

例如：$(25.4)_8 = (010101.100)_2 = (10101.1)_2$。

四种进制数之间的相互转换步骤如图 1-21 所示。

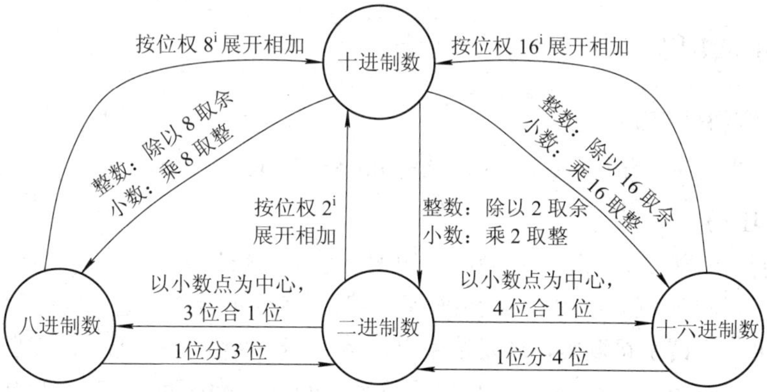

图 1-21 四种进制数之间的相互转换步骤

注意：十进制数和八进制数、十六进制数可以直接转换，也可以借助二进制数间接转换。

4) 二进制数的算术运算和逻辑运算

二进制数的算术运算与十进制数的算术运算一样，也包括加、减、乘、除四则运算，二进制数的加法运算是基础，其他运算可以通过加法和移位来实现。

二进制的算术运算和逻辑运算

二进制数的逻辑运算包括“与”“或”“非”“异或”“同或”等。“与”运算也称逻辑乘，“或”运算也称逻辑加。二进制数的算术运算和逻辑运算如表 1-10 所示。

表 1-10 二进制数的算术运算和逻辑运算

运算数		算术加	算术减	算术乘	逻辑与	逻辑或	逻辑非	逻辑异或	逻辑同或
A	B	A + B	A − B	A × B	A∧B	A∨B	$\overline{A}$	A⊕B	A⊙B
0	0	0	0	0	0	0	1	0	1
0	1	1	1	0	0	1	1	1	0
1	0	1	1	0	0	1	0	1	0
1	1	0	0	1	1	1	0	0	1

注：0 − 1 = 1，向高位借 1，本位为 1。

3. 计算机数据的常用单位

在计算机中，数据都是采用二进制数进行存储、处理和传输的，二进制数据的常用单位有位、字节和字等。

(1) 位(bit)：二进制数中的一个数位，可以是 0 或 1，是计算机中数据信息的最小单位。

(2) 字节(Byte)：计算机存储容量的基本单位，通常缩写为 B。1 个字节由 8 个二进制位组成，即 1 B = 8 bit。

(3) 字(Word)：计算机一次性存储、运算、加工和处理的数据长度，是计算机数据处理的基本单位。1 个字由若干字节构成。通常将一个字所包含的二进制位数称为字长。字长是计算机性能的重要指标。

1.4.2 字符的编码

1. 西文字符的编码

西文字符的编码

在计算机中对字符编码，通常采用 ASCII 码和 Unicode 编码。

1) ASCII 码

字符指所有不能做算术运算的数据，例如“A”和“*”等。字符包括西文字符(即数字字符、英文字母和各种符号)和中文字符(即汉字)。字符必须按特定规则进行二进制编码才能进入计算机。所谓字符编码，就是给字母、数字和各种符号赋予一个二进制代码。

ASCII 码(American Standard Code for Information Interchange)称为“美国信息交换标准代码”，是美国的字符代码标准，已经被国际标准化组织(ISO)确定为国际标准，成为一种国际上通用的字符编码，是目前计算机中最普遍采用的一种字符编码。

ASCII 码有 7 位码和 8 位码两种形式。7 位码是国际通用码，用 7 位二进制数表示一个字符，可表示 2^7 即 128 个字符，占用 1 个字节，最高位为 0。8 位码是扩展 ASCII 码，用 8 位二进制数表示一个字符，可表示 2^8 即 256 个字符，最高位为 1，各国将扩展部分作为本国语言文字的代码。

标准 ASCII 码如表 1-11 所示。

表 1-11　标准 ASCII 码

$d_3d_2d_1d_0$	$d_6d_5d_4$							
	000	001	010	011	100	101	110	111
0000	NUL	DLE	SP	0	@	P	'	p
0001	SOH	DC1	!	1	A	Q	a	q
0010	STX	DC2	“	2	B	R	b	r
0011	ETX	DC3	#	3	C	S	c	s
0100	EOT	DC4	$	4	D	T	d	t
0101	ENQ	NAK	%	5	E	U	e	u
0110	ACK	SYN	&	6	F	V	f	v
0111	BEL	ETB	‘	7	G	W	g	w
1000	BS	CAN	(	8	H	X	h	x
1001	HT	EM	)	9	I	Y	i	y
1010	LF	SUB	*	:	J	Z	j	z
1011	VT	ESC	+	;	K	[	k	{
1100	FF	FS	,	<	L	\	l	|
1101	CR	GS	-	=	M	]	m	}
1110	SO	RS	.	>	N	^	n	~
1111	SI	US	/	?	O	_	o	DEL

表 1-11 中 ASCII 码的高 3 位 $b_6b_5b_4$ 用作列编码，低 4 位 $d_3d_2d_1d_0$ 用作行编码。例如：字符“A”的 ASCII 码为$(1000001)_2$，对应的十六进制数为 41H，十进制数为 65。常用西文字符的 ASCII 码如表 1-12 所示。

表 1-12　常用西文字符的 ASCII 码

西文字符	ASCII 码(十进制数)	ASCII 码(十六进制数)
空格	32	20H
0～9	48～57	30H～39H
A～Z	65～90	41H～5AH
a～z	97～122	61H～7AH

要注意，ASCII 码值与数字或字母的顺序是一致的。只要记住空格、0、A、a 的 ASCII 码值，就可以推算出其他相关字符的值。同一字母大、小写 ASCII 值相差 32。

2) Unicode 编码

Unicode 编码是通用多 8 位编码字符集的简称，它是国际组织制定的可以容纳世界上所有文字和符号的字符编码方案，是支持世界上超过 650 种语言的国际字符集。它为每种语言中的每个字符设定了统一并且唯一的二进制编码，以满足跨语言、跨平台进行文本转换和处理要求。Unicode 编码使用两个字节表示 1 个字符，可表示 65 536 个字符，自 1994 年公布以来已得到普及，广泛应用于 Windows 操作系统、Office 等软件中。

2. 汉字的编码

计算机对汉字信息的处理过程实际上是各种汉字编码间的转换过程。这些编码包括汉字输入码、汉字内码、汉字字形码、汉字地址码等。

汉字的编码

1) 汉字输入码

汉字输入码是为用户能够通过键盘输入汉字而设计的编码，也称外码，由键盘上的字符和数字按键组成。汉字输入码有音码、形码、音形码等。例如，微软拼音属于音码，五笔字型输入法属于形码等。

2) 汉字区位码

我国于 1980 年发布了国家汉字编码标准 GB 2312—80，全称是《信息交换用汉字编码字符集——基本集》，其中收录了 6763 个汉字、682 个非汉字符号，共 7445 个字符，并为每个字符规定了编码。此编码简称交换码或国标码。

将 GB 2321—80 中的字符集放置于一个 94 行 × 94 列的方阵中，方阵的每一行称为一个“区”，区号范围是 1～94，方阵的每一列称为一个“位”，位号范围是 1～94，这样汉字在方阵中的位置可以用它的区号和位号来确定，区号和位号组合起来就得到该汉字的区位码。区位码的前两位是区号，后两位是位号。例如，汉字“中”在 54 区 48 位，其区位码是 5448。

3) 国标码

国标码用两个字节对汉字编码，每个字节只使用低 7 位，最高位未做定义。区位码和国标码的关系是：国标码 = 区位码 + 2020H。两个字节均加 20H 的目的是防止与 ASCII 码中的控制字符(前 32 个字符)产生冲突。

【例 1.3】 已知汉字“中”的区位码是 5448，计算其国标码。

首先将汉字“中”的十进制的区位码 5448 转换为十六进制数，结果是 3630H。

然后加 2020H，结果为 5650H。

4) 汉字内码

汉字内码是指汉字在计算机内部存储和处理的代码，简称为机内码或内码。一个汉字的外码可以有多种，但其机内码是唯一的。

机内码和国标码的关系是：机内码 = 国标码 + 8080H = 区位码 + A0A0H。两个字节均加 80H 的目的是防止中英文混合使用时汉字的一个字节与 ASCII 码相混淆。

例如，汉字“中”的机内码为 5650H + 8080H，即 D6D0H。

5) 汉字字形码

汉字字形码也称字模或汉字输出码，供显示或打印汉字使用，它与机内码一一对应。每个汉字的字形信息是预先保存在计算机中的，称为汉字库。输出汉字时，计算机首先根据机内码在汉字库中查找其字形码得到字形信息，然后显示或打印汉字。

描述汉字字形的方法有点阵字形和轮廓字形两种。汉字字形点阵有 16 × 16 点阵、24 × 24 点阵等。点阵字形中每一个点的信息都用一个二进制位表示。对于 24 × 24 点阵的字形码，一个汉字占用 24 × 24 ÷ 8 = 72 字节。

6) 汉字地址码

汉字地址码是指汉字库中存储汉字字形信息的逻辑地址码。它与汉字内码有着简单的对应关系，以简化内码到地址码的转换。

各种汉字编码的关系如图 1-22 所示。

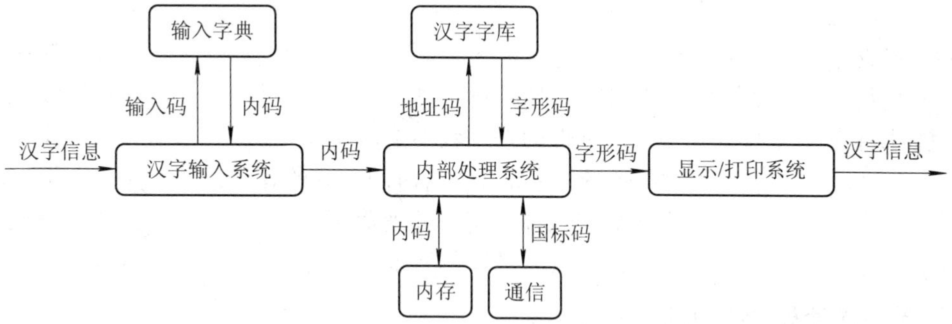

图 1-22　各种汉字编码的关系

1.5　多媒体技术基础

了解多媒体技术常识，熟悉多媒体文件格式和音、视频播放软件，对于更好地利用计算机解决工作和生活中的相关问题具有重要意义。本节主要知识技能点如表 1-13 所示。

表 1-13　主要知识技能点一览表

序号	知识内容	重 点 问 题 描 述
1	多媒体技术概述	常见的媒体元素有哪些？多媒体的主要特征有哪些？
2	多媒体数据表示	声音数字化的三要素是什么？
		位图和矢量图有何区别？
		扩展名 .mpg、.jpg、.au、.png 中哪些表示图像文件？

1.5.1　多媒体技术概述

1. 多媒体的概念与特征

媒体也称媒介或介质，是表示和传播信息的载体。多媒体不仅仅是指多种媒体，而是指包含处理和应用多种媒体的一整套技术，即多媒体技术，它是能够同时对两种或两种以上的媒体进行获取、处理、编辑、存储和展示的综合处理技术，其实质是将以各种形式存在的媒体信息数字化，用计算机进行组织、加工，并以友好的形式交互地提供给用户使用。

多媒体基础

常见的媒体元素有：

(1) 文本：指以文字和各种符号表达信息的一种形式，如英文、汉字和符号等。

(2) 图形：一般指矢量图，如由点、线、面组成的几何图形等。

(3) 图像：通常指位图，是由像素组成的画面，如照片等静态图像。

(4) 声音：指音乐、语音和各种音响效果。

(5) 视频：由若干有联系的图像数据连续播放而形成，是活动的影像，如电影、电视等。

(6) 动画：指表现连续动作的图形或图像，由一些表现连续动作的帧构成，如 Flash 动画等。

多媒体主要具有集成性、交互性、实时性等特征。

(1) 集成性：多媒体技术集成了许多单一的技术，如图像处理技术、声音处理技术等。

(2) 交互性：指多媒体系统向用户提供交互式使用、加工和控制信息的手段。交互性是多媒体技术的关键特征，没有交互性的系统就不是多媒体系统。

(3) 实时性：多媒体系统能够综合地处理带有时间关系的媒体，如音频、视频和动画，甚至是实况信息媒体。这就意味着多媒体系统在处理信息时有着严格的时序要求和很高的速度要求。在许多方面，实时性已经成为多媒体系统的关键技术。

2. 多媒体计算机的组成

多媒体计算机除了常规的硬件，如主机、硬盘驱动器、显示器、网卡外，还需要有音频信息处理硬件、视频信息处理硬件及光盘驱动器等部分。

(1) 音频卡：又称声卡，用于处理音频信息，它可以把话筒、录音机、电子乐器等输入的声音进行模/数转换(A/D)、压缩处理，也可以把经过计算机处理的数字化声音信号通过还原(解压缩)、数/模转换(D/A)后用音箱播放出来，或者用录音设备记录下来。

(2) 视频卡：用来支持视频信号(如电视)的输入与输出。

(3) 采集卡：能将电视信号转换成计算机的数字信号，便于使用软件对转换后的信号进行剪辑处理、加工和色彩控制，还可将处理后的数字信号输出到录像带中。

(4) 扫描仪：可将摄影作品、绘画作品或其他印刷材料上的文字、图像甚至实物扫描到计算机中，以便对其进行加工处理。

(5) 光驱：可用来读取或存储大容量的多媒体信息。

1.5.2 多媒体数据表示

1. 声音的数字化

计算机系统通过输入设备输入声音信号，通过采样、量化将其转换成数字信号，然后通过输出设备输出。声音的数字化包括采样、量化和编码三个过程。

多媒体数字化

采样是每隔一个时间间隔在模拟声音的波形上取一个幅度值，把时间上连续变化的波形转换成时间上离散的信号。每秒钟的采样次数称为采样频率(即每秒钟采集多少个声音样本)。采样频率越高，则声音的还原性越好。

量化是对声波波形幅度的数字化表示。表示声波采样点幅度值的二进制位数称为量化位数(也叫采样精度)。换句话说，量化位数可表示采样点的等级数。位数越多，声音质量越高，当然存储的数据量也越大。

编码是将采样和量化得到的离散数据转换成二进制码。

记录声音时，若每次只产生一组声波数据，则称为单声道；若每次产生两组声波数据，则称为双声道，双声道具有立体声效果。

采样频率、量化位数、声道是声音数字化的三要素。

2. 图像的数字化

1) 静态图像的数字化

图像的采样就是采集组成一幅图像的点，图像的量化就是将采集到的信息转换成相应的数值，一幅图像的数字化可以通过采样和量化得到。组成一幅图像的每个点称为一个像素，每个像素有表示其颜色、属性等的信息。存储图像颜色的二进制数的位数称为颜色深度。例如，2 位二进制数可以展示 4 种不同颜色，因此，4 色图的颜色深度是 2。

2) 动态图像的数字化

人们看到一幅图像消失后，此图像还将在视网膜上滞留几秒钟，动态图像便是根据此原理产生的。

3) 点位图和矢量图

点位图文件所占的存储空间比较大。影响点位图文件大小的因素有图像分辨率和像素深度两个。图像分辨率越高，组成一幅图的像素就越多，图像文件也就越大；像素深度越深，表示单个像素的颜色和亮度的位数越多，图像文件也就越大。

矢量图是通过一些指令来描述一幅图的内容，如画一条 50 像素长的蓝色直线、画一个半径为 20 像素的圆等。每个对象都是一个自成一体的实体，它具有颜色、形状、轮廓、大小和屏幕位置等属性。其特点是放大后图像不会失真，和分辨率无关。矢量图文件占用的空间较小，适用于图形设计、文字设计等。

3. 多媒体数据压缩

多媒体信息数字化后，其数据量往往非常庞大，为了存储、处理和传输多媒体信息，人们考虑采用压缩的方法来减少数据量。通常是将原始数据压缩后存储在磁盘上，或是以压缩形式传输，仅当使用这些数据时才把数据解压缩还原，以此来满足实际需要。数据压缩有无损压缩和有损压缩两种类型。

1) 无损压缩

无损压缩的原理是统计被压缩数据中重复数据的出现次数来进行编码，解压缩是对压缩的数据进行重构，重构后的数据与原来的数据完全相同。无损压缩能够确保解压后的数据不失真，其特点是压缩比低，通常应用于对文本数据、程序以及重要图形和图像的压缩。

2) 有损压缩

有损压缩又称不可逆压缩和破坏性压缩，它以损失文件中某些信息为代价来换取较高的压缩比，其损失的信息多是对视觉和听觉感知不重要的信息，常用于音频、图像和视频的压缩。

4. 常见的媒体文件格式

1) 声音文件格式

常见的声音文件格式如表 1-14 所示。

表 1-14　常见的声音文件格式

文件格式	文件扩展名	说　明
WAVE	.wav	波形声音；质量高但没有经过压缩，文件数据量大；几乎所有音频编辑软件都支持 WAVE 格式
MP3	.mp3	波形声音；有损压缩，压缩比高，在网络上广泛应用；WAVE 和 MIDI 等多种音频格式文件都可以压缩成 MP3 格式
MIDI	.mid / .rmi	数字音乐；记录的不是声音本身，而是一串指令
Audio	.au	一种经过压缩的数字声音格式，在因特网上常用

2) 图像文件格式

常见的图像文件格式如表 1-15 所示。

表 1-15　常见的图像文件格式

文件格式	文件扩展名	说　明
BMP	.bmp	位图图形；是 Windows 附件中的画图程序默认的图形格式
GIF	.gif	图形交换格式；文件占用空间小，支持动画显示，适合在网络上传输
JPEG	.jpeg /.jpg	联合图片专家组；有损压缩；文件占用空间极小，是网络上最流行的图像格式
PNG	.png	一种新的网络图像文件格式；能够提供长度比 GIF 格式小 30%的无损压缩图像文件
PDF	.pdf	可移植网络图形；是和操作系统无关的用于进行电子文档发行和数字化信息传输的文件格式
TIFF	.tiff	标签图像文件格式；有压缩和非压缩两种形式，其中的压缩形式使用无损压缩；存储的图像质量高，占用空间大

3) 视频文件格式

常见的视频文件格式如表 1-16 所示。

表 1-16　常见视频文件格式

文件格式	文件扩展名	说　明
AVI	.avi	Windows 操作系统中数字视频文件的标准格式；用来保存电影、电视等影像信息；文件较大、质量好
MPEG	.mpg/ .mpeg	有损压缩；几乎所有计算机平台都支持，是主流的视频文件格式
MOV	.mov	苹果公司开发，专用播放器是 QuickTime；可以在 Macintosh 和 Windows 系统中运行；视频效果非常好
ASF	.asf	微软公司开发的流媒体文件格式，使用 Windows Media Player 播放；是可以在网上实时收看音视频节目的文件压缩格式
RealVide	.ra /.rm/.rmvb	流媒体文件格式；主要用于在带宽不高的网络上实时播放动态图像，相应的播放器是 Real Player
SWF	.swf	矢量动画格式；微软公司开发的流媒体文件格式，使用 Windows Media Player 播放

1.6　计算机病毒与防范

随着计算机应用的推广，尤其是网络应用的普及，计算机病毒的滋扰也愈加频繁。计算机一旦被病毒入侵，轻则运行速度变慢、文件损坏，重则计算机瘫痪，因此，每个计算机用户都需要掌握病毒常识和一般防范方法。本节主要知识技能点如表 1-17 所示。

计算机病毒及其防范

表 1-17　主要知识技能点一览表

序号	知识内容	重点问题描述
1	计算机病毒的特征和分类	什么是计算机病毒？
		计算机病毒的主要特征有哪些？
		按寄生方式划分，计算机病毒分为哪几类？
2	计算机病毒的防范	计算机病毒有哪些主要表现？如何防范计算机病毒？

1.6.1　计算机病毒的特征和分类

1. 计算机病毒的定义

《中华人民共和国计算机信息系统安全保护条例》中对计算机病毒进行了明确的定义：计算机病毒是指编制或者在计算机程序中插入的破坏计算机功能或者破坏数据，影响计算机使用并且能够自我复制的一组计算机指令或者程序代码。

2. 计算机病毒的特征

计算机病毒的特征很多，概括起来主要有以下几点：

(1) 传染性。计算机病毒具有极强的再生机制。一台计算机有了病毒，很容易通过数据交换途径传染到另一台计算机。一旦病毒被复制或者产生变种，其传播速度之快令人难以置信。传染性是计算机病毒的基本特征。

(2) 破坏性。计算机病毒的破坏性主要有两个方面：一是占用系统资源，降低计算机的运行效率；二是破坏系统，删除或修改数据，甚至导致整个系统瘫痪。

(3) 潜伏性。计算机病毒侵入系统后一般不会立即发作而具有一定的潜伏期，发作的条件一旦成熟就会立即发作。在潜伏期间，可悄悄地感染而不易被人发觉。

(4) 寄生性。计算机病毒往往不是独立的小程序，而是寄生在其他程序中，当用户执行这个程序时病毒就发作，并通过自我复制功能繁衍传播。

(5) 隐蔽性。计算机病毒一般是具有很高编程技巧、短小精悍的程序。病毒程序一般都隐藏在正常程序中或磁盘较隐蔽的地方，很难被人发现。

另外，计算机病毒还具有可执行性、可触发性、多变性、攻击性、针对性和不可预见性等特征。

3．计算机病毒的分类

计算机病毒的种类多达数万种，而且每天都有新的病毒出现，因此计算机病毒的种类会越来越多。计算机病毒的分类方法很多，常见的分类方法如表 1-18 所示。

表 1-18　常见的计算机病毒分类方法

分类方法	病毒名称	病 毒 特 点
按破坏性分	良性病毒	对计算机中的程序和数据没有破坏作用，只是占用 CPU 和内存资源，降低系统运行速度。病毒发作时会干扰系统运行，一旦被清除后，系统可恢复正常工作
	恶性病毒	病毒发作时会破坏计算机中的程序或数据，删改系统文件，重新格式化硬盘，用户无法打印，甚至中止系统运行等。有时即使清除了病毒，系统也难以恢复
按寄生方式分	引导型病毒	病毒隐藏在磁盘的引导扇区，当感染引导区病毒的计算机启动时，或当计算机从染毒磁盘读数据时，引导区病毒就会发作。它首先将自己复制到内存，然后感染其他磁盘的引导区
	文件型病毒	病毒寄生于可执行文件中，通常感染扩展名为 .com、.exe 等可执行文件。当运行染毒的可执行文件时，病毒将被激活并一直保持激活，伺机传染其他程序文件
	混合型病毒	兼有引导型和文件型病毒的特性，既感染引导区又感染文件，传染性更强、危害更大
	宏病毒	寄生于 Office 文档的宏代码中，影响 Office 文档的各种操作。一旦打开感染宏病毒的文档，宏病毒就会被激活，进入计算机内存并驻留在 Normal 模板上
按病毒的算法分	伴随型病毒	病毒并不改变文件本身，而是根据算法产生 .exe 文件的伴随体，具有同样的名称和不同的扩展名(.com)
	“蠕虫”型病毒	病毒主要采用“蠕虫”技术，通过计算机网络从一台机器的内存传播到其他机器的内存。虽然不会改变文件和资料信息，但会导致网络拥塞，消耗系统资源
	寄生型病毒	病毒依附在系统的引导扇区或文件中，通过系统的功能进行传播

1.6.2　计算机病毒的防范

1．计算机病毒的主要表现

虽然计算机病毒很难检测，但只要细心留意计算机的运行状况，就可以发现计算机感染病毒的一些异常情况，例如：

(1) 计算机运行速度明显变慢。

(2) 可执行文件的长度明显增加。

(3) 计算机屏幕上出现一些莫名其妙的信息或异常现象。

(4) 磁盘文件数目无故增多。

(5) 原先运行正常的程序却突然因内存不足而无法运行。

(6) 计算机经常出现死机、异常重新启动或不能正常启动等现象。

(7) 磁盘空间充足，却不能存储文件或打印文件出错。

(8) 文件丢失或无法打开。

(9) 自动链接陌生网站。

(10) 鼠标光标自动移动或键盘输入异常。

(11) Word 或 Excel 提示执行“宏”。

2. 计算机病毒的防范

对计算机病毒应采取“预防为主、防治结合”的方针，首先要从思想上高度重视，加强管理，防患未然。通常采取以下措施：

(1) 安装杀毒软件，定期查杀病毒，并及时更新升级。常用的查杀计算机病毒的软件有 360 杀毒、金山毒霸、卡巴斯基、瑞星杀毒等。

(2) 开启杀毒软件的实时监控功能。

(3) 尽量避免在无防毒软件的计算机上使用可移动存储介质(U 盘、光盘等)。

(4) 禁止计算机插着 U 盘或光盘开机启动系统。

(5) 凡是外来的存储介质，一定要先杀毒再使用。

(6) 上网时提高浏览器的安全级别。

(7) 在互联网上下载文件时，不要轻易安装网页上提示的插件和程序，确实需要安装时，要先下载，再杀毒，确认无毒后再安装。

(8) 接收电子邮件时，不要打开来历不明的邮件及其附件，要直接删除它。

(9) 计算机中的重要数据要做好“异地”备份，以防计算机染毒丢失数据。

(10) 使用 QQ 聊天时，不要接收陌生人发送的图片或单击陌生人发送的网址。

(11) 关闭或删除系统中不需要的服务，如 FTP 客户端、Telnet、Web 服务器等。

1.7 实　训

1.7.1 计算机基本操作

1. 实训目的与要求

(1) 了解计算机的外部组成。

(2) 了解主机、显示器、键盘和鼠标的连接方式。

(3) 学会正确启动和关闭计算机。

(4) 掌握鼠标的移动、指向、单击、双击、右击等操作方式。

第 1 章实训一

2. 实训内容与步骤

本实训任务要求及操作要点如表 1-19 所示。

表 1-19　任务要求及操作要点

任 务 要 求	操 作 要 点
1. 认识计算机及外部设备	
(1) 认识计算机主机外观	观察计算机主机设备，找到主机电源开关的位置，熟悉主机前面板和后面板上的开关按钮、各种接口和电源指示灯、硬盘指示灯等标识
(2) 观察主机与其他设备之间的连接情况	认识 USB 等接口。观察主机、显示器、键盘和鼠标之间的连接情况
(3) 认识显示器的控制按钮	观察显示器的电源开关、电源指示灯以及亮度、对比度等调节按钮。打开/关闭显示器开关一两次，并检查显示器电源指示灯的变化，然后打开显示器
2. 启动/重启/睡眠计算机	
(1) 开机并启动操作系统	按照老师的提示和操作顺序开启计算机。按下主机电源开关，给主机加电。稍后出现计算机分区选择菜单，选择老师指定的分区(使用箭头键切换分区，按回车键选定)，稍后会出现 Windows 桌面，表示启动成功
(2) 重新启动计算机(上一步骤没有正确选择分区时完成)	单击“开始”|“电源”|“重启”命令，注意正确选择分区
(3) 让计算机进入睡眠状态	单击“开始”|“电源”|“睡眠”命令，计算机屏幕熄灭，计算机进入睡眠状态
3. 鼠标的基本操作	
(1) 唤醒计算机，练习鼠标操作	① 移动。移动鼠标或按动键盘任意键，让计算机唤醒；鼠标指向桌面上任意一个图标，按下左键移动鼠标位置，然后释放左键，观察变化情况。 ② 指向。将鼠标指针依次指向任务栏上每一个图标，观察显示信息；用鼠标指针指向桌面上任意一两个图标，观察显示信息。 ③ 单击。用鼠标左键单击桌面上任意一两个图标，观察变化情况。 ④ 双击。用鼠标左键双击桌面上“此电脑”等图标，观察变化情况；双击老师发布的教学课件等文件，学习其内容。 ⑤ 右击。将鼠标指向桌面上某一个图标，然后单击右键，观察变化情况；在桌面空白处、任务栏空白处右击鼠标，观察变化情况
(2) 关闭计算机	单击“开始”|“电源”|“关机”命令，关闭计算机

【自主训练】

(1) 查看计算机的品牌和主要配置信息。

(2) 认识计算机实验室内的交换机等网络设备。

【问题思考】

(1) 鼠标指向某个对象时，单击和双击有何不同？

(2) 有人说，单击、双击或者右击一个程序图标都能打开相应的程序，你认为这种说法正确吗？

【实训提示】

(1) 开机、关机顺序。开机的过程即是给计算机加电的过程。正确的开机顺序是：先开外部设备(显示器、打印机等)，后开主机。关机的顺序相反，即先关主机再关外设。

(2) 不要频繁开关计算机。关机后不要马上开机，要稍等几秒钟。在计算机工作状态下尽量不要移动或晃动计算机。

1.7.2　指法训练与汉字输入

第 1 章实训二

1. 实训目的与要求

(1) 熟悉键盘分区布局和键位名称与主要作用。

(2) 初步掌握正确的打字姿势，熟悉指法规则。

(3) 学习常用的汉字输入方法，会使用“软键盘”输入特殊符号。

(4) 会使用 Windows 附件工具“计算器”软件进行常用进制转换。

2. 实训内容与步骤

本实训任务要求及操作要点如表 1-20 所示。

表 1-20　任务要求及操作要点

任务要求	操 作 要 点
1. 熟悉键盘	
(1) 熟悉键盘分区布局	能在键盘中指出主键盘区、数字辅助键盘区(小键盘区)、功能键盘区、光标控制键区四个分区的范围
(2) 熟悉重要键位的使用	熟悉 Tab、CapsLock、Shift、NumLock、Ins、Del、Backspace 等键的名称及其主要作用
2. 熟悉指法规则	
熟悉并记住 8 个基准键位对应的手指。使用“五笔打字员”软件练习指法	启动“五笔打字员”软件，进入“指法教学”功能，单击屏幕左下方的“养成正确的打字姿势”“键盘分布及手指分工”“练习步骤及目标要求”超链接，学习坐姿、手指分工规则以及打字要领。 进入“指法教学”功能，按屏幕指示的键位和手指走向进行击键练习。要注意按照标准规范的指法规则进行输入，尽量实现盲打。在基本掌握规范的指法技巧后，再练习“英文测试”功能，可以定时练习或定量练习
3. 汉字及特殊符号输入	
(1) 启动 Windows 附件工具“记事本”	按 Windows + Q 组合键打开任务栏上的搜索框，在其中输入“记事本”，打开该应用程序
(2) 用任意一种汉字输入法，输入 24 字社会主义核心价值观	单击“格式”|“字体”命令，选择“微软雅黑”“二号”字体，单击“格式”|“自动换行”命令，使每行内容自动换行； 输入内容如下： 社会主义核心价值观 富强、民主、文明、和谐 自由、平等、公正、法治 爱国、敬业、诚信、友善
(3) 输入特殊符号：★、●、√、×、【、】	建议使用搜狗拼音输入法，单击输入法指示器中的小键盘图标，再单击“特殊符号”按钮，从中选择需要的符号

续表

任 务 要 求	操 作 要 点
4. 使用“计算器”进行进制转换	
(1) 启动“计算器”软件	按 Windows + Q 组合键打开任务栏上的搜索框，在其中输入“计算器”，打开该程序，选择“程序员”功能
(2) 将十进制数 123 转换为对应的二进制数、八进制数、十六进制数	单击“DEC”按钮选择十进制，输入 123，可得到其他进制的对应数值(其中：BIN 为二进制，OCT 为八进制，HEX 为十六进制)

【自主训练】

使用“记事本”应用程序输入以下入党誓词，然后以姓名为文件名通过多媒体平台提交给老师。

我志愿加入中国共产党，拥护党的纲领，遵守党的章程，履行党员义务，执行党的决定，严守党的纪律，保守党的秘密，对党忠诚，积极工作，为共产主义奋斗终身，随时准备为党和人民牺牲一切，永不叛党。

【问题思考】

(1) Del 键是删除键，它与退格键都可以删除字符，它们两者的区别是什么？在使用中应如何选用？

(2) 在键盘上 Ctrl、Alt、Shift 键都设置了左、右两个，应如何选用？请用正确规范的指法输入！和 * 两个字符。

【实训提示】

(1) 键盘上的指示灯。Caps Lock 指示灯亮，则表示是大写字母状态，灯灭则表示是小写字母状态，按 Caps Lock 键可切换大小写状态；Num Lock 指示灯亮，则表示是数字输入状态，灯灭则表示是光标控制键状态，按 Num Lock 键可切换数字/光标状态。

(2) Shift 键除用于输入上档符号外，可以临时转换大、小写字母。如果字母状态为小写状态，则当按下 Shift 键输入字母时将输入大写字母，不按 Shift 键而直接输入字母键时将输入小写字母。当输入字符大都为小写字母偶尔有大写字母时，可利用 Shift 键临时切换大、小写状态。

习 题 1

一、单选题

1. 1946 年首台电子数字积分计算机 ENIAC 问世后，冯 · 诺依曼在研制 EDVAC 计算机时，提出两个重要的改进，它们是(　　)。

A. 引入 CPU 和内存储器的概念　　B. 采用机器语言和十六进制

C. 采用二进制和存储程序控制的概念　　D. 采用 ASCII 编码系统

2. 我国研制的第一台亿次巨型计算机用(　　)命名。

A. 联想　　B. 奔腾　　C. 银河　　D. 方正

3. 计算机最广泛的应用领域是(　　)。

A. 数值计算　B. 数据处理　C. 过程控制　D. 人工智能

4. 物联网主要解决(　　)的问题。

A. 人与人　B. 物与物　C. 人与物　D. 以上全是

5. 未来计算机发展总的趋势是(　　)。

A. 微型化　B. 巨型化　C. 智能化　D. 数字化

6. 通常所说的计算机的主机是指(　　)。

A. CPU 和内存　B. CPU 和键盘

C. CPU、内存和硬盘　D. CPU、内存与 CD-ROM

7. 移动硬盘或优盘连接计算机所使用的接口通常是(　　)。

A. RS-232C 接口　B. 并行接口　C. USB　D. UBS

8. CPU 的主要技术性能指标有(　　)。

A. 字长、运算速度和时钟主频　B. 可靠性和精度

C. 耗电量和效率　D. 冷却效率

9. RAM 的特点是(　　)。

A. 海量存储器

B. 存储在其中的信息可以永久保存

C. 一旦断电，存储在其上的信息将全部消失，且无法恢复

D. 只用来存储中间数据

10. 下列设备组中，完全属于外部设备的一组是(　　)。

A. CD-ROM 驱动器、CPU、键盘、显示器

B. 激光打印机、键盘、CD-ROM 驱动器、鼠标

C. 内存储器、CD-ROM 驱动器、扫描仪、显示器

D. 打印机、CPU、内存储器、硬盘

11. 关于计算机语言的描述，正确的是(　　)。

A. 高级语言程序可以直接运行

B. 汇编语言比机器语言执行速度快

C. 机器语言的语句全部由 0 和 1 组成

D. 计算机语言越高级越难以阅读和修改

12. 下列说法错误的是(　　)。

A. 汇编语言是一种依赖于计算机的低级程序设计语言

B. 计算机可以直接执行机器语言程序

C. 高级语言通常都具有执行效率高的特点

D. 为提高开发效率，开发软件时应尽量采用高级语言

13. 将十进制数 257 转换成十六进制数是(　　)。

A. 11　B. 101　C. F1　D. FF

14. 计算机技术中，下列度量存储容量的单位中，最大的单位是(　　)。

A. KB　B. MB　C. Byte　D. GB

15. 下列字符中，ASCII 码值最小的是(　　)。

A. A　　B. 0　　C. a　　D. 空格

16. 目前有许多不同的音频文件格式，下列选项中不是数字音频文件格式的是(　　)。

A. WAV　　B. GIF　　C. MP3　　D. MID

17. 在声音的数字化处理过程中，当(　　)时，声音文件最大。

A. 采样频率高，量化精度低　　B. 采样频率高，量化精度高

C. 采样频率低，量化精度低　　D. 采样频率低，量化精度高

18. 防止计算机病毒传染，应该做到(　　)。

A. 无病毒的U盘不要与来历不明的U盘放在一起

B. 不要复制来历不明U盘中的程序

C. 长时间不用的U盘要经常格式化

D. U盘中不要存放可执行程序

19. 下列关于计算机病毒的描述，正确的是(　　)。

A. 正版软件不会受到计算机病毒的攻击

B. 光盘上的软件不可能携带计算机病毒

C. 计算机病毒是一种特殊的计算机程序，因此数据文件中不可能携带病毒

D. 任何计算机病毒一定会有清除的办法

20. 下列选项中不是键盘基准键位的是(　　)。

A. A　　B. D　　C. E　　D. K

二、简答题

1. 按照指法规则，在一张纸上分三行大致画出键盘上 26 个英文字母键的位置，并标注它们所对应的手指。

2. 画一张表格，从容量、价格、速度、易失性多方面比较内存 ROM、RAM 和硬盘。

三、操作题

1. 上网下载若干首爱国歌曲或伴奏 MP3 版本和 WAV 版本，并播放欣赏，比较文件大小。

爱国歌曲，如《中华人民共和国国歌》《我爱你中国》《我和我的祖国》《歌唱祖国》《爱我中华》《我的祖国》《国家》《大中国》《我的中国心》《龙的传人》《长江之歌》等。

2. 上网搜索《祖国啊我亲爱的祖国》朗诵视频，下载并播放欣赏，注意视频文件扩展名。

3. 上网查询全球超级计算机排行榜(TOP500)，了解最近两年我国超级计算机的排名情况和入榜计算机数量占比。

4. 登录智慧职教 MOOC 学院网站 https://mooc.icve.com.cn，搜索课程“计算机文化基础”，选择由“高树芳”主持的课程加入学习。

第 1 章其他资源　　　　第 1 章习题答案

第 2 章　网络基础和 Internet 应用

教学课件

本章主要介绍网络的基础知识和常见 Internet 应用。网络作为当前社会信息交流和沟通的基本手段已渗透到我们生产生活中的各个角落。基于 Internet 的各种应用极大地方便了人们的交流沟通。本章主要任务与要求一览表如表 2-1 所示。

表 2-1　本章主要任务与要求一览表

节次	节名称	主 要 内 容	要求
2.1	计算机网络概述	计算机网络的概念、分类、拓扑结构和组成，网络常用硬件，TCP/IP 网络模型以及网络中数据的传输过程	了解
2.2	Internet 基础知识	Internet 的概念，IP 地址的概念、分类，子网掩码，IPv6 的概念，域名系统和 DNS 解析过程，Internet 的接入方式	理解
2.3	因特网的基本应用	常见的浏览器，因特网信息的浏览，搜索引擎的使用，电子邮件的使用	掌握

2.1　计算机网络概述

本节主要知识技能点如表 2-2 所示。

表 2-2　主要知识技能点一览表

序号	知识内容	重 点 问 题 描 述
1	计算机网络的概念	什么是计算机网络？计算机网络的要素有哪些？
		计算机网络由哪两部分组成？
2	计算机网络的分类	计算机网络按照覆盖范围可以分为哪几类？
		局域网的主要特点有哪些？广域网的典型特点有哪些？
3	计算机网络的拓扑结构	什么是拓扑结构？总线型拓扑结构的主要特点有哪些？
		当前局域网中应用最广泛的是哪种拓扑结构？它有什么特点？
4	计算机网络的组成	从物理结构的角度来看，计算机网络由哪两部分组成？
		什么是网络通信协议？

2.1.1 计算机网络的概念

计算机网络的概念

计算机网络就是利用通信线路和通信设备将多个具有独立功能的计算机系统连接起来，按照网络通信协议实现资源共享和信息传递的系统。这个定义中包含四个要素：

(1) 网络中的主体是具有独立功能的计算机系统，即计算机对网络没有依赖性，离开网络也可以自主运行。

(2) 计算机之间在物理上需要使用通信线路和通信设备对其进行连接。

(3) 计算机之间连接的目的是实现资源的共享和信息的传递。

(4) 要想实现资源共享和信息传递，需要参与通信的计算机遵循一定的逻辑规则，即网络通信协议。

计算机网络的主要功能有以下几方面：

(1) 信息交换，即通过网络实现计算机之间的信息通信和数据交换。

(2) 资源共享，即共享网络中的硬件、软件和数据资源。

(3) 分布式处理，即网络系统中的多台计算机可以相互协作，共同完成某一任务。

从网络的逻辑功能来看，计算机网络可分为通信子网和资源子网两部分，如图 2-1 所示。

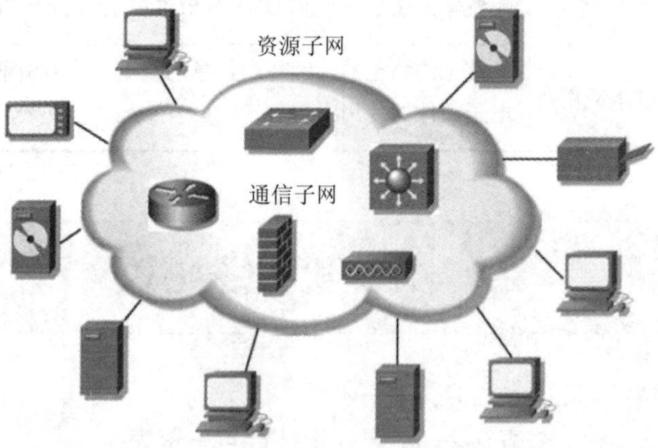

图 2-1 通信子网和资源子网

通信子网提供网络通信功能，由网络连接设备(如路由器、交换机等)、通信线路、网络通信协议以及通信控制软件等组成，负责完成网络数据传输和信息交换等工作。

资源子网由计算机系统、外部设备、网络服务器、各种软件资源和信息资源等组成，负责网络中的数据处理，向网络用户提供各种网络资源与网络服务。

2.1.2 计算机网络的分类

计算机网络的分类

按地理覆盖范围对网络进行划分，是目前最为常用的一种计算机网络分类方法。计算机网络按照覆盖范围的大小，可以分为局域网、城域网和广域网。

1. 局域网

局域网(Local Area Network，LAN)覆盖的地理范围较小(一般小于 10 km)，多为单位、企业、学校等拥有。局域网的特点是传输速率高，传输延迟低，误码率低，连接费用低，容易建立、管理和配置。目前，所有单位内部的网络均为局域网，例如校园网。

2. 城域网

城域网(Metropolitan Area Network，MAN)覆盖范围介于局域网和广域网之间，可覆盖一个城市，通常使用光纤或微波作为网络的主干通道。城域网的特点是数据传输速率比局域网低，连接费用较高。

3. 广域网

广域网(Wide Area Network，WAN)又称远程网，网络覆盖范围巨大，可覆盖若干个国家和地区，甚至全球，通常租用公用通信线路和通信设备。广域网的特点是数据传输速率低，传输延迟大，误码率高。Internet(因特网)就是最为人们熟知的全球最大的广域网。

2.1.3 计算机网络的拓扑结构

计算机网络的拓扑结构

计算机网络的拓扑(Topology)结构是指计算机网络的布局，即将一组设备以什么样的结构连接起来，分为物理拓扑结构和逻辑拓扑结构两个层面的概念。物理拓扑结构是指计算机网络的物理布局，而逻辑拓扑结构则与网络中数据帧的传送机制有关。

基本的网络拓扑结构模型有总线型拓扑、星型拓扑、树型拓扑、环型拓扑和网状拓扑等，如图 2-2 所示。任何一个网络都可以使用其中的一种或几种拓扑来描述。

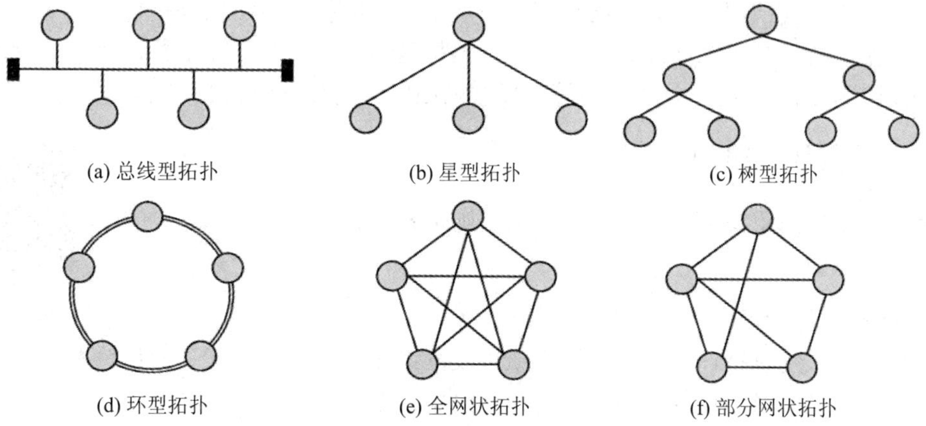

图 2-2　计算机网络的拓扑结构

1. 总线型拓扑

在总线型拓扑结构中，所有的计算机使用一条总线连接起来，计算机之间的通信通过共享该总线来完成。

总线型拓扑结构的特点是结构简单，易于扩展，安装方便，费用低，局部站点故障不影响整体，但如果总线出现故障，则整个网络会陷入瘫痪。

2. 星型拓扑

在星型拓扑结构中，所有的计算机都通过一条专用线路连接到中心结点(典型设备：交换机)，中心结点对各计算机间的通信和信息交换进行集中的控制和管理。

星型拓扑结构的主要特点是结构简单，组网容易，便于管理和维护。网络由中心结点控制和管理，但如果中心结点出现故障，则整个网络会陷入瘫痪。

星型(包括扩展星型)拓扑结构是当前局域网中使用最为广泛的一种拓扑结构。

3. 树型拓扑

树型拓扑结构又称为扩展星型拓扑结构，它是一个多层级的星型拓扑结构，即网络中存在多级网络设备的连接。树型拓扑结构的特点是易于扩展，故障易隔离，可靠性高，对根结点的依赖性大，但如果根结点出现故障，将导致全网不能工作。树型拓扑结构在稍具规模的局域网组网中应用广泛。

4. 环型拓扑

在环型拓扑结构中，各个计算机通过一条首尾相连的通信线路连接成一个闭合环路。环中数据将沿一个方向逐站传送。环型网络可以是单向的，也可以是双向的。单向是指所有的传输都是同方向的，每个设备只能和一个邻近结点通信；双向是指数据能够在两个方向上传输，设备可以和两个邻近结点直接通信。

环型拓扑的网络结构简单，各工作站地位相等，但可靠性差，任何一个结点发生故障，都会导致网络瘫痪。环型拓扑结构在早期局域网中曾有应用，目前已经基本被淘汰。

5. 网状拓扑

网状拓扑结构指各网络结点通过通信线路互相连接起来，每个结点至少与其他两个结点相连。网状拓扑结构可分为全网状和部分网状。全网状拓扑结构是指任意两个结点之间均直接连接，特点是可靠性高，但费用高，结构复杂，不易管理和维护，适用于大型广域网，如我国的教育科研网 CERNET 等。局域网中常采用部分网状的拓扑结构。

2.1.4　计算机网络的组成

从物理结构的角度来看，计算机网络是由网络硬件系统和网络软件系统两部分组成的。

计算机网络的组成

1. 网络硬件系统

网络硬件系统包括计算机、传输介质以及网络设备等。目前常见的传输介质包括双绞线和光纤，常见的网络设备包括交换机、路由器、无线接入点和光猫等。

1) 双绞线

双绞线(Twisted Pair，TP)是当前网络中最常用的一种传输介质。双绞线如图 2-3 所示，它是由两根具有绝缘层的铜导线按一定密度互相扭绞在一起构成的线对，扭绞的目的是抵消传输电流产生的电磁场，降低信号干扰的程度。网络中使用的双绞线通常是 8 芯(4 对)的，在生产时用不同颜色将它们两两区分。与双绞线连接的

图 2-3　双绞线

物理接口称为 RJ-45 接口。双绞线分为屏蔽双绞线(STP)和非屏蔽双绞线(UTP)两种，目前常用的是超五类非屏蔽双绞线。

2) 光纤

光纤(Optical Fiber)是光导纤维的简称，是一种把光封闭在其中并沿轴向进行传输的导波结构。将一定数量的光纤按照特定方式组成缆芯，并且包覆外护层，就形成了光缆。光纤用于实现光信号的传输。

光纤的裸纤一般包括三部分：中心是高折射率的玻璃纤芯，进行光能量的传输；中间为低折射率的硅玻璃形成的包层，为光的传输提供反射面和进行光隔离，并起一定的机械保护作用；最外层是树脂涂覆层，对光纤进行物理保护。光纤如图 2-4 所示。光纤的最大优点是低损耗、高带宽和高抗干扰性；缺点是连接和分支困难，工艺和技术要求高，需配备光电转换设备等。

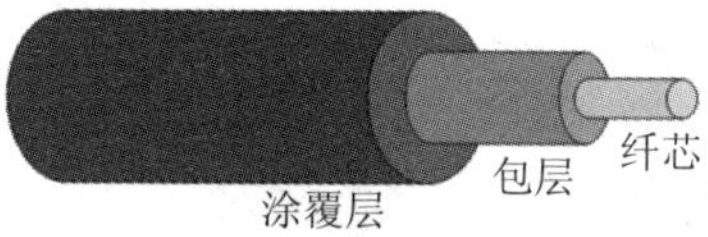

(a) 裸纤结构

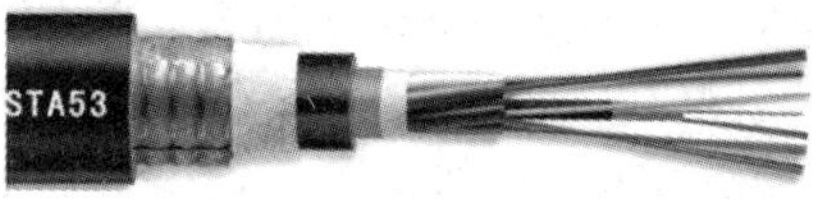

(b) 光缆

图 2-4　光纤

3) 交换机

交换机是当前局域网中应用最为广泛的网络设备，它一般可以提供多个网络端口用于将计算机终端接入到网络中。交换机通过对物理地址的寻址和交换在每一个端口都为接入的计算机提供一个独享的带宽，从而隔绝计算机之间的通信冲突，高效地实现计算机之间的信息传输。

交换机按照是否可配置管理可以分为不可管理交换机(即 SOHO 交换机)以及可网管交换机(即企业级交换机)。SOHO 交换机开机即可使用，不需要也不能进行逻辑配置管理，一般办公室内部、微机机房以及网吧的网络连接使用 SOHO 交换机来实现；企业级交换机可以通过专门的配置接口登录到交换机上进行网络的划分、安全策略的实施等逻辑配置管理，一般成规模的企业网络(例如高校校园网)中使用企业级交换机来实现。交换机如图 2-5 所示。

(a) SOHO交换机

(b) 企业级交换机

图 2-5　交换机

4) 路由器

路由器是用于连接不同网络的设备，它为来自不同网络的数据进行路径的选择，从而实现网络间的通信。路由器的主要应用领域是因特网，一般局域网内的通信由交换机来实现，而因特网上各网络间的通信由路由器来实现。

路由器也可以分为 SOHO 路由器和企业级路由器两种。SOHO 路由器是整合了传统交换机和路由器的部分功能的一种桌面产品，主要用于办公室内部的网络扩展；而企业级路由器则用于将企业局域网接入到因特网中。路由器如图 2-6 所示。

(a) SOHO路由器

(b) 企业级路由器

图 2-6 路由器

5) 无线接入点

无线接入点(Access Point，AP)负责将无线客户端接入到无线网络中，它向下为无线客户端提供无线网络覆盖，而向上一般通过交换机连接到有线网络中。无线 AP 实现了有线网络和无线网络之间的桥接，进行有线和无线的转换。

按照功能的不同，无线 AP 可分为 FAT AP 和 FIT AP 两种。FAT AP 又称为胖 AP，它具有完整的无线功能，可以独立工作。胖 AP 适合于规模较小且对管理和漫游要求都较低的无线网络的部署，尤其是在家庭网络和 SOHO 网络中得到了广泛的应用，平时在小型无线网络中常用的无线路由器实际上集成的就是胖 AP 的功能。FIT AP 又称为瘦 AP，它只能提供可靠的、高性能的射频功能，需要有专门的无线控制器对其进行配置管理，一般大型无线网络覆盖中会使用“无线控制器 + 多个 FIT AP”的方式进行部署。无线 AP 如图 2-7 所示。

(a) 壁挂式AP

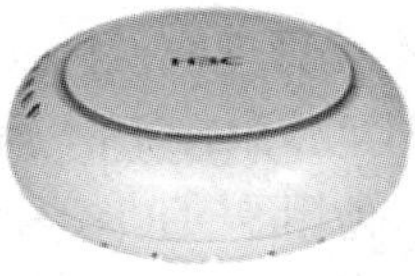

(b) 吸顶式AP

(c) 室外型AP

图 2-7 无线 AP

6) 光猫

光猫是“光 Modem”的俗称，即光调制解调器，又称为单端口光端机，它一般用在家庭上网中。随着宽带接入技术的不断发展，当前家庭宽带接入中传统的电话线接入已逐渐被光纤接入所替代。针对电话线的接入，在用户端需要使用一个 Modem 来实现数字信号与模拟信号之间的转换，光纤接入同样需要一个类似的设备来实现光电信号的转换以及协议的转换，这个设备就是光猫。光猫向上使用光口连接运营商提供给用户的光纤，向下则使用 RJ-45 接口连接用户网络，从而实现用户局域网的 Internet 接入。光猫如图 2-8 所示。

图 2-8 光猫

需要注意的是，由于运营商的不同以及宽带接入时间的不同，当前家庭宽带接入存在多种不同的形式，包括电话线入户、网线入户以及光纤入户等，其中传统的电话线入户用户端需要准备宽带 Modem 来进行信号转换；网线入户是光纤到楼宇，然后在楼宇进行转换后，用网线接入用户家庭，即 PON + LAN 模式，该模式不需要用户端准备 Modem；光纤入户需要用户端准备光 Modem。

2. 网络软件系统

网络软件系统包括网络操作系统、网络协议软件以及网络通信软件等。

(1) 网络操作系统：具有网络功能的操作系统，是能够控制和管理网络资源的软件，如 Windows、UNIX 等。

(2) 网络协议软件：规定了网络中计算机和通信设备之间数据传输的格式和传送方式，使它们能够进行正确、可靠的数据传输。

(3) 网络通信软件：可以使用户在不了解通信控制规程的情况下，控制应用程序与多个站点进行通信，并且能对大量的通信数据进行加工和处理。

3. 网络通信协议和网络体系结构

网络通信与现实生活中的通信类似，通信双方都需要遵循一定的规则，而这些规则就是网络通信协议。所谓网络通信协议，是指为使计算机之间能够正确通信而制定的通信规则、约定和标准。网络通信协议通常由语义、语法和时序(定时关系)三部分组成，其中语义定义做什么，语法定义怎么做，时序定义什么时候做。

由于计算机网络本身是一个非常庞大和复杂的系统，其通信的约束和规则显然不是一个网络通信协议可以描述清楚的，这就需要将计算机网络系统进行详细的功能划分，进而针对每一部分功能使用相应的协议进行描述和约束，因此计算机网络实际上被划分成了若干个不同的层次，每个层次中都存在多个不同的协议，每个协议用于实现计算机网络中的某一个特定的功能目标。

根据层次划分的不同，网络的体系结构可以分为开放系统互连参考模型(Open Systems Interconnection Reference Model，OSI/RM)和 TCP/IP 模型两种。OSI 模型是一个理论模型，它将计算机网络的体系结构自上而下分为应用层、表示层、会话层、传输层、网络层、数据链路层和物理层七层。

TCP/IP 模型是一个商业化的开放式模型，在 TCP/IP 模型中，网络被分为四层，自下而上分别是网络接入层(又称为网络接口层)、Internet 层(又称为网络层或互连层)、传输层和应用层。当前实际网络的体系结构为 TCP/IP 模型。

1) TCP/IP 模型各层的主要功能

(1) 网络接入层。

TCP/IP 模型在网络接入层描述了从 Internet 层到物理网络协议的传递，但并没有指定通过物理介质传输时使用的协议，即 TCP/IP 主机必须通过某种下层协议连接到网络，而具体的协议则可以有很多种。

典型的网络接入层技术包括常见的以太网、FDDI 等局域网技术，用于串行连接的高级数据链路控制(High-level Data Link Control，HDLC)、点到点协议(Point-to-Point Protocol，PPP)技术以及 X.25、帧中继(Frame Relay)和异步传输模式(Asynchronous Transfer Mode，ATM)等分组交换技术。

(2) Internet 层。

Internet 层的主要功能是使主机能够将信息发往任何网络并传送到正确的目标。基于这些要求，Internet 层定义了报文格式及其协议——IP 协议。在 Internet 层，使用 IP 地址来标识网络结点；使用路由协议生成路由信息并根据这些路由信息实现报文的转发，使数据报文能够准确地传送到目的地；使用 ICMP 协议协助管理网络。

(3) 传输层。

传输层位于应用层和 Internet 层之间，主要负责为两台主机上的应用程序提供端到端的连接。TCP/IP 模型中传输层上的协议主要包括传输控制协议(Transmission Control Protocol，TCP)和用户数据报协议(User Datagram Protocol，UDP)。

传输层协议的主要作用包括：提供面向连接或无连接的服务；维护连接状态；对应用层数据进行分段和封装；实现多路复用；可靠地传输数据以及执行流量控制等。

(4) 应用层。

应用层直接与用户和应用程序打交道，负责对软件提供接口以使程序能使用网络服务。常用的网络服务有网络页面传输、文件传输、电子邮件处理、动态 IP 地址分配、远程登录等，对应的应用层协议分别为超文本传输协议(HyperText Transfer Protocol，HTTP)、文件传输协议(File Transfer Protocol，FTP)、简单邮件传输协议(Simple Mail Transfer Protocol，SMTP)、第三代邮局协议(Post Office Protocol-Version 3，POP3)、动态主机配置协议(Dynamic Host Configuration Protocol，DHCP)和 Telnet 协议等。

2) TCP/IP 模型中数据的封装与传递

在 TCP/IP 模型中，通信双方通信时需要在对等层之间进行信息的交换，在对等层之间交换的信息单元称为协议数据单元(Protocol Data Unit，PDU)。在实际的通信过程中，对等层之间是无法直接进行通信的，而是需要通过下一层为其提供服务，因此，实际的通信过程如图 2-9 所示。

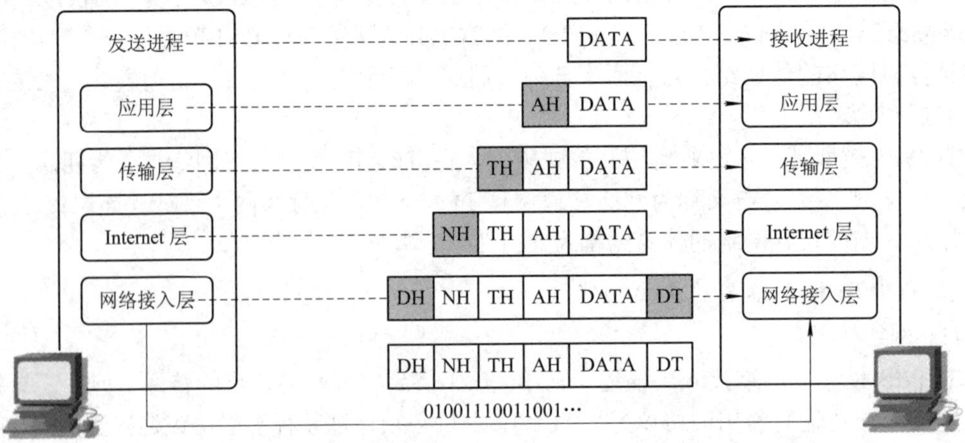

图 2-9　TCP/IP 模型中数据的封装与传递

在发送方，数据从最上层开始，每一层都需要对数据进行封装，即在原数据的基础上增加封装头(有些还会有封装尾)，在封装头中包含有相应封装协议的信息，然后将数据传递给下一层，这样通过层层地封装和传递，最后通过物理层的线路将二进制比特流以信号的形式传送给接收方，接收方在接收到数据后，从最下层开始一层一层地解封装并传递给上一层，每一层都会将发送方对等层的封装解掉，并对封装中的协议相关信息进行核对，以确保信息最终被送往正确的应用进程。从整个过程来看，实际的数据传输过程如图 2-9 中的实线箭头所示，但在逻辑上，通信双方对等层发送和接收的 PDU 是一致的，因此可以看作是对等层之间的逻辑通信(即虚线箭头所示)。

实际上，TCP/IP 模型中数据的封装与传递的过程类似于通过邮局发送信件的过程。当需要发送信件时，首先需要将写好的信纸放入信封中，然后按照一定的格式书写收信人姓名、收信人地址以及发信人地址，这个过程就是一个封装的过程；当收信人收到信件后，需要将信封拆开，取出信纸，这就是解封装的过程。区别在于信件只需要一次封装，而网络中的数据信息在每一层都需要进行封装。

2.2　Internet 基础知识

本节主要知识技能点如表 2-3 所示。

表 2-3　主要知识技能点一览表

序号	知识内容	重点问题描述
1	Internet 基本概念	Internet 遵循什么体系结构？在该架构下，不同类型网络的区别被限定在了哪一层？
2	IP 地址	IPv4 地址由多少位二进制数组成？用什么样的方法来表示？
		IP 地址由哪两部分组成？
3	域名地址	为什么要引入域名地址？其作用是什么？
		IP 地址和域名的关系是怎样的？
4	Internet 的接入方式	Internet 的接入方式有哪几种？

2.2.1　Internet 基本概念

Internet 即因特网，由成千上万个不同类型、不同规模的计算机网络组成，是世界上规模最大的计算机网络。Internet 始于美国，其前身是阿帕网(ARPANET)。

由于连接到 Internet 上的网络类型各异，为实现不同类型网络之间的通信，就需要 Internet 上的所有网络都要使用相同的逻辑体系结构并在特定的层次遵循相同的协议。在 Internet 中，遵循的体系结构为 TCP/IP 模型，使用 TCP/IP 协议簇来约束网络间的通信，在这样的架构下，不同类型网络的区别就被限定在了网络接入层，而在 Internet 层使用统一的 IP 协议来确保不同类型网络之间的通信实现。

2.2.2　IP 地址

IP 地址

1. IP 地址的概念

在 Internet 中，每台主机或网络设备都必须有一个唯一的地址，该地址就是 IP 地址。IP 地址可以理解为人为分配给计算机在网络中的编号地址，其目的是用于网络寻址，就像邮政编码用于邮区分拣一样。为了确保计算机之间通信地址的唯一性，IP 地址由 Inter NIC(Internet 网络信息中心)统一管理，每个国家的网络信息中心统一向 Inter NIC 申请 IP 地址，并负责国内 IP 地址的管理与分配。

目前网络中主要使用的是第 4 版 IP 协议(IPv4)。IPv4 中使用 32 位二进制数编码 IP 地址。为了使用方便，IP 地址经常写成十进制的形式，由四组数字组成并用圆点“.”分隔，例如 202.207.120.35。每个部分可以是 0～255 之间的十进制数，这种格式的地址称为“点分十进制”地址。

IP 地址由“网络地址(网络编号)”和“主机地址(主机编号)”两部分组成，其各自所占位数由 IP 地址类型决定，这就像电话号码中包含区号和区内编号一样。在一个计算机被分配了一个 IP 地址后，该计算机就属于该 IP 地址中“网络地址”部分表示的“网络”内的成员。Internet 上的其他计算机与该计算机通信时，首先根据该计算机 IP 地址的网络地址找到该网络，再从该网络中寻找该计算机。这个过程和打长途电话的过程是相似的，先根据区号找到电话机所在的地区，再从该区内根据电话号码找到该电话机。

根据网络规模和应用的不同，IP 地址被划分成 A、B、C、D、E 五类。其中：A 类地址的最高位取值为“0”；B 类地址的最高两位取值为“10”；C 类地址的最高三位取值为“110”；D 类地址的最高四位取值为“1110”，作为多播地址使用；E 类地址为保留地址。A、B、C 类 IP 地址为网络中的常用地址，其分类方法如表 2-4 所示。

表 2-4　A、B、C 类 IP 地址的分类方法

类别	第 1 字节范围	网络地址位数	主机地址位数	最大网络数量	每个网络中最大主机数量	IP 地址范围	适用场合
A 类	0～127	8 位	24 位	$2^7-2=126$ (0 和 127 保留作为特殊用途)	$2^{24}-2=16\ 777\ 214$	1.0.0.0～127.255.255.255	大型网络
B 类	128～191	16 位	16 位	$2^{14}=16\ 384$	$2^{16}-2=65\ 534$	128.0.0.0～191.255.255.255	中型网络
C 类	192～223	24 位	8 位	$2^{21}=2\ 097\ 152$	$2^8-2=254$	192.0.0.0～223.255.255.255	小型网络

通过表 2-4 可以看出，根据 IP 地址的类别就可以确定其网络地址和主机地址。例如：202.207.120.35 是一个 C 类 IP 地址，它的网络地址是 202.207.120，网络内主机地址是 35。

在 IP 地址的使用规则上，要求每台使用 TCP/IP 协议通信的计算机必须配置一个唯一的 IP 地址，一个网络内的计算机必须使用具有相同网络地址的 IP 地址。

2. 子网与子网掩码

在制定网络编码方案时，经常会遇到网络数量不够的问题，解决办法是将主机标识的部分地址作为子网编号，剩下的主机标识作为相应子网的主机标识部分。这样，IP 地址就划分为网络、子网、主机三部分。

要确定 IP 地址中哪部分是子网地址，哪部分是主机地址，这需要采用子网掩码技术。子网掩码是一个与 IP 地址结构相同的 32 位二进制数字，也采用点分十进制表示。在子网掩码中，与 IP 地址的网络位对应的位取值为“1”，与主机位对应的位取值为“0”。

默认情况下，A、B、C 三类网络的子网掩码分别为 255.0.0.0、255.255.0.0、255.255.255.0。如果一个 C 类网络借用了 2 位主机位作为子网位来划分子网，则其对应的子网掩码就是

255.255.255.192。

在网络中，给出 IP 地址时往往需要同时给出子网掩码，以确定所给 IP 地址的网络地址和主机地址以及所处的网络。

3. IPv6 地址

随着 Internet 爆炸性的增长，IPv4 提供的 IP 地址空间正在被逐渐耗尽。为缓解 IP 地址紧张问题，IETF(互联工程任务组)设计了 IPv6 协议，以替代 IPv4 协议。在今后的一段时间内，IPv4 将和 IPv6 共存，并最终过渡到 IPv6。

在 IPv6 中，IP 地址的长度为 128 位，最大地址个数可达 2^{128}，极大地扩充了 IP 地址的数量。IPv6 有三种表示方法，分别是冒号十六进制表示法、零压缩表示法和内嵌 IPv4 的 IPv6 表示法。

2.2.3　域名地址

域名地址

由于数字型的 IP 地址不方便记忆，且难于理解，使用不便，Internet 推出了另一套字符地址方案，即域名(Domain Name)地址。

1. 域名地址的结构及域名管理系统

域名地址就是使用助记符表示的 IP 地址。为了便于管理并避免重名，域名由若干个不同层次的子域名构成，它们之间用圆点“.”分隔，并采用“主机名.三级域名.二级域名.顶级域名”的形式，以标识 Internet 中某一台计算机或计算机组的名称。

域名地址虽然容易记忆，但在数据传输时，因特网上的主机和网络互连设备只能识别 IP 地址，而不能识别域名，因此，当用户通过输入域名来访问网络时，系统要能够根据域名地址找到与其对应的 IP 地址，即将域名地址转换成 IP 地址，这个过程称为域名解析。完成这个转换功能的设备称作域名系统(Domain Name System，DNS)服务器。

DNS 服务器是一台安装有域名解析软件的主机，在因特网中拥有自己的 IP 地址。因特网中有大量的域名服务器，每台域名服务器中都设置了一个数据库，在数据库中保存着它所负责区域内的主机域名和主机 IP 地址的对照表，依据这张对照表实现域名向 IP 地址的转换。

如果一台计算机(如 WWW 服务器)想要别人使用域名地址访问，那么首先要在一个 DNS 服务器中注册，一般是在上一级域名服务器中注册。域名是分级分层设置的，整个域名空间是一个树型结构，如图 2-10 所示。

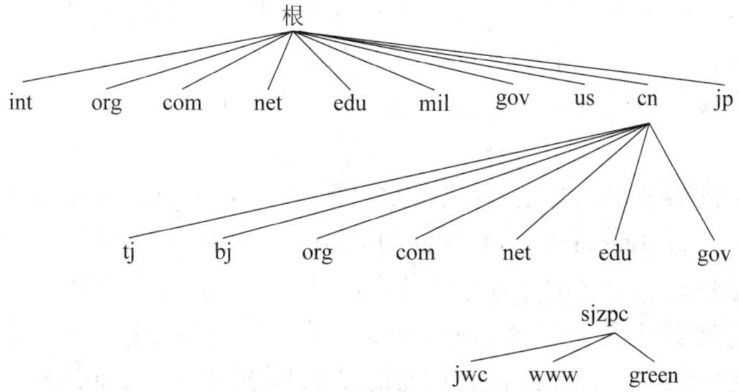

图 2-10　域名空间

各级域名间使用“.”分隔。例如，域名 www.sjzpc.edu.cn 中：

cn 是顶级域名，代表中国，cn 是在 Internet 管理中心注册的域名；

edu 是二级域名，代表教育网，edu 是在中国互联网中心 cn 域名下注册的域名；

sjzpc 是三级域名，代表石家庄邮电职业技术学院，sjzpc 是在教育网 edu 域名下注册的域名；

www 是主机域名，表示一个 Web 服务器，www 是在 sjzpc 域名下注册的域名。

除了主机域名外，每级域名下都会设置一个域名服务器和备用域名服务器供下级进行域名注册。

任何一台计算机，如要想使用域名地址访问其他计算机，必须在计算机网络连接的 TCP/IP 属性设置中设置 DNS 服务器的 IP 地址。DNS 服务器地址一般要设置两个(一个首选和一个备用)。

2. 域名解析过程

根据域名查找 IP 地址的过程称作域名解析。实际上，域名解析过程是比较复杂的。一般域名在本地域名服务器中没有查到时，本地域名服务器会自动到它的上级域名服务器去查找，依次递归，最终会查到该域名地址所对应的 IP 地址。当然如果每次都这样去查找会影响工作效率，DNS 也采取了一些办法，例如在计算机和各级域名服务器上会暂存查找过的域名，在需要域名解析时，计算机会首先在本机的高速缓存中进行域名解析，不成功时才去上级域名服务器解析。各级域名服务器也采取类似的处理方法，用于提高 DNS 的工作效率。

2.2.4 Internet 的接入方式

如果想使用 Internet 提供的服务，则必须先将自己的计算机接入 Internet。而普通用户接入 Internet 的工作一般由服务提供商(Internet Service Provider，ISP)来提供。我国主要的 ISP 有中国电信、中国联通、中国移动以及各省广电集团等。Internet 的接入方式可分为专线接入、ADSL 接入以及无线接入等。

Internet 的接入方式

1. 专线接入

专线接入一般是指为客户提供各种速率的专用链路，直接连接 IP 骨干网络，实现方便快捷的高速互联网上网服务。互联网专线接入业务按照客户需求可提供更高速率的专线接入，主要有 2 Mb/s、10 Mb/s、100 Mb/s、1000 Mb/s 等。专线接入的客户一般是一个企业，其接入对象是企业的一个局域网。局域网内部是以太网的构架，出口通过专用链路接入到 Internet 中。

专线接入技术包括早期的 X.25 电路、数字数据专线(Digital Data Network，DDN)、帧中继以及同步数字体系(Synchronous Digital Hierarchy，SDH)等技术。

X.25 电路和 DDN 接入方式目前都已基本淘汰。帧中继接入方式的应用也越来越少。

SDH 技术是在光纤线路上实现的通信网络，它是一种将复接、线路传输以及交换功能融为一体，并由统一网络管理系统操作的综合信息传送网络。目前运营商提供的高速专线接入方式主要是 SDH。SDH 的基本模块 STM-1 的传输速率为 155.520 Mb/s，而 STM-64

的传输速率可达 9952.280 Mb/s。

2. ADSL 接入

ADSL 称为非对称数字用户电路，其非对称性体现在上、下行速率的不同。ADSL 通过使用频分多路复用技术在一对铜线上支持上行速率 640 kb/s 到 1 Mb/s、下行速率 1 Mb/s 到 8 Mb/s 的数据传输，有效传输距离在 3 km～5 km 范围内。ADSL 一般为家庭用户提供宽带接入。

3. 无线接入

无线接入技术主要是作为有线接入技术的一个延伸，用于办公室或家庭的多终端覆盖。

当前 SOHO 网络的无线接入一般使用 SOHO 无线路由器来实现。SOHO 无线路由器整合了传统交换机、路由器以及 AP 的部分功能，为小型网络提供无线接入。SOHO 无线路由器如图 2-11 所示。

图 2-11　SOHO 无线路由器

需要注意的是，与交换式以太网提供的交换式信道不同，无线接入所提供的信道为无线共享信道，随着接入用户的增加，用户的上网速率会急速下降，因此一般建议限制接入终端的数量，以保障用户较好的上网感受。

2.3　因特网的基本应用

本节主要知识技能点如表 2-5 所示。

表 2-5　主要知识技能点一览表

序号	知识内容	重点问题描述
1	因特网信息浏览	什么是 WWW、网页、HTML、URL？
		浏览器的作用是什么？广泛应用的浏览器有哪些？
		如何保存网页？如何设置浏览器的起始页？
2	网上信息的搜索	什么是搜索引擎？
		如何使用逻辑“与”“或”“非”进行多关键字的搜索？
3	电子邮件的使用	电子邮件地址的格式是怎样的？
		收发电子邮件的两种主要方式是什么？

2.3.1 因特网信息浏览

1. WWW 简介

在因特网中通过采用 WWW 方式浏览信息。下面介绍几个有关 WWW 的基本概念。

1) 万维网

万维网(World Wide Web，WWW，通常简写为 Web)是一种建立在因特网上的全球性的、交互的、动态的、多平台的、分布式的、超文本多媒体信息查询系统。它是因特网上最早出现的应用方式，是应用最广泛的信息发布及查询系统。

2) 网站、网页和主页

WWW 实际上是一个庞大的文件集合体，这些文件称为网页或 Web 页，存储在因特网上成千上万台计算机中；提供网页的计算机称为 Web 服务器或网站、站点。

一个网站的第一个 Web 页称为主页或起始页。在主页中，一般具有明显的网站风格，并通过建立与其他页面的链接，引导访问者访问网站中的信息资源。主页主要体现了网站的特点和服务项目。

3) 超文本和超链接

一个网页会有许多带下划线的文字、图形或图片等，称为超链接。当单击超链接时，浏览器就会显示出与该超链接相关的网页。具有超链接的文本称为超文本。超文本除文本信息外，还包含图形、声音、图像、视频等多媒体信息，在这些多媒体的信息浏览中引入超文本的概念，就是超媒体。

4) 超文本标记语言

超文本标记语言(Hyper Text Markup Language，HTML)是为服务器制作信息资源(超文本文档)和客户浏览器显示这些信息而约定的格式化语言。所有的网页都是基于 HTML 编写出来的。网页文件的扩展名一般为.htm 或.html。

5) 统一资源定位器

使用 WWW 获取信息时需要标明资源的所在地。在 WWW 中使用统一资源定位器(Uniform Resource Locator，URL)来描述 Web 页的地址和访问它时所使用的协议。URL 又称网页地址或网址，其格式如下：

协议: //IP 地址或域名[端口号]/路径/文件名

其中：

① 协议：是服务方式或获取数据的方法，如 http、ftp、telnet 等；

② IP 地址或域名：是存放该资源的主机的 IP 地址或域名；

③ 端口号：在 IP 地址或域名之后有时还需要使用端口号，HTTP 默认的端口号为 80；

④ 路径和文件名：是用路径的形式表示 Web 页在主机中的具体位置。

例如：https://www.tsinghua.edu.cn/jwc/index.htm。

6) 超文本传输协议

为了将网页的内容准确无误地传送到用户的计算机上，在 Web 服务器和用户计算机之间必须使用一种特殊的语言进行交流，这就是超文本传输协议(Hyper Text Transfer Protocol，HTTP)。网页在超文本传输协议(HTTP)的支持下运行。

2. 浏览器软件

用户在因特网中进行网页浏览时，需要在本地计算机中运行一种称为浏览器的客户端软件，浏览器能够把超文本标记语言(HTML)描述的信息转换成便于人们理解的形式(网页)呈现出来。浏览器软件使用 HTTP 协议向 Web 服务器发出请求，将网站上的信息资源下载到本地计算机上，再按照一定的规则显示在屏幕上，成为我们看到的网页。

浏览器相关概念

目前常用的浏览器有 Microsoft 公司的 Edge、Internet Explorer(简称 IE)、搜狗浏览器、360 安全浏览器、火狐浏览器(Firefox)、谷歌浏览器等。各种浏览器的主要功能大致相同，具体操作界面有所差异。本章以 IE 浏览器为例进行介绍。

3. 浏览、保存或收藏网页

1) 浏览网页

使用浏览器浏览网页的方法主要有：直接在地址栏中输入网站的网址；在当前 Web 页面中单击超链接进入新的网页；通过历史记录进入网页或通过收藏夹访问网页等。

浏览网页的过程中，按住 Ctrl 键拖动鼠标，可以改变网页文字的大小。

2) 保存网页

浏览网页时可以将感兴趣的网页保存到本机上，方法是：在浏览器菜单栏中单击“文件”|“另存为”命令，或者右击页面空白处选择“另存为”命令，可以将当前浏览的网页保存成文件。保存文件时可以选择保存文件的类型，如“Web 页，全部”“Web 页，仅 HTML”“文本文件”等。

有的浏览器默认不显示菜单栏、收藏夹栏、命令栏和状态栏，若要显示这些内容，需要在 IE 窗口上方空白区域单击右键或在窗口左上角单击左键，在弹出的快捷菜单中选择。

如果只需要保存网页上的部分文字信息，则先拖动鼠标选定文字，按 Ctrl + C 组合键复制文字，然后在其他软件如 Word 中按 Ctrl + V 组合键粘贴文字。

如果需要保存网页上的图片，则在图片上右击鼠标，选择“图片另存为”命令，即可将图片保存到磁盘中。

3) 添加当前网址到收藏夹

收藏夹是保存 Web 页或站点地址的特殊文件夹。可以将喜欢或经常访问的网址添加到收藏夹中，以便以后再次访问网站时直接从收藏夹网址列表中打开网页。

单击收藏夹图标 ☆，可以将当前访问的网页添加到收藏夹中。也可以建立文件夹，分类管理所收藏的网址。

4. 浏览器的设置

通过设置浏览器能够解决很多实际问题。例如，打开某个网页时一些视频或者 Flash 文件打不开、打开一些网页发现部分控件无法使用等，

IE 浏览器的使用

这些都可能与浏览器的设置有关系。

1) 设置默认主页

浏览器的主页也称起始页，就是每次打开浏览器时自动打开的默认网页。用户可以根据自己的喜好和习惯设置主页。设置步骤是：单击菜单栏中的“工具”|“Internet 选项”，打开如图 2-12 所示的“Internet 选项”对话框，在该对话框中选择“常规”选项卡，在“主页”选项组下方的文本框中输入要设置的主页网址，然后单击“确定”按钮；也可以先打开要设置为主页的网页，然后在“Internet 选项”对话框中单击“使用当前页”按钮。

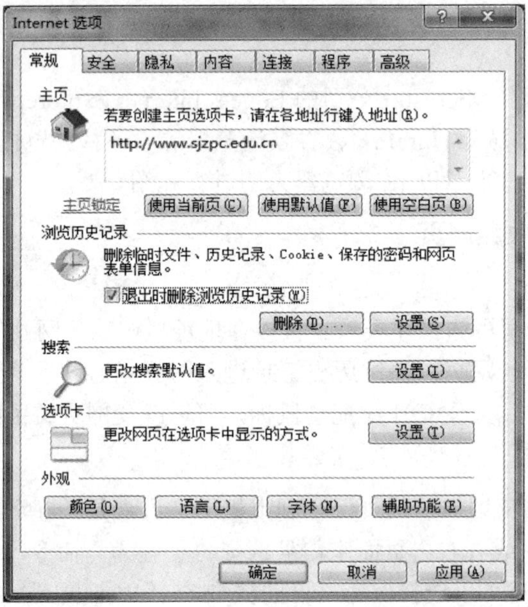

图 2-12　“Internet 选项”对话框

2) 清除临时文件和历史记录

在用户使用 IE 浏览网页的过程中，IE 会将下载的部分网页信息存储在本地磁盘的 Internet 临时文件夹中以方便日后的加载及用户的使用。随着 IE 使用时间的增长，在 Internet 临时文件夹中就会有大量的历史记录，这些历史记录一方面会占用磁盘空间，另一方面也会泄露用户的上网信息以及个人的各种登录信息等，因此有时候需要对其进行清理。具体步骤如下：

单击菜单栏中的“工具”|“Internet 选项”，打开“Internet 选项”对话框，在该对话框中选择“常规”选项卡，在“浏览历史记录”选项组中单击“删除”按钮打开“删除浏览的历史记录”对话框，选择需要删除的内容，然后单击“删除”按钮。

3) 阻止自动弹出窗口

在浏览网站时经常会弹出一个小窗口，这些窗口有的是网站公告，有的是广告等信息，可以通过设置浏览器来阻止这类弹窗的出现。具体步骤如下：

打开“Internet 选项”对话框，选择“隐私”选项卡，勾选“启用弹出窗口阻止程序”复选框，单击“设置”按钮，在“要允许的网站地址”列表框中输入允许弹窗的网站地址，然后单击“添加”按钮；也可以在“允许的站点”列表中选择站点，单击“删除”按钮删除站点或单击“全部删除”按钮删除全部站点。

4) 恢复浏览器的默认设置

如果错误地对浏览器进行设置，可能会影响浏览器的正常运行，此时可以恢复浏览器的默认设置，使其恢复到原始状态。设置步骤是：在“Internet 选项”对话框中单击“重置”按钮，然后在弹出的对话框中勾选“删除个人设置”复选框，再单击“重置”按钮，重启计算机后即可恢复浏览器的设置。

2.3.2 网上信息的搜索

1. 搜索引擎

搜索引擎是在 Internet 上执行信息搜索的专用工具。搜索引擎根据一定的策略，运用特定的计算机程序从互联网上搜索信息，在对信息进行组织和处理后，将检索结果以超链接的形式显示在搜索结果网页中。

网络上有很多专门提供搜索功能的网站，另外有一些门户网站也提供了搜索的功能，以帮助用户获取需要的信息。

常用的搜索引擎有百度(Baidu)、谷歌(Google)、雅虎(Yahoo)、新浪(Sina)、搜狐(Sohu)、搜狗(Sogou)等，其中百度是目前全球最大的中文搜索引擎，中国所有具备搜索功能的网站中，由百度提供搜索引擎技术的超过 80%。

2. 搜索引擎的使用方法

在使用搜索引擎进行搜索时，可以使用逻辑搜索方式，即将关键字通过某种表达式提交给搜索引擎，以便准确、快速地查找相关资料。常见的逻辑搜索有“与”“或”“非”等。

1) 逻辑“与”搜索

关键字之间通过“+”、空格、逗号、“AND”或者“&”来连接，表示关键字必须出现在结果链接的网页上。例如，要搜索计算机文化基础方面的教材，可以输入关键字“计算机文化基础＋教材”，这样就可以得到两个关键字的交集，只有同时满足这两个条件的内容才会被搜索引擎列出。

2) 逻辑“或”搜索

关键字之间通过“|”或者“OR”来连接，表示求并集，即搜索包含任意一个关键字的信息。例如，要搜索“计算机”或者“电脑”的信息，可以输入关键字“计算机|电脑”。

3) 逻辑“非”搜索

逻辑“非”表示排除关系，即搜索不包含某一关键字的信息。在关键字前使用“–”(减号)或者“NOT”。注意，在减号前面要输入一个空格。例如，要搜索不包含高中的教材信息，可以输入关键字“教材 –高中”。

4) 按文件类型(filetype)搜索

在搜索关键字中，还可以加注要搜索的文件类型。例如，关键字“计算机文化基础 filetype:PPT”表示要搜索“计算机文化基础”且限制文件类型为 PPT 格式。

更为高级的搜索可使用网址为 http://www.baidu.com/gaoji/advanced.html 的集成高级搜

索页面。

2.3.3　电子邮件的使用

电子邮件又称为 E-mail，它是互联网为用户提供的最广泛的服务项目。电子邮件具有速度快、价格便宜、一信多发、自动定时发送等特点。电子邮件改变了人们以往的通信方式，大大改善了人们的信息交流。

1. 电子邮件概述

在 Internet 上提供电子邮件服务的服务器称为邮件服务器。当用户在邮件服务器上申请邮箱时，邮件服务器会给用户分配一块存储空间，用于对该用户的信件的处理，这块存储空间就称为邮箱或信箱。一个邮件服务器有许多信箱，每一个电子信箱分别对应不同的用户，这些信箱都有自己的信箱地址，即 E-mail 地址，用户通过自己的 E-mail 地址访问邮件服务器上自己的信箱，然后进行邮件处理。

电子邮件地址的格式如下：

账号名@邮件服务器域名

其中，“@”读作“[at]”，中文意思是“在”。例如，电子邮件地址“zhangs@cptc.cn”标识了一个在域名为 cptc.cn 的邮件服务器上、账号为 zhangs 的 E-mail 信箱。

2. 收发电子邮件的两种主要方式

1) 利用网页方式收发电子邮件

利用网页方式收发电子邮件也称在线收发电子邮件，即通过浏览器直接登录邮件服务器网页，在网页上输入用户名和密码后进入自己的邮箱进行邮件处理。

2) 利用电子邮件应用程序收发电子邮件

利用电子邮件应用程序收发电子邮件也称离线收发电子邮件。一般来说，用户需要在自己的计算机上安装一个 E-mail 客户端程序(如 Outlook、FoxMail 等)，用户通过这个电子邮件程序进行邮件的收发。发邮件时，首先使用该客户端程序编辑邮件，并发送给邮件服务器，经过 Internet 传递到对方的邮件服务器上；收邮件时，则使用该客户端程序从邮件服务器上接收邮件，然后在本地计算机上阅读接收到的邮件。邮件服务器之间的邮件交换过程是自动完成的，对普通 E-mail 用户完全透明。

这种方式只在收信和发信时才需要上网，发信时也不需要考虑对方是否在线。

3. 电子邮件的收发操作

1) 获取邮箱

要使用电子邮件，用户必须有一个自己的邮箱，一般大型网站如新浪、搜狐、网易等都提供免费邮箱供用户申请使用。如果用户已经有 QQ 账号，也可以使用腾讯 QQ 自带的 QQ 邮箱进行邮件收发。

电子邮件及其使用

一般情况下，通过 Web 页面就可以登录邮箱并进行邮件的处理。大部分邮箱在使用上大同小异，在此以 QQ 邮箱为例对邮箱的使用进行介绍。

QQ 邮箱的登录方法有两种：一种是通过域名“https://mail.qq.com/”使用浏览器登录；另一种是在 QQ 界面中单击“信封”图标进入邮箱。

进入邮箱后，在邮箱的左侧是邮箱的操作菜单，可以进行邮件的收发和管理。

2) 写信并发送邮件

具体步骤如下：

(1) 单击邮箱左侧菜单上的“写信”按钮，进入如图 2-13 所示的写信页面，将光标移动到相应位置并填写各项信息。

收件人：指收信人的邮箱地址。如果邮件要发给多个收信人，各收信人的邮箱地址之间用“,”或“;”隔开，或通过“添加抄送”来实现。

抄送：发送给收件人的同时，将该邮件发送到其他人的邮箱。

主题：邮件的标题。

正文：邮件内容的详细信息。正文内容可以通过“格式”工具栏进行诸如字体、对齐方式等的编辑。

附件：有时电子邮件除了正文外，还需要将某个特定的文件(如文档、图片、音乐等)发送给对方，这时可以通过添加附件的方式来实现。在图 2-13 所示的界面中单击“添加附件”按钮，在弹出的对话框中选择需要添加的文件，再单击“打开”按钮即可完成附件的添加。

(2) 邮件写完后，单击“发送”按钮即可将邮件正文和附件一起发送到对方的邮箱中。

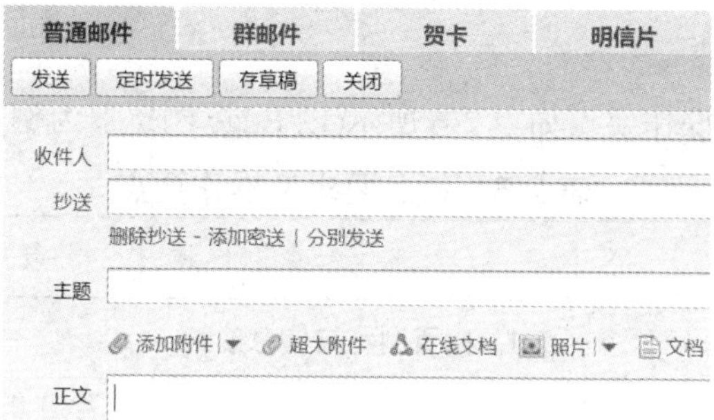

图 2-13　撰写并发送邮件

4. 接收邮件并处理邮件

具体步骤如下：

(1) 单击邮箱左侧菜单上的“收信”按钮或“收件箱”按钮，在邮箱右侧就会显示出收件箱中的所有邮件列表，其中未读邮件会以加粗的字体表示，如图 2-14 所示。

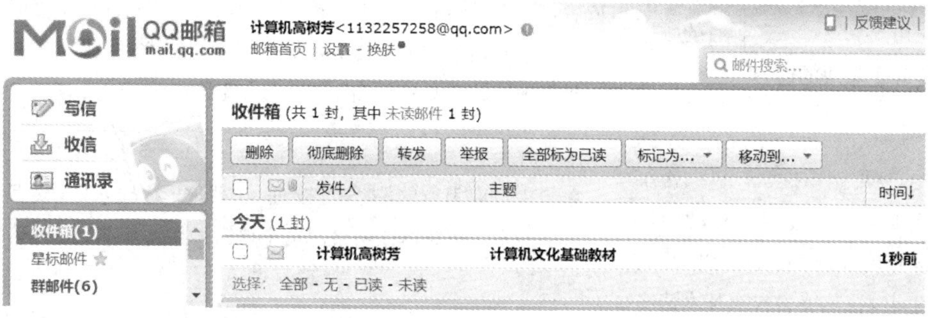

图 2-14　接收并处理邮件

(2) 单击想要查看的邮件主题，即可查看邮件内容。

在邮件列表左侧有复选框按钮，可以选定一封或多封邮件进行处理。

单击“删除”按钮，可以删除邮件；

单击“转发”按钮，可以将邮件原样地或增加、修改内容后发给其他收件人；

单击“回复”按钮，可以在“正文”处输入回复的内容，无需输入收件人信息，再单击“发送”按钮即可。

2.4 实　训

2.4.1 网页浏览与邮件收发

第 2 章实训一

1. 实训目的与要求

(1) 掌握浏览器的基本使用方法。

(2) 掌握信息搜索及网址收藏技巧。

(3) 掌握电子邮件的收发操作。

2. 实训内容与步骤

本实训任务要求及操作要点如表 2-6 所示(以 Edge 浏览器为例)。

表 2-6　任务要求及操作要点

任务要求	操作要点
	1. 网页浏览与信息搜索
(1) 在浏览器中打开百度搜索引擎，搜索“学习强国”相关内容，登录学习强国官方网站	打开浏览器，在浏览器地址栏中输入百度网址 www.baidu.com 并按回车键或单击“百度一下”按钮打开百度搜索结果页面； 在网页中找到并单击“学习强国”官方链接，打开一个新的选项卡“学习强国”，其网址为“www.xuexi.cn”
(2) 从“学习强国”主页开始，按照由上到下、从左到右的顺序浏览各个版块的内容	单击每一个版块(栏目)超链接将打开一个新的选项卡显示栏目内容，滚动鼠标从上到下浏览内容，之后单击页面最上方的本网页选项卡右边的“×”号关闭选项卡，返回上一级网页； 类似地，在主页中单击下一个版块超链接浏览网页
(3) 使用站内搜索，以关键字“其美多吉”搜索“感动中国 2018 年度人物”其美多吉的相关介绍，浏览其美多吉的基本情况	单击主页右上方的“搜索”按钮，在搜索框内输入“其美多吉”，单击“搜索”按钮，在结果网页中单击“其美多吉”超链接显示页面内容

续表

任 务 要 求	操 作 要 点
2. 收藏夹的使用	
(1) 将“学习强国”主页添加到收藏夹中	单击窗口右上角的“添加到收藏夹”按钮，在“添加收藏”对话框的名称框中会自动出现网页标题，也可以修改或重新输入名称，然后单击“完成”按钮
(2) 先关闭浏览器，然后重新打开浏览器，在新的窗口中从收藏夹打开“学习强国”主页	在浏览器窗口中单击“收藏夹”按钮，在收藏夹列表中单击“学习强国”超链接，即可在浏览器中打开该网站主页
3. 保存网页	
访问“学习强国”主页上某一个超链接，将网页保存到 D 盘根文件夹下，文件类型和文件名保持默认	在网页空白处右击，选择“另存为”命令，指定文件保存位置、保存类型和文件名
4. 使用浏览器收发电子邮件	
(1) 使用浏览器向本班一位同学的 QQ 邮箱发送一封邮件，同时抄送给自己。邮件主题为“收发邮件作业”，附件为 D 盘根文件夹中保存的网页文件，正文为“现将学习强国平台上的美丽中国网页发给你，请查收。”	① 询问同学的 QQ 号码并记录。 ② 打开浏览器，在网址栏中输入“mail.qq.com”并按回车键，选择“QQ 登录”，输入自己的 QQ 号码和登录密码，登录 QQ 邮箱。 ③ 单击“写信”超链接，在“收件人”框内输入同学的 QQ 邮箱地址(QQ 号码@qq.com)，单击“添加抄选”按钮，在“抄送”框内输入自己的 QQ 邮箱，在“主题”框内输入主题“收发邮件作业”，在“正文”部分输入邮件正文内容。 ④ 单击“添加附件”超链接，选择 D 盘根文件夹中的网页文件，单击“打开”按钮，再单击“发送”按钮发送邮件
(2) 接收邮件，阅读最近的一封邮件内容，然后将附件保存到 D 盘根文件夹下	单击“收信”超链接，在右面窗格中将看到邮件列表，单击某一封邮件，可阅读邮件内容。如果在邮件主题旁边有个曲别针图标，则说明邮件有附件。 如果邮件中含有“附件”，则可以转存或下载附件

【自主训练】

(1) 保存“学习强国”平台上某个网页中的一段文字。

(2) 清除浏览器的历史记录。

(3) 使用 QQ 邮箱的“通讯录”功能，把同学的 QQ 邮箱地址添加到通讯录中，以便以后发送邮件时使用。

【问题思考】

(1) 有时设置了浏览器的起始页却不起作用，问题可能出在哪里？怎么解决？

(2) 通过电脑把邮件(包括附件)发到自己的 QQ 邮箱后，怎么把邮件及其附件保存到手机上观看？

【实训提示】

(1) 电脑版 QQ 界面上有个信封图标，单击它即可进入 QQ 邮箱。

(2) 当他人或自己向 QQ 邮箱发送邮件后，打开手机会显示“QQ 邮箱提醒”图标，单击信封图标即可进入手机 QQ 邮箱进行邮件阅读或附件保存。也可以使用手机上的浏览器输入“mail.qq.com”进入手机 QQ 邮箱，从而保存附件到手机上。

2.4.2 网络配置与测试

1. 实训目的与要求

(1) 掌握 TCP/IP 协议信息的查看与配置。

(2) 掌握常用的网络测试及故障检查命令的使用。

第 2 章实训二

2. 实训内容与步骤

本实训任务要求及操作要点如表 2-7 所示。

表 2-7 任务要求及操作要点

任务要求	操作要点
	1. TCP/IP 协议的查看与配置
(1) 查看自己所使用的计算机的 IP 地址等参数	① 右击桌面上的“网络”图标，在弹出的菜单中单击“属性”，打开“网络和共享中心”窗口。 ② 在窗口中单击“以太网”，弹出“以太网 状态”对话框，在对话框中单击“属性”按钮，弹出“以太网 属性”对话框。 如果是通过无线 Wi-Fi 上网，则在窗口中单击“WLAN”，弹出“WLAN 状态”对话框，在对话框中单击“属性”按钮，弹出“WLAN 属性”对话框。 ③ 在对话框中单击选中“Internet 协议版本 4(TCP/IPv4)”，然后单击“属性”按钮。 ④ 在对话框中可以输入或修改为该主机分配的“IP 地址”“子网掩码”“默认网关”“首选 DNS 服务器”“备用 DNS 服务器”等参数，单击“确定”按钮。 **注意**：如果是通过动态主机配置协议(Dynamic Host Configuration Protocol，DHCP)为主机动态分配 IP 地址，则需要选择“自动获得 IP 地址”选项和“自动获得 DNS 服务器地址”选项
(2) 询问同学所使用的计算机的 IP 地址并记录下来(后面备用)	询问同一个实验室中本班一位同学(建议是和自己学号相邻的同学)所使用的计算机的 IP 地址并记录下来。 **注意**：一般情况下，同一实验室中每台计算机的 IP 地址与机器的编号有一定的关系，如 IP 地址最后一段数值是机器的编号或者机器的编号加 1 等
	2. 常用的网络配置与测试命令
(1) 网络配置信息查看命令 ipconfig	① 按 Windows + R 组合键打开“运行”命令对话框，在对话框中输入“cmd”并单击“确定”按钮，进入命令提示符窗口(DOS 窗口)。 ② 在窗口中输入“ipconfig/all”并按回车键，窗口中将会显示出“IPv4” IP 地址等各项配置信息

续表

任务要求	操作要点
(2) 网络连通性测试命令 ping	① 在命令提示符窗口中输入“ping localhost”命令(或者“ping 127.0.0.1”，或者在 ping 命令后加空格和本计算机的 IP 地址)，此命令用于测试本机网卡是否工作正常。ping 命令将会发送数据包，如果数据包能够到达目的地，则为正常；如果返回“请求超时”信息，则表示数据包无法到达对方。 ② 在命令提示符窗口中输入 ping 命令后加空格和同学计算机的 IP 地址，观察是否有数据包返回，以验证局域网的连通性。 ③ 在命令提示符窗口中输入“ping www.baidu.com”命令，观察是否有数据包返回，以验证与互联网的连通性(也可以在 ping 命令后跟网关 IP 地址或任意一个因特网上的网站域名或 IP 地址)
(3) 测试域名解析命令 nslookup	在命令提示符窗口中输入“nslookup　www.baidu.com”，查看“百度”网站域名对应的 IP 地址，然后在浏览器地址栏内直接输入“百度”网站的 IP 地址访问百度网站。 **注意：**此命令的功能是检测是否能够将给定域名解析为正确的 IP 地址。命令的语法是“nslookup 需要解析的域名”，返回结果为指定域名对应的 IP 地址。如果在 TCP/IP 协议配置时没有配置 DNS 服务器或者配置错误，则不能将域名解析为 IP 地址，此时，使用 ping 域名命令不能连通，但 ping 域名对应的 IP 地址却能够连通，在浏览器中输入域名无法访问网页，但输入 IP 地址则能够访问

【自主训练】

(1) 进入 DOS 命令提示符窗口，执行 ping www.neea.edu.cn 命令，检查与该网站的连通性。

(2) 进入 DOS 命令提示符窗口，执行 nslookup www.neea.edu.cn 命令，查看能否正确解析出 IP 地址。

(3) 打开一种浏览器，输入上一步解析得到的 IP 地址，看能否访问网站。

【问题思考】

为什么有的网站有多个 IP 地址？

习　题　2

一、单选题

1. 计算机网络的主要目标是实现(　　)。
   A. 即时通信　　B. 发送邮件　　C. 运算速度快　　D. 资源共享
2. 计算机网络常用的传输介质中传输速率最快的是(　　)。
   A. 双绞线　　B. 光纤　　C. 同轴电缆　　D. 电话线
3. 按照网络的拓扑结构划分，以太网(Ethernet)属于(　　)。

A. 总线型网络结构　　B. 树型网络结构

C. 星型网络结构　　D. 环型网络结构

4. 若网络的各个结点均连接到同一条通信线路上，且线路两端有防止信号反射的装置，则这种拓扑结构称为(　　)。

A. 总线型拓扑　　B. 星型拓扑　　C. 树型拓扑　　D. 环型拓扑

5. 接入因特网的每台主机都有一个唯一可识别的地址，称为(　　)。

A. TCP 地址　　B. IP 地址　　C. TCP/IP 地址　　D. URL

6. 下列各项中，非法的 Internet 的 IP 地址是(　　)。

A. 202.96.12.14　　B. 202.196.72.140

C. 112.256.23.8　　D. 201.124.38.79

7. 为实现以 ADSL 方式接入 Internet，至少需要在计算机中内置或外置的一个关键硬设备是(　　)。

A. 网卡　　B. 集线器

C. 服务器　　D. 调制解调器(Modem)

8. 下列关于域名的说法正确的是(　　)。

A. 域名就是 IP 地址

B. 域名的使用对象仅限于服务器

C. 域名完全由用户自行定义

D. 域名系统按地理域或机构域分层，采用层次结构

9. Internet 属于(　　)。

A. 局域网　　B. 广域网　　C. 全局网　　D. 主干网

10. Internet 实现了分布在世界各地的各类网络的互连，其最基础和核心的协议是(　　)。

A. HTTP　　B. TCP/IP　　C. HTML　　D. FTP

11. 在 Internet 上浏览时，浏览器和 WWW 服务器之间传输网页使用的协议是(　　)。

A. HTTP　　B. IP　　C. FTP　　D. SMTP

12. 要在 Web 浏览器中查看某一电子商务公司的主页，应知道(　　)。

A. 该公司的电子邮件地址　　B. 该公司法人的电子邮箱

C. 该公司的 WWW 地址　　D. 该公司法人的 QQ 号

13. E-mail 的中文含义是(　　)。

A. 远程查询　　B. 文件传输　　C. 远程登录　　D. 电子邮件

14. E-mail 地址中@后面的内容是指(　　)。

A. 密码　　B. 邮件服务器名称

C. 账号　　D. 服务提供商名称

15. FTP 是因特网中(　　)。

A. 用于传送文件的一种服务　　B. 发送电子邮件的软件

C. 浏览网页的工具　　D. 一种聊天工具

二、简答题

1. 交换机和路由器的应用领域有什么不同？

2．家庭上网宽带接入一般使用 ADSL，ADSL 是什么意思？

3. 上网搜索常见的搜索引擎有哪些？查询它们的网址并至少使用三个搜索引擎进行信息搜索。

4．上网搜索“信息安全”相关内容，了解信息安全的概念、目的，信息安全面临的威胁和保障措施等内容。搜索“中华人民共和国网络安全法”法律全文，重点学习网络信息安全内容。以如何保障个人信息安全和如何做一名遵纪守法的网络公民为主题，写一篇短文。

三、操作题

1．申请免费邮箱并发送邮件

为自己申请一个免费邮箱(如搜狐邮箱、163 邮箱、126 邮箱等)，然后向老师指定的邮箱发送一个邮件，邮件主题：XX 申请邮箱成功，其中的 XX 为自己的姓名。邮件内容要包括班级、学号和姓名信息。同时将邮件抄送给自己。

2．访问全国计算机等级考试网站

在百度网站上搜索全国计算机等级考试官网地址，然后登录网站。按照“考试介绍”“考生须知”“大纲教材”的顺序浏览内容。

下载 2021 年版“一级计算机基础及 MS Office 应用考试大纲”“二级 MS Office 高级应用与设计考试大纲”。

3．使用百度网盘备份与分享文件

在浏览器中输入网址“pan.baidu.com”并按回车键，打开网盘主页，可以手机号注册登录，也可以使用 QQ 号或微信号登录(需要手机验证)，在网页中使用网盘上传或下载文件/文件夹。也可以下载百度网盘客户端软件，通过该软件使用网盘。

四、模拟测试典型题

1. 网页浏览器的种类可谓成百上千种，但如果按照浏览器核心进行分类，它们只有几种：Trident、Gecko、WebKit 和 Presto。火狐浏览器(Firefox)是跨平台的浏览器，它使用的是哪种内核呢？请通过关键字“火狐浏览器的内核”在 http://www.so.com 检索出结果，然后将答案通过 outlook express 发送电子邮件给 somebody@some.space，标题为“火狐浏览器的内核”。

第 2 章模测典型题

2. 如果每次使用浏览器都从固定的网站开始，那么可以将该网站设置为浏览器的起始页，这样浏览器启动时即可自动打开该网站。请将网站 http://www.so.com 设置为浏览器的起始页。(注：浏览器和邮件客户端 Outlook Express 均需使用练习或考试系统提供的软件)

第 2 章其他资源

第 2 章习题答案

第 3 章 Windows 10 操作系统
——学生电脑资源管理

Windows 的意思是“窗户”，Windows 10 是微软公司研发的跨平台及设备应用的操作系统。操作系统就是一个平台，我们通过这个平台来控制和管理计算机系统的全部资源。本章介绍 Windows 10 操作系统的相关知识和基本操作。本章主要任务与要求一览表如表 3-1 所示。

教学课件

表 3-1 本章主要任务与要求一览表

节次	任务名称	主 要 内 容	要求
3.1	初识 Windows 10 操作系统	Windows 10 版本介绍，桌面的组成和操作，窗口的管理，菜单和对话框	掌握
3.2	管理文件和文件夹	文件和文件夹的概念，文件资源管理器简介，文件/文件夹的操作，文件/文件夹的搜索，利用库管理文件	掌握
3.3	个性化设置与系统管理	Windows 10 的设置中心，个性化设置，管理应用程序与任务	了解

3.1 任务：初识 Windows 10 操作系统

3.1.1 任务描述与实施

1. 任务描述

小张是新入学的大学生，上中学时就学习和使用过计算机，因此他对大学里开设的“计算机文化基础”课程并不太重视，认为没什么可学的。可是最近发生的几件事让他很困惑。例如，他看到别人的电脑屏幕上的窗口外观和背景图片很新奇，有的人居然不用鼠标也能移动窗口或改变窗口大小，有的人的电脑上不显示任务栏等。本任务的学习能够帮助小张解除上述疑惑。其实这些问题都是 Windows 10 中的基本概念和基本操作，涉及桌面、图标、任务栏、“开始”菜单和对话框等的基本操作等内容。

第 3 章任务一

2. 任务实施

【解决思路】

本任务主要帮助计算机初学者初步使用计算机，掌握计算机最基本的操作技能。本任务包括四个子任务：桌面图标的操作，任务栏的基本操作，“开始”菜单和“开始”屏幕的基本操作，窗口的基本操作。

本任务涉及的主要知识技能点如下：

(1) 桌面图标的操作，包括改变图标的大小，排列方式、添加与删除图标等操作。

(2) 任务栏的操作，包括任务栏的移动、锁定，将应用程序固定到任务栏等操作。

(3) “开始”菜单和“开始”屏幕的操作，包括从“开始”菜单和“开始”屏幕启动程序，或将应用程序固定在“开始”屏幕等操作。

(4) 窗口的操作，包括打开、移动、关闭、切换窗口等操作。

【实施步骤】

本任务要求及操作要点如表 3-2 所示。

表 3-2　任务要求及操作要点

任务要求	操作要点
1. 桌面图标的操作	
(1) 调整桌面图标的大小。在桌面上显示大图标或中等图标	右击桌面空白处，在弹出的快捷菜单中选择“查看”|“大图标”选项或“中等图标”选项
(2) 排列桌面图标。按项目类型排列桌面上的图标	右击桌面空白处，在弹出的快捷菜单中选择“排序方式”命令，再选择“项目类型”选项
(3) 添加桌面图标。在桌面上添加“控制面板”系统图标	右击桌面空白处，在弹出的快捷菜单中选择“个性化”命令，在窗口中选择“主题”选项卡，单击“桌面图标设置”选项，在对话框中勾选“控制面板”复选框，单击“确定”按钮
2. 任务栏的基本操作	
(1) 锁定任务栏并在任务上使用小图标	右击任务栏空白处，在弹出的快捷菜单中选择“任务栏设置”选项，在窗口中拖动“锁定任务栏”开关为“开”状态，拖动“使用小任务栏按钮”滑块为“开”状态
(2) 自定义任务栏通知区域的图标，使通知区域不显示音量图标	右击任务栏空白处，在弹出的快捷菜单中选择“任务栏设置”选项，在“通知区域”栏目中单击“打开或关闭系统图标”链接，拖动“音量”开关为“关”状态
(3) 将应用程序“计算器”固定在任务栏上	单击任务栏上的放大镜按钮，在搜索框内输入“计算器”，在搜索结果中单击“计算器”应用程序启动“计算机”，右击任务栏上的“计算器”图标，选择“固定到任务栏”选项。 **注意**：如要在任务栏中去掉这个按钮，则右击任务栏上的“计算器”图标，选择“从任务栏取消固定”选项

续表

任务要求	操作要点
3. “开始”菜单和“开始”屏幕的基本操作	
(1) 在“开始”菜单中启动“画图 3D”程序创建一个图片文件，名称自定	单击“开始”按钮，在“开始”菜单中查找“画图 3D”应用程序，单击“新建”按钮则创建一个图片文件，单击“文件”|“保存”命令为文件命名(名称自定)，然后保存文件
(2) 将“画图 3D”程序固定到“开始”屏幕，并调整磁贴的大小为“小”，然后将其移动到“浏览”区域	在“开始”菜单中找到“画图 3D”程序后，右击鼠标，选择“固定到‘开始’屏幕”选项； 右击“画图 3D”磁贴，选择“调整大小”选项，选择“小”选项； 按住鼠标左键拖动“画图 3D”磁贴到“浏览”区域
4. 窗口的基本操作	
(1) 在桌面上打开“此电脑”“画图 3D”“计算器”三个窗口，调整这三个窗口的位置和大小，然后“并排显示窗口”	双击桌面上的“此电脑”图标打开“此电脑”窗口；单击任务栏上的“计算器”图标打开“计算器”窗口；单击“开始”屏幕中的“画图 3D”磁贴打开“画图 3D”窗口； 用鼠标拖动每个窗口的标题栏移动窗口，将鼠标指针指向窗口边框上，拖动鼠标改变窗口大小； 右击任务栏空白处，选择“并排显示窗口”命令排列三个窗口
(2) 切换窗口。依次将三个窗口改变为当前窗口	用鼠标依次单击每个窗口的标题栏或窗口区域中的任意位置
(3) 用三种不同方式依次关闭三个窗口	单击“此电脑”窗口，按 Alt + F4 键关闭窗口； 单击“画图 3D”窗口右上角的“×”图标关闭窗口； 单击“计算器”窗口，按 Alt + 空格键打开控制菜单，然后单击“关闭”命令(或通过键盘选择“关闭”命令)关闭窗口

【自主训练】

(1) 把 Word 程序固定到任务栏上。

(2) 把 D 盘上某个文件夹固定到“开始”屏幕。

(3) 删除“开始”屏幕中的一个不需要的磁贴。

【问题思考】

(1) 在任务栏最右侧有个竖长条按钮，它的名称是什么？有何用？

(2) 桌面上本来有许多图标，现在却一个都不显示，怎么让它们显示出来？

(3) 如果使用某程序(如“画图 3D”“Word”等)建立了一些文档文件，如何在“开始”菜单或任务栏上快速找到用该程序建立的文档文件？

3.1.2 相关知识与技能

3.1.2.1 Windows 10 操作系统简介

Windows 10 是由微软公司(Microsoft)开发的新一代跨平台和设备应用的操作系统，涵盖 PC、笔记本电脑、平板式电脑、手机、XBOX 和服务器端。

Windows 10 共 7 个发行版本：家庭版、专业版、企业版、教育版、移动版、企业移动版和物联网核心版，分别面向不同用户和设备，不同版本的功能和组件有所不同。

3.1.2.2　桌面的组成和操作

1. Windows 10 的启动与关闭

1) 启动 Windows 10 操作系统

正确连接计算机后，先打开显示器电源开关，再打开计算机主机电源开关，计算机将自动开始硬件测试，之后 Windows 10 被载入计算机内存，计算机进入系统锁屏界面，单击屏幕，进入系统登录界面，在密码框中输入安装系统时设置的密码并按回车键，即可进入操作系统。

2) 关闭 Windows 10 操作系统

在关闭计算机之前，首先要保存文档并关闭所有打开的应用程序，然后使用 Windows 10 中的关闭功能退出系统。

单击屏幕左下角的“开始”按钮，在界面中单击“电源”图标按钮⏻，再选择 “关机”选项，即可安全关闭计算机并自动关闭计算机电源，最后关闭显示器电源。

注意：主机电源开关会自动关闭，不要再去手工按动主机电源，否则将会再次打开主机电源。

另外，在“电源”功能中还有个“睡眠”选项。如果短时间不工作要离开计算机，可设置计算机为“睡眠”状态，其好处一是节能，二是恢复工作快。“睡眠”状态时计算机会自动保存运行数据，熄灭屏幕，只消耗很少的电量。再次使用计算机时，只需动动鼠标、敲敲键盘即可快速唤醒计算机，使其回到“睡眠”前的状态，所有文档、程序都会直接回到原来的界面。

2. Windows 10 的桌面

Windows 10 启动后，出现在屏幕上的整个区域称为桌面，它是 Windows 10 开始工作的地方。Windows 10 的桌面包括桌面图标、桌面背景和任务栏等。

其实桌面是 C 盘上的一个特殊的文件夹。双击桌面上任意一个文件夹(如没有，可以创建一个)，再单击地址栏空白处，将会显示出桌面所对应的文件夹名称，通常是 C:\Users\管理员用户名\Desktop，其中的 Desktop 就是桌面的意思。

1) 桌面图标

桌面图标是用来表示对象的带有文字名称和图片的标记，它可以表示应用程序、文档、文件夹、快捷方式和设备等对象。

桌面图标有系统图标和快捷图标两类。

系统图标是系统自带的一些具有特殊用途的图标，双击它可以打开对应的应用。系统安装后桌面上默认只有一个“回收站”和“此电脑”两个系统图标，用户可以根据需要增加或删除桌面图标。

快捷图标用于快速启动应用程序，其特征是图标左下角有一个向上翻的箭头，它指向某个文件或程序，双击它可以打开对应的文件或程序。用户可根据需要自行创建快捷图标。

2) 桌面背景

桌面背景又称墙纸或桌布，是显示在计算机屏幕上的背景画面，起着丰富桌面内容、美化工作环境的作用。用户可以根据计算机屏幕的大小、分辨率以及个性化喜好，选择系统提供的其他图片或自己保存的图片作为桌面背景。

3) 任务栏

任务栏是位于桌面底部的一个矩形长条区域，如图 3-1 所示，主要由“开始”按钮、程序区、通知区域和“显示桌面”按钮组成。

图 3-1 任务栏

(1) “开始”按钮：位于任务栏的最左端。单击“开始”按钮，可以打开“开始”菜单。“开始”菜单包含了 Windows 10 的全部功能。只要是计算机上正常安装的程序，都可以在“开始”菜单中找到并启动运行。

(2) 程序区：显示已打开的程序和文件，并可以在它们之间快速切换。每运行一个应用程序就会打开一个窗口，在任务按钮区便会显示一个有该程序图标的按钮，通过该图标可以进行还原、切换和关闭窗口等操作。在程序图标按钮上右击鼠标，通过弹出的快捷菜单可以将程序固定到任务栏，或打开相关文档，或将程序从任务栏取消固定等。用鼠标左键拖动图标可以改变图标的排列次序。

任务栏上有两种图标，图标按钮周围有方块的是正在运行的程序；图标按钮周围没有方块的属于快捷方式，表示对应的程序尚未运行，单击之可以启动相应程序。

(3) 通知区域：位于任务栏右侧的提示区，一般有“音量”“语言指示器”“网络”和“系统时钟”等按钮，还可包括一些告知特定程序和计算机设置状态的图标。其中的“语言指示器”或称“语言栏”用于选择和设置输入法等操作。

(4) “显示桌面”按钮：单击该按钮可以显示桌面内容。单击该按钮可以在当前打开的程序窗口和桌面之间进行切换。

另外，在任务栏空白处右击，在快捷菜单中还可以选择是否显示搜索框或搜索图标，是否显示 Cortana 按钮(语音助手)等选项。

在任务栏上的搜索框(如果没有搜索框，可单击 按钮调出)中输入应用程序关键字(如“记事本”)，在搜索框上方即可显示出搜索到的应用程序，单击即可打开。

任务栏上的 Cortana 语音助手图标 (微软简称“小娜”)采用人工智能算法，具有和用户语音聊天、咨询搜索、日程安排等功能。单击该图标后可以和小娜对话。用户只需说出要操作的内容，系统便会自动搜索。例如，当说出“记事本”时，小娜将打开“记事本”程序；当说出“北京的天气”时，小娜将打开相关的网页。

小贴士

可以将任务栏拖动到桌面的上方、下方、左侧、右侧，也可以右击任务栏空白处选择“锁定任务栏”选项或者“任务栏设置”等选项。

可以将常用程序锁定到任务栏以便快速启动程序。

3. 桌面的基本操作

1) 添加常用的系统图标

在桌面空白处右击，在弹出的快捷菜单中选择“个性化”选项，在窗口中选择“主题”选项卡，单击右侧窗格中的“桌面图标设置”选项，勾选要添加的系统图标如“控制面板”的复选框，单击“确定”按钮，即可添加系统图标。

在“桌面图标设置”对话框中，还可以更改系统图标。

2) 添加桌面快捷图标

找到某程序的运行文件或者需要放置到桌面的文件夹，右击对象并在快捷菜单中选择“发送到”|“桌面快捷方式”选项即可将其添加到桌面上。

也可以单击“开始”按钮，再单击“所有应用”，找到应用程序如“Word”，鼠标指向它并按下鼠标左键将其拖动到桌面上。

在桌面上也可以存放普通文件和文件夹，只需右击桌面空白处，在快捷菜单中选择“新建”命令创建对象，或从其他位置复制而来即可。

3) 删除桌面图标

删除桌面上的系统图标，需要在“桌面图标设置”界面取消勾选相应图标选项；删除桌面上的快捷图标，可以单击桌面上的图标，然后按 Delete 键进行删除。

4) 设置图标的大小及排列

右击桌面空白处，选择“查看”命令可以设置图标的大小，选择“排序方式”命令可以排列图标。

4. 任务栏的基本操作

右击任务栏上的空白区域，在弹出的快捷菜单中选择“任务栏设置”选项，即可对任务栏进行个性化设置。主要内容如下：

1) 移动任务栏位置

默认情况下，任务栏在屏幕下方。可以在“任务栏设置”窗格中的“任务栏在屏幕上的位置”下拉列表中选择任务栏的位置。如果关闭了“锁定任务栏”开关选项，则可以用鼠标将任务栏拖动到窗口的左侧、右侧、顶部和底部。

2) 自动隐藏任务栏

在“任务栏设置”窗格中打开“在桌面模式下自动隐藏任务栏”选项，可以自动隐藏任务栏。

3) 设置任务栏按钮的显示方式

在“任务栏设置”窗格的“合并任务栏按钮”下拉列表中有“始终合并按钮”“任务栏已满时”“从不”三项内容，用户可以根据情况选择任务栏按钮的显示方式。

在“任务栏设置”窗格中打开“使用小任务栏按钮”开关选项，可以使任务栏和图标相应地变小，以容纳更多的任务栏图标。

用户可以直接用鼠标拖动任务栏上程序区的图标，改变图标在任务栏上的顺序。

4) 自定义通知区域

任务栏上的通知区域中显示系统的相关信息，如网络状态、扬声器音量等。

在“任务栏设置”窗格的“通知区域”部分中单击“选择哪些图标显示在任务栏上”或“打开或关闭系统图标”链接，会弹出图标列表，单击图标右侧的开关按钮，即可控制该图标是否在通知区域显示。

5) 将应用程序固定到任务栏上

如想要快速打开应用程序，可将其固定到任务栏上。如果程序已经打开，则在任务栏上右击程序图标，选择“固定到任务栏”命令；如果程序没有打开，则单击“开始”按钮，再单击“所有应用”，找到应用程序后右击并选择“更多”|“固定到任务栏”命令。

右击固定在任务栏的图标，选择“从任务栏取消固定”选项，可以删除固定在任务栏上的程序图标。

5. “开始”菜单与“开始”屏幕的基本操作

Windows 10 的“开始”菜单和“开始”屏幕兼顾了桌面用户和平板电脑用户。

1) 查看、搜索或执行应用程序

单击屏幕左下角的“开始”按钮或者按一下 Windows 键 ⊞ 即可弹出“开始”菜单和“开始”屏幕工作界面。工作界面主要由用户名、电源选项、程序列表和动态磁贴面板等组成。

用户名显示当前登录系统的用户；电源选项主要用来对操作系统进行关闭操作，包括“睡眠”“关机”“重启”三个选项；程序列表按字母顺序列出了程序名称，单击程序名称即可执行相应程序。

2) 将应用程序固定到“开始”屏幕

一些应用程序在安装完成后会自动固定到“开始”屏幕，如果用户经常使用某个应用程序如 Word，可以将它固定到“开始”屏幕，以便以后快速启动它。方法是：单击“开始”按钮，打开“开始”菜单，在程序列表中找到程序，右击程序选择“固定到‘开始’屏幕”选项，这样该程序将会成为“开始”屏幕中的磁贴，单击磁贴即可执行程序。

如果有的磁贴不常使用，可以右击磁贴，选择“从‘开始’屏幕取消固定”选项，将其从“开始”屏幕中取消固定。

3) 调整“开始”屏幕中磁贴的位置或大小

可以用鼠标左键拖动“开始”屏幕中的某个磁贴以调整其位置，改变磁贴位置后，其周围的其他磁贴会自动调整位置重新排列。

右击某个磁贴，选择“调整大小”选项，可以调整磁贴的大小面积。

3.1.2.3 窗口的管理

窗口是指桌面上的形似窗口的矩形工作区，是用户与产生该窗口的应用程序之间的可视界面。当 Windows 运行一个应用程序或打开一个文档、文件夹时，就会在屏幕上弹出一个窗口。

1. 窗口组成

大部分窗口都是由一些固定的元素组成的，如控制图标、标题栏、控制按钮、工作区和滚动条等。和以往版本的 Windows 系统相比，Windows 10 的窗口增加了功能区等内容。

1) 控制图标

控制图标即窗口控制菜单按钮的图标，位于窗口的左上角，会依据浏览的对象而改变。单击控制图标可以打开控制菜单，从而对窗口进行还原、移动、大小、最小化、最大化、关闭等操作。控制图标主要适用于键盘操作。使用键盘上的 Alt + 空格组合键也可以打开控制菜单。

2) 标题栏

标题栏位于窗口的最上方，用于显示当前窗口的名称，但有的窗口名称省略。

3) 控制按钮

控制按钮位于窗口的右上角，用于窗口的调整和关闭操作。其包括以下三个按钮：

(1) “最小化”按钮：单击该按钮可把窗口“最小化”成任务栏上的一个图标，程序退至后台，单击任务栏上的图标可将窗口还原。

(2) “最大化”按钮：单击该按钮可将窗口放大到整个屏幕，此时按钮变成“还原”按钮，单击此按钮，窗口还原为最大化以前的尺寸，又变成了。

(3) “关闭”按钮：单击该按钮可关闭当前窗口，并释放其全部占用的系统资源。

4) 工作区

工作区也叫操作区，是完成大部分操作任务的区域。

5) 滚动条

当窗口大小无法显示所有内容时会出现滚动条。用户可以拖动滚动条查看更多的内容，也可以单击滚动条上的空白位置来切换窗口内容。滚动条有水平滚动条和垂直滚动条两种。

2. 窗口操作

窗口操作方法如表 3-3 所示。

表 3-3　窗口操作方法

窗口操作	操作方法	其他操作方法
最小化窗口	单击“最小化”按钮	(1) 如果要最小化所有窗口，可以右击任务栏空白位置，在快捷菜单中选择“显示桌面”命令； (2) 直接单击任务栏最右端的“显示桌面”按钮； (3) 使用 Windows + D 快捷键
最大化窗口	单击“最大化”按钮	双击标题栏空白区域可以最大化/还原窗口
关闭窗口	单击“关闭”按钮	(1) 按 Alt + F4 组合键； (2) 双击窗口左上角的控制图标； (3) 按 Alt + 空格组合键，或单击控制图标，在控制菜单中选择“关闭”命令

续表

窗口操作	操作方法	其他操作方法
改变窗口大小	把鼠标指针移动到窗口边框或窗口角，待鼠标指针变成双向箭头，然后拖动鼠标	
移动窗口	将鼠标指针指向窗口的标题栏，按住左键拖动鼠标	
切换窗口	单击要切换窗口的标题栏或窗口内的任意处，可使其成为当前活动窗口	(1) 单击要切换窗口在任务栏上的相应任务按钮； (2) 按 Alt + Tab 组合键或者 Alt + Esc 组合键切换窗口； (3) 按 Windows + Tab 键，各窗口会以 3D 形式切换。 **注意**：活动窗口只能有一个，它是完整可见的，窗口标题栏呈现明亮颜色
排列窗口	右击任务栏的空白位置，在快捷菜单中选择排列方式	“层叠窗口”：窗口重叠在一起，只露出每个窗口的标题栏； “堆叠显示窗口”：窗口以纵向平铺方式显示； “并排显示窗口”：窗口以横向平铺方式显示

注意：按 Alt + 空格组合键可打开窗口控制菜单，然后选择相应命令，可以使用键盘上的箭头键和回车键移动窗口，改变窗口大小，最小化、最大化或关闭窗口。

3.1.2.4　菜单和对话框

1. 菜单

虽然在 Windows 10 中逐渐放弃了菜单栏的使用，但有些应用程序仍然会使用菜单方式。菜单命令以逻辑分组的形式组织，用户通过选择菜单项来执行相应的命令。

1) 菜单的种类

菜单主要有“开始”菜单、控制菜单、快捷菜单等几种形式。Windows 10 中，很大部分的菜单命令都可以通过右击对象在快捷菜单中执行。

2) 菜单的约定

Windows 10 的菜单中有一些约定的标记，表 3-4 给出了常用标记代表的含义。

表 3-4　菜单项常用标记及其含义

菜单项标记	含　义
灰色的命令	表示该命令在当前状态下不可用
分组线	用于对命令进行分组
带有省略号…	选择该命令后将弹出一个对话框，输入进一步的信息后才能执行命令
后面带有三角 ▶	选择该命令后将弹出一个级联菜单(即子菜单)
前面有复选标记 ✓	类似于开关，可以选中或者不选中某项功能
前面有单选标记 ●	选项标记，在多个选项中选择其中一个
后面有圆括号和字母	组合键，打开菜单后按 Shift + 字母可执行命令
快捷键	不必打开菜单，可以直接按键执行命令，如按 Ctrl + C 组合键

2. 对话框

对话框是用户与系统或应用程序进行交互操作的主要方式，用于命令执行时进行人机对话，显示或提示并等待用户输入信息。

对话框是一种特殊的窗口。它没有控制菜单图标，可以移动和关闭，但不能最大化或最小化。某些对话框在关闭之前不接受应用程序的任何操作，例如，Word 程序的"另存为"对话框。表 3-5 给出了对话框中的常用控件及其作用。

表 3-5　对话框中的常用控件及其作用

控件名称	作　用
选项卡：如 查找(D) 替换(P) 定位(G)	又称标签、页签。一个选项卡包含一组相应的内容。单击选项卡的标签可切换到相应的选项卡下
列表框：如 字形(Y)：常规 常规 倾斜 加粗	列出了多个选项，直接选择即可。用户可以选择其中一项或几项，有时需要通过滚动条，并配合 Ctrl 或 Shift 键选择其中的某些项内容
下拉列表框：如 单倍行距 ▼	单击右边的向下箭头，可以展开列表供用户选择，列表关闭时显示被选中的信息
复选按钮：如 ☑ 奇偶页不同(O) ☐ 首页不同(P)	列出可以选择的项，可以选择一项或多项，☑表示选中，☐表示不选
单选按钮：如 ◉ 水平(Z) ○ 垂直(V)	用来在一组选项中选择一项，且只能选择一项，◉表示被选中
数值框：如 2 字符	单击该框右边的上下箭头可以改变数值的大小，也可以在数值框中直接输入一个数值
文本框：如 页数:	用于输入文本信息的矩形区域，当鼠标指针指向该框时变成"I"形状，单击落下插入点后，就可由键盘输入文字信息
命令按钮：如 关闭	简称按钮，是带有文字的矩形按钮，单击它可立即执行命令，呈灰色的命令按钮表示在当前状态下不可用
滑标：如 ⊖—▯—⊕	即滑动式按钮，拖动滑标可以改变数值大小，一般用于调整参数

3.2　任务：管理文件和文件夹

3.2.1　任务描述与实施

1. 任务描述

小张的笔记本电脑已经使用了一年多，电脑中的文件越来越多，桌面上的文件也满满当当的，最为麻烦的问题是文件没有规律、没有条理性地存储在 C、D、E 多个磁盘上，小张每天最为繁忙的工作就是从电脑中“找”文件。如何科学地组织文件结构？如何快速地搜索所需要的文件？这是小张非常渴望学习的知识和技能。本任务正是为解决小张的烦恼而设置的。

2. 任务实施

【解决思路】

本任务主要学习如何管理计算机中的文件和文件夹，所使用的工具主要是文件资源管理器。要完成文件和文件夹的操作，首先要选定文件和文件夹。可以进入相应文件夹进行选定，也可以通过搜索功能查找文件或文件夹，然后选定对象进行操作。大部分的操作都可以通过右击对象，在快捷菜单中选择操作内容。

第 3 章任务二

本任务要用到“第 3 章 Windows 素材”文件夹，完成任务前请将该文件夹复制到桌面上。

本任务涉及的主要知识技能点如下：

(1) 文件/文件夹的操作，包括文件/文件夹的创建、复制、移动、删除、重命名，利用文件名通配符搜索文件或文件夹等。

(2) 为文件添加标记信息，通过文件标记对文件进行分组管理。

(3) 为应用程序或文件夹创建快捷方式，设置文件属性。

(4) 建立库、将文件夹加入库、优化库以及库的应用。

【实施步骤】

本任务要求及操作要点如表 3-6 所示。

表 3-6　任务要求及操作要点

任 务 要 求	操 作 要 点
1. 创建文件和文件夹	
(1) 在 D 盘根文件夹中建立一个名为“我的作业”的文件夹，再在该文件夹中建立一个名为“儿子照片”的文件夹	① 双击桌面上“此电脑”图标进入文件资源管理器窗口，在右窗格中双击 D 盘进入 D 盘根文件夹，右击右窗格空白处，在快捷菜单中选择“新建”｜“文件夹”命令，右击生成的“新建文件夹”文件名，选择“重命名”，将其修改为“我的作业”。 ② 双击进入“我的作业”文件夹，在其中建立名称为“儿子照片”的文件夹
(2) 在 D 盘“我的作业”文件夹中建立一个名为“我的信息”的文本文档，其中写入三行文字，分别是班级、学号和姓名	① 双击 D 盘“我的作业”文件夹进入该文件夹，右击空白处，在快捷菜单中选择“新建”｜“文本文档”命令，右击生成的“新建文本文档”文件名，选择“重命名”，将其修改为“我的信息.txt”。 ② 双击“我的信息”文档打开该文档，在窗口中输入三行文字，分别是班级、学号和姓名。 **注意：** 常用文件如 Word、Excel、记事本等文档的扩展名在系统中可以设置为显示或不显示，若设置为不显示，则在为文件重命名时不用再输入扩展名，只需输入基本文件名

续表一

任 务 要 求	操 作 要 点
2．复制、移动和改名文件	
(1) 将桌面上的“第 3 章 Windows 素材”文件夹复制到 D 盘根文件夹并改名为“Win”	① 在桌面上单击选定“第 3 章 Windows 素材”文件夹，按 Ctrl + C 键将其复制到剪贴板；进入 D 盘根文件夹窗口，按 Ctrl + V 键粘贴剪贴板内容。 ② 右击“第 3 章 Windows 素材”文件夹，选择“重命名”命令，输入名称“Win”
(2) 将 D 盘“Win”文件夹中的“照片 C”文件夹移动到 C 盘根文件夹	进入 D 盘“Win”文件夹，单击选定“照片 C”文件夹，按 Ctrl + X 键剪切文件夹，进入 C 盘根文件夹，按 Ctrl + V 键粘贴文件夹
3．利用文件标记分类文件	
(1) 为 D 盘“照片 D”文件夹中的每张照片输入标记信息，分别用 bb、mm、er 标记爸爸、妈妈和儿子	进入“照片 D”文件夹，在窗口功能区中单击“查看”选项卡，使用“大图标”显示，单击选中“详细信息窗格”选项，使窗口最右侧显示文件的详细信息，逐一单击每张照片，根据照片上的人物，输入文件的标记。分别对爸爸、妈妈和儿子使用 bb、mm、er 标记，多个人物时标记间用分号分隔，输入每张照片的标记后要单击“保存”按钮
(2) 分类照片。将“照片 D”文件夹中的照片分成爸爸、妈妈、儿子三组	在窗口功能区中单击“查看”|“分组依据”选项，选择“标记”选项，可见已将照片分为三组
4．建立快捷方式	
(1) 在桌面上为 C 盘根文件夹中的“照片 C”文件夹建立一个快捷方式，名称默认	进入 C 盘根文件夹，右击“照片 C”文件夹，选择“发送到”|“桌面快捷方式”命令
(2) 在 D 盘“我的作业”文件夹中为桌面上的“第 3 章 Windows 素材”文件夹建立名为“素材”的快捷方式	① 右击桌面上的“第 3 章 Windows 素材”文件夹，按 Ctrl + C 键复制； ② 进入 D 盘“我的作业”文件夹，右击空白处，选择“粘贴快捷方式”命令，然后将快捷方式文件改名为“素材”
5．搜索文件，设置文件属性并显示隐藏文件	
(1) 从 D 盘“我的作业”文件夹开始搜索所有文件名以“作业”结尾的扩展名为“.txt”的文件，将其属性设置为仅有“隐藏”属性	双击 D 盘“我的作业”文件夹进入其窗口，在右上角搜索框内输入“*作业.txt”并单击转到按钮 →，在搜索结果窗口中按 Ctrl + A 键全选文件，右击选中区域，在快捷菜单中选择“属性”，在对话框中勾选“隐藏”复选框，单击“高级”按钮，取消勾选“文件属性”栏目中“可以存档文件”前面的复选框
(2) 设置 Windows 使之显示(或不显示)文件扩展名和隐藏文件	在文件资源管理器窗口中单击功能区的“查看”按钮，在“显示/隐藏”功能组中勾选(或取消勾选)“文件扩展名”和“隐藏的项目”复选框

续表二

任 务 要 求	操 作 要 点
	6. 利用库管理文件
(1) 建立一个名为“旅游照片”的库，将D盘“照片D”文件夹和C盘“照片C”文件夹(其中的照片已设置好标记)加入该库中	① 在文件资源管理器窗口的左窗格中，右击“库”图标，选择“新建”|“库”选项，右击“新建库”并选择“重命名”命令，将名称改为“旅游照片”。 ② 右击D盘“照片D”文件夹，选择“包含到库中”选项，再选择“旅游照片”库。采用同样的方法将C盘“照片C”文件夹加入库中
(2) 将“旅游照片”库优化为照片库，先按拍摄月份排列库中的照片，再按标记排列照片	① 右击“旅游照片”库，选择“属性”选项，在对话框中单击“优化此库”下拉列表，选择“图片”选项并单击“确定”按钮。 ② 在“旅游照片”库窗口的右窗格空白处右击鼠标，在快捷菜单中选择“排列方式”|“月”选项按月份排列照片，再选择“排列方式”|“标记”选项按标记排列照片
(3) 按标记er搜索照片，并将包含有儿子的全部照片复制到D盘“儿子照片”文件夹中	① 在“旅游照片”库窗格右上角的搜索框内输入“jpg”进行搜索，打开“搜索”选项卡(在此处搜索关键字输入什么都可以，只要打开“搜索”选项卡即可)。 ② 单击搜索框右侧的“×”开始新的搜索。在功能区单击“搜索”选项卡，在“优化”功能组“其他属性”下拉列表中选择“标记”，在搜索框内输入“er”(显示为“标记：er”)，单击“转到”按钮按标记搜索 ③ 按Ctrl + C键全选搜索到的文件，按Ctrl + C键复制，进入“儿子照片”文件夹，按Ctrl + V键粘贴

【自主训练】

(1) 彻底删除D盘根文件夹中的“Win”文件夹。

(2) 在“旅游照片”库中搜索爸爸和妈妈的合影照片。

提示：直接在搜索框内输入：标记：bb<空格>标记：mm，实现多个标记的搜索。

【问题思考】

(1) 如何查找一个文件夹中最大的文件是哪一个？如何查找日期最近的文件？

(2) 进行“优化库”的目的是什么？

(3) 进入一个普通的包括图片的文件夹和进入一个图片库之后，文件排列和分组方式有哪些不同？

3.2.2 相关知识与技能

3.2.2.1 文件和文件夹的概念

文件和文件夹的概念

1. 文件的概念

文件是存放磁盘信息的基本单位。一个文件是磁盘上存储的信息的一个集合，这些信息可以是程序、文本、图片、数据等。每个文件都有自己唯一的名字，操作系统正是通过文件的名字对文件进行组织和管理的。

2. 文件的命名规则

每个文件都有自己的文件名，文件名的命名规则如下：

(1) 文件名由主文件名和扩展名两部分组成，其格式为：主文件名.扩展名。主文件名(也叫基本文件名)和扩展名之间用“.”隔开。

主文件名最多可以使用 255 个字符，包括英文、数字、汉字及大部分符号。扩展名也叫后缀，用来标识文件类型。不同类型的文件具有不同的图标。

(2) 文件名中不能出现斜线(/ 或 \)、大于号(>)、小于号(<)、竖线(|)、冒号(:)、引号(")、问号(?)、星号(*)等字符。

(3) 文件名中不区分大、小写字母。

(4) 同一文件夹中不能有相同的文件或文件夹名称。

3. 文件的类型

文件的类型是指计算机为了存储信息而使用的对信息的特殊编码方式，用于识别内部储存的资料，例如图片、程序和文本信息等。每一类信息使用一种或几种文件格式存储在计算机中。

文件可以分为系统文件、通用文件和用户文件三类。前两类是安装操作系统和硬件时装入磁盘的，文件名和扩展名由系统自动生成，不能随便修改或删除。用户文件通常为文档、数据、图像、声音、视频、动画等，通过扩展名区分文件的类型。

根据文件用途的不同，可将文件分为如表 3-7 所示的几种。

表 3-7　文件的类型

文件类型	部分扩展名举例	说　明
可执行文件	.com、.exe	由相应的程序代码组成，双击程序图标即可启动程序
文本文件	.txt	由字符、字母和数字组成
图像文件	.bmp、.jpg、.gif	存放图片信息
声音文件	.mid、.wav、.mp3	数字形式的声音文件
视频文件	.avi、.mp4、.mpeg	数字形式的视频文件
办公文件	.doc、.docx、.xls、.xlsx、.ppt、.pptx、.wps、. et、.dps	如微软公司开发的办公软件 Word、Excel、PowerPoint 等，国产金山软件公司开发的 WPS 办公软件 WPS 文字、WPS 表格、WPS 演示等

4. 通配符

进行文件操作时，尤其是在搜索文件时，文件名中可以使用通配符来表示一批文件。通配符有“?”和“*”两个，它们的含义是：

?：表示任意一个字符。

*：表示任意多个字符。

利用这两个特殊符号可以组成多义文件名，但它们不能用于文件的命名。例如：

* .* ：表示所有文件。

??W*.* ：表示第三个字符是 W 的所有文件。

?U*.docx：表示第二个字符是 U、扩展名是 .docx 的所有文件。

a *b.txt：表示第一个字符是 a、最后一个字符是 b 且扩展名是.txt 的所有文件。

5. 关联的概念

关联是指将某种类型的文件同某个应用程序通过扩展名联系起来，以便在打开任何具有此类扩展名的文件时，自动启动该应用程序。在安装应用程序时应用软件能够自动建立和某种类型文件的关联。

例如，扩展名为“.docx”的文件同 Microsoft Word 应用程序关联，每当双击一个扩展名为“.docx”的文件时，都会启动 Microsoft Word 应用程序。

6. 文件夹的概念

文件夹也称为目录，是存放文件的容器，用于存放文件。使用文件夹是为了分门别类地有序存放文件，便于文件的查找、共享和保护。

文件夹一般采用多层次结构(树状结构)，在这种结构中，每一个磁盘都有且仅有一个根文件夹，它包含若干个文件和文件夹。根文件夹是在磁盘格式化时由系统建立的，一般用“\”表示。用户不能创建根文件夹，也不能删除它。

文件夹不但可以包含文件，而且可以包含下一级文件夹，所包含的文件夹通常称为“子文件夹”或“子目录”，每个子文件夹又可以包含任意数量的文件或文件夹。通常将一些相关的文件存放在同一个文件夹，以便查找和使用。

每个文件夹都有自己的名字(除根文件夹外)，文件夹的命名规则和文件的命名规则相同，通常不使用扩展名。操作系统规定同一级文件夹中不允许有相同名字的子文件夹或文件。不同文件夹中的文件和子文件夹可以同名。

通常，C 盘用来存放系统文件(指操作系统和应用软件中的系统操作部分)，D 盘等其他磁盘用来存放应用软件文件如 Office 软件和数据文件等。应保证 C 盘有足够的空闲磁盘空间，从而提高系统的运行速度。

7. 路径的概念

路径是指文件或文件夹在文件夹树中的位置。使用以“ \ ”隔开的一系列文件夹名称来表示。路径有绝对路径和相对路径两种表示方法。

绝对路径是从磁盘根文件夹开始构成的路径。根通常用“ \ ”表示。如 D:\Testdir\Someone 表示 D 盘 Testdir 文件夹中的 Someone 文件夹，根据这个路径，用户可以在计算机上找到该文件夹。

相对路径是从当前文件夹开始构成的路径。如当前文件夹为 D:\Testdir，如果要表示该文件夹中的 Someone 文件夹中的 Winkt 文件夹，则可以表示为 Somone\Winkt，而绝对路径应写为 D:\Testdir\Somone\Winkt。注意 D:\Testdir 和 D:Testdir 的不同。

一个文件或文件夹的绝对路径表示只有一种，而相对路径表示可以为多种(在相对路径中可使用“.”表示当前文件夹，“..”表示父文件夹)。

在 Windows 10 中，单击地址栏空白处，即可获得所打开文件夹(称“当前文件夹”)的绝对路径。

8. 快捷方式的概念

文件的快捷方式是为一些最常用的文件建立一种快速打开的方法，是一种特殊的小文件，该文件中存放的是一个指向该实质文件地址的指针，即为该文件建立了一种文件链接，因此删除快捷方式并不会删除文件本身。

快捷方式的图标特征是：左下角有一个向上翻转的小箭头，打开或运行快捷方式即可打开或运行所指向的文件。可以在不同的位置创建同一个文件的快捷方式，快捷方式的名字可以和原文件同名，也可以另外命名。快捷方式的扩展名是 .lnk，但通常不显示扩展名。

9. 剪贴板及其使用

剪贴板是在内存中开辟的一个临时存储空间，用来临时存储被剪切或复制的信息，是 Windows 程序之间交换信息的场所。

剪贴板的基本操作有剪切、复制、粘贴三种。

(1) 剪切：将选中的信息从原位置剪切下来，存入剪贴板(快捷键是 Ctrl + X)。

(2) 复制：将选中的信息复制到剪贴板，原来的信息不变(快捷键是 Ctrl + C)。

(3) 粘贴：将剪贴板中的信息复制到指定位置，剪贴板中的信息不变(快捷键是 Ctrl + V)。

剪切或复制的内容会临时存放在剪贴板上，一次剪切或复制可以多次粘贴，直到下一次剪切或复制操作才会更新剪贴板上的内容。

另外，撤销最近一次操作的快捷键是 Ctrl + Z。

3.2.2.2　文件资源管理器简介

文件资源管理器是 Windows 系统提供的资源管理工具，用户通过它可以查看计算机中的所有资源，可以对文件或文件夹进行复制、移动等各种操作。

1. 打开和关闭文件资源管理器

打开文件资源管理器的方法如下：

方法一：按 Windows 键 + E 键或称 Win + E 键(即 + E)。

方法二：右击“开始”按钮，在快捷菜单中选择“文件资源管理器”。

方法三：单击“开始”|“Windows 系统”|“文件资源管理器”命令。

方法四：单击任务栏上的磁盘图标 。

方法五：单击桌面左下角的搜索图标 ，然后在搜索框中输入“文件资源管理器”进行搜索，再单击搜索结果中的“文件资源管理器”菜单项。

双击任意一个文件夹也可以打开“文件资源管理器”窗口。

单击窗口右上角的“×”按钮即可退出文件资源管理器。

2. 文件资源管理器窗口的组成

文件资源管理器的窗口界面如图 3-2 所示。

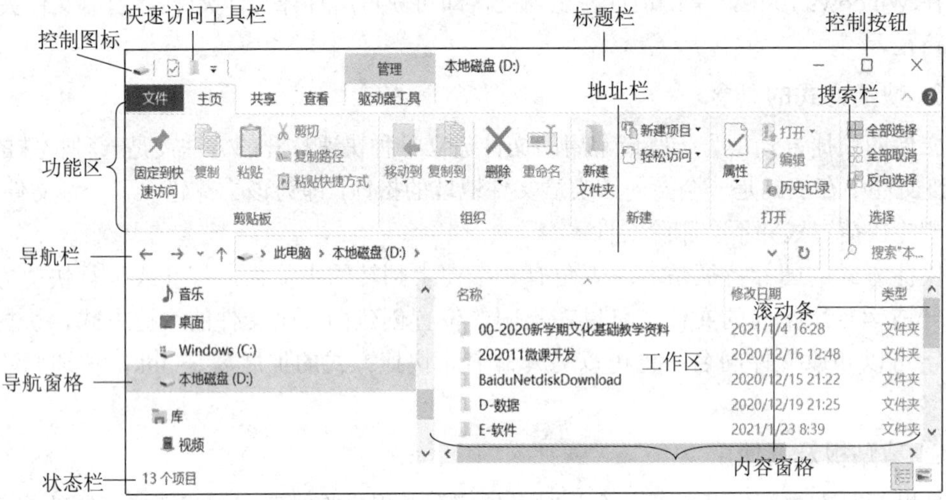

图 3-2　文件资源管理器的窗口界面

窗口中的有些元素在本章前面部分已有介绍，下面主要介绍文件资源管理器窗口特有的元素。

1) 快速访问工具栏

快速访问工具栏位于窗口左上角，有“属性”按钮、“新建文件夹”按钮和“自定义快速访问工具栏”按钮。单击按钮可以增加或减少快速访问工具栏按钮。

2) 功能区

Windows 10 中的“文件资源管理器”采用了功能区模式。功能区把命令按钮放在一个带状、多行的区域内，它类似于仪表盘面板，目的是使用功能区来代替以前的菜单、工具栏。每一个应用程序窗口中的功能区都是按照应用来分类的，由多个“选项卡”(或称标签)组成，其中包含了应用程序所提供的功能，选项卡中的命令和选项按钮再按相关的功能组织分为不同的“组”。

通常情况下，Windows 10 的功能区显示 4 个选项卡，分别是“文件”“主页”“共享”和“查看”。单击功能区右上方的“最小化功能区”按钮可以将功能区最小化，再次单击此按钮将再次展开功能区。

3) 导航栏

导航栏由一组导航按钮组成，包括“返回”按钮、“前进”按钮、“最近浏览的位置”按钮和“上移到”按钮。

“返回”按钮：单击该按钮，则返回到浏览的前一个位置窗口，继续单击该按钮，最终返回到“快速访问”。“返回”按钮是按照浏览时的操作步骤一步一步退回去的。

“前进”按钮：单击“返回”按钮后，“前进”按钮变为可用。“前进”按钮按照用户浏览的先后步骤浏览。

“最近浏览的位置”按钮：单击该按钮，则打开最近浏览过的位置列表。单击目标位置选项，就能快速打开该位置窗口。

“上移到”按钮：单击该按钮，则按照浏览窗格中文件夹的层次关系返回上一层文件夹，最终回到“桌面”。

4) 地址栏

地址栏用于显示当前窗口内容的文件夹名称。单击文件夹名称，则打开并显示该文件夹中的内容；单击文件夹名称后的分割箭头 ，则显示该文件夹中的子文件夹名称，再单击子文件夹名称，将切换到该子文件夹。

单击地址栏中左端的图标 ，或者单击地址栏中文件夹名称后面的空白处，则地址栏中的文件夹名称显示为路径。

在地址栏中输入(或粘贴)路径，然后按 Enter 键，或单击“转到”按钮 ，即可导航到其他位置。单击地址栏右端的“上一个位置” 按钮，将显示输入或更改的路径列表，单击某路径将切换到相应文件夹。

5) 搜索栏

搜索栏用于搜索当前窗口中的文件和文件夹。在搜索框中输入关键字(不必输入完整的文件名)，即可搜索到文件名中包含该关键字的文件和文件夹。在搜索出的文件和文件夹中，会用不同颜色标记搜索的关键字，可以根据关键字的位置来判断结果文件是否是所需的文件。此外，还可以为搜索设置更多的附加选项。

如果通过在搜索框中键入关键字来查找文件，则仅显示当前窗口中相匹配的文件，包括子文件夹中的文件。

6) 导航窗格

导航窗格用于显示计算机中所有文件夹的链接。用户可通过导航窗格快速选择要查看内容的链接。导航窗格中默认显示“快速访问”“OneDrive”“此电脑”“网络”等，它们都是该设备的文件夹的根。

在导航窗格中，单击“快速访问”，在右窗格中会显示“常用文件夹”和“最近使用的文件”，用户可以从这里快速找到并打开文件夹或文档。

在导航窗格中，单击文件夹图标左侧的右箭头按钮 可展开文件夹，同时该按钮变为下箭头按钮 ，单击 按钮可折叠文件夹。如果文件夹图标左侧没有图标，则表示该文件夹无子文件夹。

单击“查看”选项卡，可以选择是否显示“导航窗格”。

7) 内容窗格

内容窗格是窗口主体区，用于显示当前文件夹中的内容。拖动内容窗格与导航窗格、预览窗格或者详细信息窗格之间的分隔线(竖线)，可以调整内容窗格的宽度。可以通过移动滚动条显示其余部分内容。

8) 预览窗格和详细信息窗格

单击“查看”选项卡，可以选择是否显示“预览窗格”和“详细信息窗格”。“预览窗格”用于预览选定文件的内容。“详细信息窗格”用于显示选定对象的属性信息。这两个窗格只能显示一个，都会显示在内容窗格右侧部分。

9) 状态栏

状态栏位于窗口底部，用于显示与当前操作有关的信息，如项目总数，选中的项目数等。应用程序不同，状态栏显示的内容也不同。

单击功能区中的“查看”|“选项”命令，再单击“文件夹选项”对话框中的“查看”选项卡，可以在“高级设置”列表中勾选“显示状态栏”复选框选择是否显示状态栏。

3. 设置文件/文件夹的查看方式和排序方式

为了能够方便地浏览文件和文件夹，可以设置文件和文件夹的查看方式，或改变文件和文件夹的排序方式。

1) 设置查看方式

打开要查看的文件或文件夹窗口，在功能区中切换到“查看”选项卡，如图 3-3 所示。在“布局”选项组中可以看到有八种浏览方式，即超大图标、大图标、中图标、小图标、列表、详细信息、平铺、内容。单击某个按钮，在右下方的内容窗格中将以相应的方式显示。

在窗口空白区域右击鼠标键，在弹出的菜单中选择“查看”选项，也可以选择显示方式。

单击窗口右下角的“在窗口中显示每一项的详细信息”按钮 和“使用大缩略图显示项”按钮 ，也可以在“详细信息”和“大图标”之间进行切换。

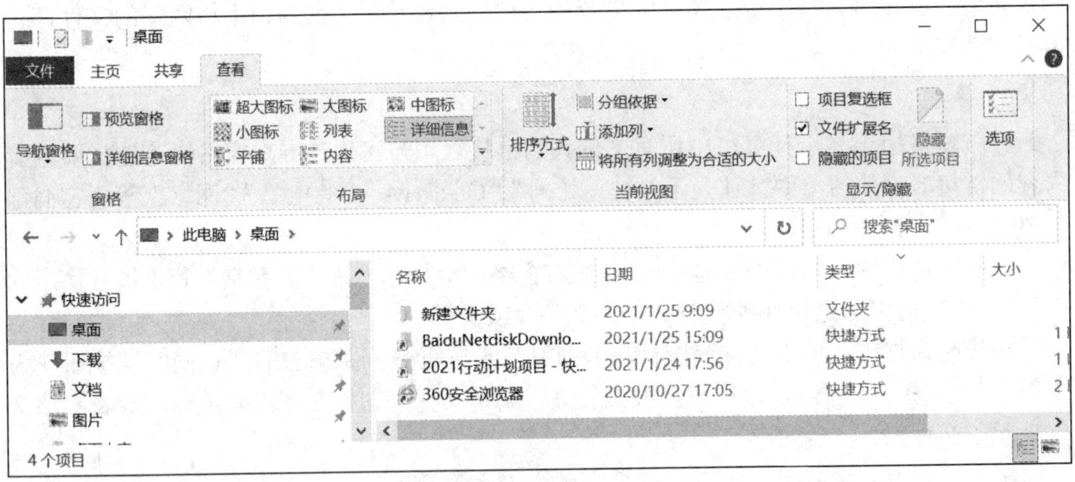

图 3-3　设置文件/文件夹的查看方式

2) 设置排序方式

为了快速定位到某个文件或文件夹，可以根据需要分别按名字的字母顺序、文件的大小、文件的类型和文件修改日期以及选择对象的递增、递减次序来重新排列文件或文件夹。操作方法有以下三种：

(1) 打开要查看的文件或文件夹窗口，在功能区中切换到“查看”选项卡，在“当前视图”选项组中单击“排序方式”按钮，在弹出的下拉菜单中选择“名称”“修改日期”“类型”“大小”等一种方式，更改文件或文件夹的排序方式。

(2) 在“详细信息”显示方式下，用鼠标单击文件列表上方的“名称”“大小”“类型”“修改日期”按钮，也可按名称、大小、类型和日期排序显示，再次单击按钮将反序排列显示。也可左右拖动列标题调整信息的显示顺序。

(3) 在窗口空白处右击，在弹出的菜单中选择“排序方式”即可更改排序方式。

3) 设置分组依据

通过对文件或文件夹进行分组，也可以实现快速浏览的目的。分组时可以依据名称、修改日期、类型、大小等按照递增或递减的次序进行，方法是：单击窗口中的“查看”选项卡，再单击“当前视图”选项组中的“分组依据”按钮，在弹出的下拉菜单中选择分组依据。也可以在窗口空白处右击，然后在快捷菜单中选择分组依据。单击其中的“更多”选项，可以选择想要在文件夹中显示的项目的详细信息。

4) 选择显示/不显示隐藏文件/文件夹

文件或文件夹被隐藏之后，如果用户要显示出隐藏的文件或文件夹，可以在文件夹窗口中单击“查看”选项卡，在“显示/隐藏”选项组中勾选“隐藏的项目”复选框，这样隐藏的项目将以浅色显示。不勾选“隐藏的项目”复选框，则不显示隐藏的项目。

5) 选择显示/不显示文件扩展名

默认情况下，Windows 10 不显示已知文件类型的文件扩展名(即不显示已在系统中备案文件的扩展名)，如果需要显示其扩展名，方法是：单击“查看”选项卡，在“显示/隐藏”选项组中勾选“文件扩展名”复选框。

另外，单击“查看”选项卡中的“选项”按钮，会打开“文件夹选项”对话框，其中包含“常规”“查看”“搜索”三个选项卡，可以详细地设置文件或文件夹的查看方式和搜索方式。其中：

(1) “常规”选项卡：用于设置文件夹的常规属性。在“浏览文件夹”选项组中可以设置文件夹的浏览方式，如设定打开多个文件夹时是在同一窗口中打开还是在不同窗口中打开等。

(2) “查看”选项卡：用于设置文件的显示方式。在“文件夹视图”选项组中可单击“应用到文件夹”和“重置文件夹”两个按钮，对文件夹的视图显示进行设置。“高级设置”列表框中显示了一些文件和文件夹的高级设置选项，用户可根据具体情况进行设置。

小贴士

是否显示隐藏的文件/文件夹的设置，以及是否显示已知文件类型的文件扩展名，这两项设置都是针对整个系统而言的，即在一个文件夹窗口中进行了设置后，在其他所有的文件夹窗口中均生效。

3.2.2.3　文件/文件夹的操作

1. 选定文件/文件夹

文件/文件夹的基本操作主要在文件资源管理器或“此电脑”窗口中进行。Windows 的操作特点是“先选定，再操作”。选定的对象呈反相显示，选定方法如表 3-8 所示。

文件和文件夹的操作

表 3-8　各种对象的选定方法

要选定的对象	操 作 方 法
单个对象	单击文件或文件夹图标
多个连续的对象	方法一：头尾单击。单击第一个，按住 Shift 键，再单击最后一个。 方法二：鼠标框选。将鼠标指向到第一个对象旁边的空白处，然后拖动鼠标使虚线框框住要选中的对象。在窗口最下方的状态栏上会显示所选定的对象个数
多个不连续的对象	先单击一个对象，然后按住 Ctrl 键再单击选定其他对象
全部对象	在窗口中按 Ctrl + A 组合键，或单击“主页”|“选择”|“全选选择”命令
反向选定	先选定不需要的对象，然后单击“主页”|“选择”|“反向选择”命令

2. 创建文件夹

创建文件夹的方法如下：

方法一：在文件夹窗口的空白处右击，在快捷菜单中选择“新建”|“文件夹”命令，即可在文件夹中创建一个空文件夹，然后根据需要将其改名。

方法二：在文件夹窗口中，单击“主页”|“新建文件夹”命令。

方法三：单击快速访问工具栏中的“新建文件夹”图标。

3. 创建空文件

创建空文件的方法如下：

方法一：在文件夹窗口的空白处右击，在快捷菜单中选择“新建”命令，再选择所需要的文件类型如“文本文档”，然后将文件改名。

方法二：先启动某个软件如 Word，然后单击“文件”|“另存为”命令，选择要保存的文件夹并输入文件名，单击“保存”命令。

4. 复制文件/文件夹

复制文件/文件夹的方法如下：

方法一：使用快捷键。选定要复制的文件/文件夹，按 Ctrl + C 组合键复制，然后在目标位置的空白处按 Ctrl + V 组合键粘贴。

方法二：拖动法。选定要复制的文件/文件夹，按住 Ctrl 键，然后拖动文件/文件夹，到目标位置后松开鼠标。如果在不同磁盘之间进行复制操作，则直接拖动，不要按 Ctrl 键。注意，用鼠标移动时，如鼠标标识下方有一个“+”号，则表示是复制状态。

方法三：使用快捷菜单。选定要复制的文件/文件夹，右击鼠标并在快捷菜单中选择“复制”命令；然后在目标位置右击，在快捷菜单中选择“粘贴”命令(也可以使用“主页”选项卡“剪贴板”中的相应命令)。

方法四：使用主页中的“复制到”命令。选定要复制的文件/文件夹，单击窗口中的“主页”选项卡下的“组织”组中的“复制到”按钮，在弹出的下拉列表中选择目标位置，也可以选择“选择位置”选项，在弹出的“复制项目”对话框中选择目标位置。

5. 移动文件/文件夹

移动文件/文件夹的方法如下：

方法一：使用快捷键。选定要复制的文件/文件夹，按 Ctrl + X 组合键剪切，然后在目标位置的空白处按 Ctrl + V 组合键粘贴。

方法二：拖动法。在同一磁盘上，选定要移动的文件/文件夹，直接拖动到目标位置后松开鼠标。如果在不同磁盘之间进行移动操作，则需要按 Shift 键拖动。

方法三：使用快捷菜单。选定要移动的文件/文件夹，右击鼠标并在快捷菜单中选择“剪切”命令；然后在目标位置右击，在快捷菜单中选择“粘贴”命令(也可以使用“主页”选项卡“剪贴板”中的相应命令)。

方法四：使用“主页”中的“移动到”命令。选定要移动的文件/文件夹，单击窗口中的“主页”选项卡下的“组织”组中的“移动到”按钮，在弹出的下拉列表中选择目标位置，也可以选择“选择位置”选项，在弹出的“移动项目”对话框中选择目标位置。

6. 重命名文件/文件夹

重命名文件/文件夹的方法如下：

方法一：选定要改名的文件/文件夹，右击鼠标，在快捷菜单中选择“重命名”命令。

方法二：在选定状态下再次单击文件/文件夹名称，文件/文件夹名称则处于编辑状态，输入新的文件/文件夹名称，然后按回车键或者在窗口的空白处单击鼠标即可。

注意：

(1) 由于文件可能与某种应用程序建立了关联，因此如果错误地更改了文件的扩展名，则可能破坏该文件和某应用程序的关联，从而造成文件无法使用的错误。当修改文件扩展名时，系统会弹出“重命名”提示框，选择“是”将完成更改文件名的操作，选择“否”则保持原来的文件名。如果扩展名是隐藏状态，则不会出现改掉扩展名的情况。

(2) 文件夹名称必须在文件夹的父文件夹窗口中进行更改。不能对已经打开的文件或文件夹进行改名。

7. 删除文件/文件夹

删除文件/文件夹的方法如下：

方法一：右击要删除的文件/文件夹，在快捷菜单中选择“删除”选项。如果要永久删除，则先按 Shift 键，再右击选择“删除”选项。

方法二：选定要删除的文件/文件夹，直接按 Delete 键。如果要永久删除，则按 Shift + Delete 组合键。

方法三：选定要删除的文件/文件夹，单击窗口功能区“主页”选项卡中的“删除”图标，在下拉列表中选择“回收”则将对象放入回收站，选择“永久删除”则永久删除。单击“显示回收确认”可以选择是否在删除前确认。

方法四：选定要删除的文件/文件夹，直接将其拖动到回收站。

注意：如果事先选定了多个对象，则可以同时删除多个对象。如果删除文件夹，则该文件夹及各级子文件夹及其内容将一并删除。

8. 还原被删除的文件/文件夹及清空回收站

1) 还原被删除的文件/文件夹

如果误删文件或文件夹，可借助“回收站”进行恢复。方法是：双击桌面上的“回收站”图标，打开“回收站”窗口，选定准备还原的对象右击，并在快捷菜单中选择“还原”命令，即可将选定的对象恢复到删除前的位置。

2) 清空回收站

单击“回收站工具”选项卡中的“清空回收站”按钮，可将回收站内的所有文件及文件夹彻底删除，释放所占据的磁盘空间。

小贴士

“回收站”是硬盘上的一块存储空间，是一个特殊的文件夹，专门用来存放用户删除的硬盘上的文件。如果发现误删了文件，可以将该文件从回收站中还原到原来的位置。

回收站中的内容被删除后不借用工具软件采取特殊方式是不能恢复的。U 盘或网络驱动器中的对象删除后不会放入回收站，而是永久删除。

右击桌面上的“回收站”图标，在快捷菜单中选择“属性”命令，可以设置回收站的大小。C 盘回收站大小默认为磁盘容量的 10%，可以在“最大值”文本框内输入回收站的大小。

9. 查看和修改文件/文件夹属性

查看和修改文件/文件夹属性的方法如下：

方法一：选定文件或文件夹，右击并在快捷菜单中选择“属性”命令，在对话框中选择“常规”选项卡，根据需要勾选“只读”和“隐藏”属性，单击“高级”按钮，可设置更多的属性(存档、索引、压缩、加密等)。

方法二：选定文件或文件夹，单击窗口“主页”选项卡中的 “属性”按钮，在对话框中操作。

为文件设置“只读”属性后，文件只能打开、显示或执行，除非将文件另存为其他名字，否则不能保存修改的内容，但是可以被改名或删除。对于文件系统来说，文件夹的只读属性没有实际意义。

为文件或文件夹设置“隐藏”属性后，文件或文件夹将被隐藏，在系统默认情况下，窗口中将看不到隐藏的对象，用户不能对隐藏对象进行操作。如果要对隐藏对象进行操作，需要更改系统的显示文件属性。

文件的“存档”属性用于备份程序，通过文件的存档属性识别文件是否备份过或修改过。

隐藏或取消隐藏文件或文件夹，也可以通过单击窗口中的“查看”|“显示/隐藏”|“隐藏所选项目”命令按钮来实现。

10. 创建快捷方式

可以为经常使用的程序、文件、文件夹、打印机或网络中的计算机等对象创建快捷方式，通过快捷方式可以快速打开对象。

例如，经常要操作 D 盘 AA 文件夹中的 BB 文件夹，现在要在桌面上的 CC 文件夹中为它创建一个名为 KJ 的快捷方式，创建方法如表 3-9 所示。

创建快捷方式

表 3-9　创建快捷方式的方法

操作所处的文件夹	方　法	操 作 步 骤
CC	右击空白处，“新建”|“快捷方式”	在 CC 文件夹中右击空白处，在快捷菜单中选择“新建”|“快捷方式”命令，在对话框的“请键入对象的位置”文本框内输入对象的路径 D:\AA\BB，再单击“下一步”(或单击“浏览”按钮，在列表框中选定对象)，输入快捷方式的名称 KJ
AA	复制，粘贴快捷方式	进入 AA 文件夹，右击 BB 文件夹并选择“复制”命令，进入 CC 文件夹，右击并选择“粘贴快捷方式”命令，修改名称
AA	右键拖动法	同时打开 AA 文件夹和 CC 文件夹窗口，按住鼠标右键把 BB 文件夹从 AA 文件夹拖动到 CC 文件夹，释放鼠标时选择“在当前位置创建快捷方式”命令，修改名称
AA	右击对象，“创建快捷方式”	进入 AA 文件夹，右击 BB 文件夹，选择“创建快捷方式”命令，将在 AA 文件夹中创建快捷方式，并为快捷方式改名，然后将其移动到 CC 文件夹
AA	右击对象，“发送到”|“桌面快捷方式”	进入 AA 文件夹，右击 BB 文件夹，选择“发送到”|“桌面快捷方式”命令，为快捷方式改名，然后将其移动到 CC 文件夹

3.2.2.4　文件/文件夹的搜索

有时用户需要查看某个文件或文件夹的内容，却忘记了文件或文件夹的存放位置，此时应利用 Windows 的搜索功能帮助用户解决问题。根据搜索参数的不同，可以将搜索分为简单搜索和高级搜索两种。

1. 简单搜索

打开“文件资源管理器”窗口，可以看到在地址栏右侧有一个搜索框，单击搜索框将会列出最近的搜索关键字，从列表中选择一个关键字，或者在搜索框中输入要搜索文件或文件夹的关键字，然后按回车键或单击转到按钮，窗口中将会显示出包含关键字的文件或文件夹。可以从搜索结果中查找所需的文件或文件夹。

在搜索关键字中可以使用通配符 ? 和 *，以便实现模糊查找。单击搜索框右侧的“×”按钮可开始新的搜索。

当用户知道要查找对象所在的磁盘或文件夹时，可以先在文件资源管理器窗口左窗格中单击某个对象，以确定搜索范围。如果要中断本次搜索，可单击地址栏右侧的“×”按钮。如果要关闭搜索工具，可单击“搜索”功能区域中的“关闭搜索”按钮。

注意：在任务栏上的搜索框搜索与在文件资源管理器窗口的搜索框搜索是有区别的，一是搜索范围不同，二是对文件和目录的索引有要求。

2. 高级搜索

使用简单的按名称搜索可能会得到比较多的结果，用户查找所需文档比较麻烦，这时可以使用系统提供的搜索工具，使用多个组合式条件进行高级搜索，以缩小搜索范围。方法是：在搜索结果窗口中选择“搜索”选项卡，然后单击“优化”选项组中的按钮。

单击“修改日期”按钮的下拉列表，可选择“今天”“昨天”等日期范围。

单击“类型”按钮的下拉列表，可选择“文档”“图片”等文件类型。

单击“大小”按钮的下拉列表，可选择“小”“大”等，按文件大小搜索。

单击“其他属性”按钮的下拉列表，可选择“类型”“标记”等属性搜索，也可以按多种属性搜索。

注意：当在非索引位置进行搜索时，Windows 将仅搜索文件名而不是其内容。如需要按内容搜索，则单击“高级选项”按钮，然后打开“文件内容”选项，Windows 将进行更深入的搜索并找到文件中的单词，但可能需要更长时间。

单击“搜索”选项卡“选项”功能组中的“高级选项”|“更改索引位置”命令按钮，可以更改计算机索引设置，让 Windows 索引更多文件夹，以提高搜索速度。这将与“开始”菜单中用于搜索的索引相同。

小贴士

① 任务栏上的搜索框常用于搜索应用程序，搜索桌面上的、库里面的以及已经建立索引的文件夹中的内容。

② 文件资源管理器窗口右上部的搜索框，默认的搜索范围是当前文件夹，默认按文件名称搜索。

3.2.2.5 利用库管理文件

利用库管理文件

1. 库的概念及其功能

“库”是 Windows 10 提供的一种高效管理文件的模式，利用库功能可以对视频、图片、文档和音乐等资料进行统一管理，提高工作效率。

“库”是一个抽象的组织结构，用户可以把某种类型的多个文件夹(可以在不同磁盘上，包括可移动磁盘)“包含”到一个库中，使它们逻辑上“集中”在一起，如同网页收藏夹一样，只要单击库中的一个对象(类似超链接)就能很快打开库中的文件，而不论文件实际存储在什么位置。当需要搜索文件时，只需要打开这个库，在库窗格的搜索框中一次性按关键字搜索即可。对于不同类型的库，还提供了更为方便的搜索选项，使得搜索工作简单而轻松。找到文件后，就可以对文件进行各种操作，而不必定位到文件的实际存储位置。

可以认为“库”是一个特殊的文件夹，不同的是“库”可以收集存储在多个位置中的文件。“库”“登记”了那些文件(夹)的位置以方便 Windows 管理。收纳到库中的内容除了它们各自占用的磁盘空间外，几乎不会再额外占用磁盘空间。建立包含关系后，“库”实际上是指向文件的存储位置，从而让我们看到那些文件。

2. 库的基本操作

1) 创建新库

默认情况下，在 Windows 10 的文件资源管理器左窗格(“导航窗格”)中不显示“库”，如果要显示“库”，则单击功能区中的“查看”选项卡，再单击“导航窗格”下拉列表中的“显示库”选项。

在 Windows 10 中，默认有“视频”“图片”“文档”“音乐”四个库。这些默认库都与系统盘(一般为 C 盘)的“用户”文件夹关联。如果意外删除了默认库，可以在导航窗格中右击库名称，然后在快捷菜单中选择“还原默认库”命令将其还原。

用户可以根据需要建立自己的库，方法是：在文件资源管理器窗口左侧的“导航窗格”中，右击“库”图标，在快捷菜单中选择“新建”|“库”命令，然后输入库的名字。

2) 把文件夹加入库

建立好“库”后，就可以将文件夹加入到“库”中，方法是：右击文件夹，在快捷菜单中选择“包含到库中”，再选择所需的库名称。

把某个文件夹加入“库”后，在库中将会显示文件夹中的文件，但其实它们仍然存储在其原始位置。“库”中的文件或文件夹会随着原始文件夹的变化而自动更新。

3) 优化库

在导航窗格中右击库名称，在快捷菜单中选择“属性”命令，出现库属性对话框，在“优化此库”的下拉列表中选择和库内容所对应的选项。系统只能实现对文档、视频、音乐、图片进行优化，其他的内容只能选择“常规项”。优化的结果就是系统能够根据库所对应的内容进行风格化的排序，例如，对于“图片”可以按月、天、分级和标记进行排列等。

4) 设置库的默认保存位置

每个库都有一个默认的文件保存位置。当对文件执行“另存为”操作时，如果文件位置选择了某个库，而没有指定文件夹，则该文件将保存在库的默认保存位置，即一个特定的文件夹中。设置库的默认保存文件夹位置的方法如下：

右击库名称，在快捷菜单中选择“属性”命令，在库的属性对话框的“库位置”列表框中选择一个文件夹，然后单击“设置保存位置”按钮，使文件夹左侧显示 ✓ 符号。

5) 删除库与库改名

(1) 删除库。右击库名称，在快捷菜单中选择“删除”命令可以删除库。库删除后，其中包含的文件夹的实际存储位置上的数据不会被删除。删除后的库可以从回收站进行还原。

(2) 库改名。右击库名称，在快捷菜单中选择“重命名”命令可以为库改名。

库中文件或文件夹的修改和删除：对库中的文件或文件夹进行删除与修改，则相应的源文件夹中的数据也发生改变，所以要谨慎操作。

3.3　任务：个性化设置与系统管理

3.3.1　任务描述与实施

1. 任务描述

小张是学院学生会计算机网络服务部的成员，服务部义务为全院师生维护计算机软、硬件故障。近来，他们遇到了一些问题感觉比较棘手。例如，有些计算机已经使用多年，配置较低，计算机启动时自动启动的程序很多，速度很慢；有时无法结束运行着的程序；如何设置个性化桌面背景；如何直接进入自己喜欢的汉字输入法而免去多次切换等。本节正是要学习这些知识。

2. 任务实施

【解决思路】

第 3 章任务三

小张遇到的问题都涉及 Windows 系统的资源管理和控制，大部分问题都需要使用系统设置界面完成(或者使用“控制面板”程序)。进入系统设置主界面可以单击“开始”按钮选择“设置”选项，也可以右击桌面空白处选择“个性化”“显示设置”或右击任务栏空白处选择“任务栏设置”功能进入。

本任务涉及的主要知识技能点如下：

(1) 个性化桌面设置，包括设置桌面主题、背景和颜色等。

(2) 设置锁屏界面，设置屏幕保护程序。

(3) 设置显示器屏幕分辨率等属性。

(4) 设置输入法，包括添加或删除输入法，设置默认输入法等。

(5) 管理应用程序，包括使用任务管理器结束任务、卸载应用程序等。

【实施步骤】

本任务要求及操作要点如表 3-10 所示。

表 3-10　任务要求及操作要点

任 务 要 求	操 作 要 点
1. 设置电脑主题	
(1) 设置主题为内置的“Beauty of China PREMIUM”	右击桌面空白处，在快捷菜单中选择“个性化”，在窗口中单击“主题”选项，在“更改主题”文字下方选择“Beauty of China PREMIUM”主题
(2) 设置颜色为“浅色”“海沫绿”，不透明，在“标题栏和窗口边框”显示	在主题设置界面右窗格中，单击“颜色”选项，在“选择颜色”下拉列表中选择“浅色”，关闭“透明效果”开关，在颜色区域选择“海沫绿”，勾选“标题栏和窗口边框”复选框
(3) 修改主题并以“我的主题1”为名称保存	在主题设置界面右窗格中，单击“保存主题”按钮，将主题命名为“我的主题 1”，单击“保存”按钮

续表

任务要求	操作要点
2. 设置锁屏界面和屏幕保护程序	
(1) 设置锁屏界面背景图片为自己喜欢的一张图片	右击桌面空白处，在快捷菜单中选择“个性化”，在窗口中单击“锁屏界面”选项，在右窗格的“背景”下拉列表中选择“图片”选项，单击自己喜欢的一张图片，或者单击“浏览”选择电脑中的一张图片，打开“在登录屏幕上显示锁屏界面背景与图片”开关按钮，按 Windows + L 组合键进入锁屏界面观看效果
(2) 设置屏幕保护程序为“3D 文字”，文本内容为操作者的姓名，等待时间为 1 分钟	在设置锁屏界面右窗格中，单击“屏幕保护程序设置”超链接，从“屏幕保护程序”下拉列表中选择“3D 文字”选项，单击“设置”按钮，在弹出的对话框的“自定义文字”框里输入操作者的姓名，在“等待”数值框中设置时间为 1 分钟，勾选“在恢复时显示登录屏幕”复选框，单击“确定”按钮
3. 设置显示属性	
(1) 设置显示器亮度为中等，打开夜间模式	右击桌面空白处，在快捷菜单中选择“显示设置”，在右窗格中拖动“更改内置显示器的亮度”滑块至中部，打开“夜间模式”按钮
(2) 设置屏幕图标和字体为 150%，设置合适的分辨率	在“显示设置”界面中，单击“更改文本、应用等项目的大小”下拉列表框，选择显示缩放比例为 150%。 单击“显示屏幕分辨率”下拉列表框，选择推荐的显示屏幕分辨率
4. 设置输入法	
(1) 删除一种输入法	单击设置窗口中的“主页”链接进入 Windows 设置中心。单击“时间和语言”链接，再单击左窗格中的“语言”选项出现“语言”设置界面；单击“首选语言”选项组中的“中文(简体，中国)”链接，再单击“选项”，然后在“键盘”选项组中单击要删除的输入法，再单击“删除”按钮
(2) 添加一种输入法	在“语言”设置界面中，单击“首选语言”选项组中的“中文(简体，中国)”链接，单击“选项”，然后在“键盘”选项组中单击“添加键盘”按钮，选择要添加的输入法
(3) 设置默认输入法	进入“高级键盘设置”界面，在“替代默认输入法”选项组中的下拉列表中选择默认的输入法
5. 管理应用程序	
(1) 使用任务管理器关闭某个应用程序(如 Word)	首先启动 Word 程序，然后右击任务栏空白处，选择“任务管理器”命令，在“任务管理器”窗口单击“进程”选项卡，右击 Microsoft Word 程序，选择“结束任务”命令
(2) 卸载一个不需要的应用程序(如“地图”)	在“开始”屏幕中找到并右击要卸载的程序，然后选择“卸载”命令，在弹出的对话框中确认卸载

【自主训练】

(1) 下载一种自己喜欢的汉字输入法如搜狗拼音输入法、搜狗五笔输入法等安装并使用。

(2) 设置鼠标的双击速度为适中。如果用户生活中已习惯使用左手，则设置为左手模式。

(3) 设置电脑系统日期和时间为实际日期和时间。

提示：右击任务栏右端的日期和时间图标，选择“调整日期/时间”命令，在界面中关闭“自动设置时间”下方的按钮，单击“更改”按钮。

【问题思考】

(1) 背景图片可以使用多张图片以幻灯片形式放映，锁屏背景也可以以幻灯片形式放映，这两种背景各在什么情况下出现？

(2) 什么是任务管理器？何时需要进入任务管理器？如何才能进入任务管理器？

3.3.2　相关知识与技能

3.3.2.1　Windows 10 的设置中心

Windows 10 的设置中心

Windows 的控制面板是一组系统设置与管理程序，使用控制面板可以对系统中的硬件和软件环境进行管理，对操作系统进行个性化设置。

在 Windows 10 中，对计算机系统的各种设置除了使用传统的“控制面板”方式完成外，还可以使用“设置”功能完成。进入“设置”的方法有多种，单击“开始”按钮，选择“设置”命令，或者右击“开始”按钮，选择“设置”命令，都会出现如图 3-4 所示的控制中心界面。

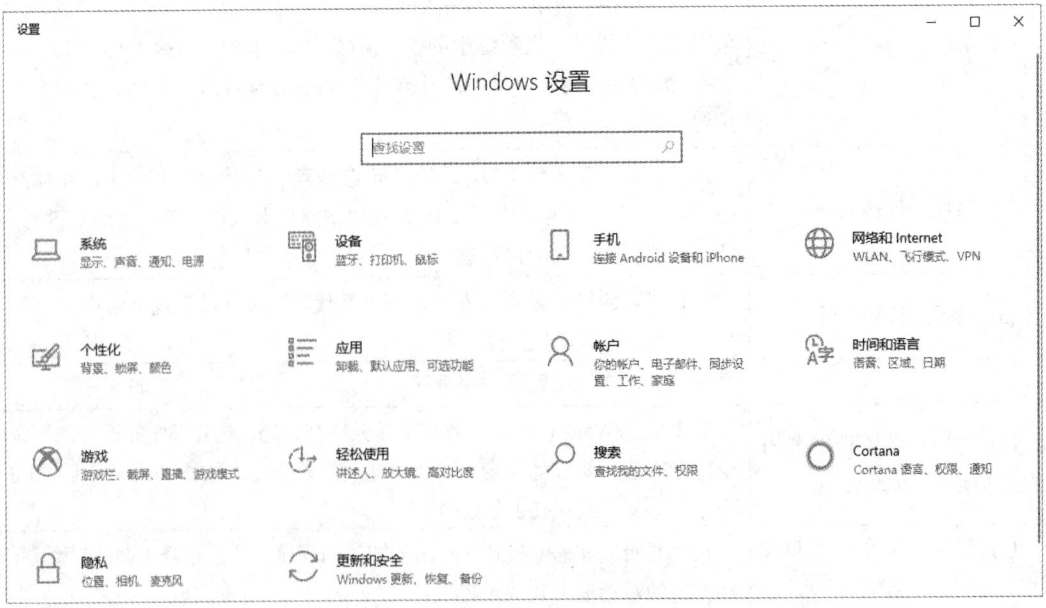

图 3-4　Windows 10 控制中心界面

右击桌面空白处，选择“个性化”或者“显示设置”选项，或者右击任务栏空白处，选择“任务栏设置”命令，都可以进入设置界面。单击设置窗口左上角的“主页”链接，可以显示出如图 3-4 所示的控制中心界面。

如果需要使用“控制面板”完成设置，可以用以下几种方法启动“控制面板”程序：

方法一：在任务栏上单击放大镜按钮，在搜索框内输入“控制面板”关键字，在弹出的内容中单击“应用”栏下方的“控制面板”命令。

方法二：右击任务栏空白处，在弹出的快捷菜单中选择“任务栏设置”选项，在弹出的“设置”窗口的左窗格中单击“主题”选项，在右窗格中单击“相关的设置”栏中的“桌面图标设置”链接，在对话框中勾选“控制面板”前面的复选框并单击“确定”按钮，这样可以在桌面上显示“控制面板”图标，方便启动该程序。

Windows 10 的设置中心和传统的“控制面板”界面风格不同，功能上差别不大，用户可根据情况选用。Windows 10 中许多设置工作都可以通过进入其“设置”主页界面完成。

3.3.2.2　个性化设置

Windows 10 操作系统的个性化设置涉及硬件、软件和网络多个方面。本节主要介绍设置电脑主题，设置锁屏界面、屏幕超时和屏幕保护程序，设置显示属性和设置输入法等内容。

1. 设置电脑主题

Windows 10 提供了多种主题，每个主题都集合了桌面背景、颜色、声音和鼠标光标等元素，设置某个主题后，这些元素都将随之改变。用户可以根据自己的需要选择内置的主题，或选择某种主题后，单独修改某些主题元素，形成自定义主题，以更符合自己的风格。设置主题的方法是：

1) 选择主题

右击桌面空白处，选择“个性化”|“主题”选项，在右侧窗格中单击“更改主题”文字下方的一个主题如“鲜花”，此时可以在右窗格上方看到更改主题样式后的效果，窗口颜色与外观发生了变化。

2) 下载更多主题

单击“在 Microsoft Store 中获取更多主题”超链接，可以看到许多主题，有的收费，有的免费，如单击一个可以免费下载的主题，单击“获取”按钮，当出现“跨设备引用”显示时，单击“不，谢谢”按钮，然后单击“安装”按钮，再单击“应用”按钮，之后可以在“主题”设置界面中看到刚刚下载的主题，单击该主题应用即可。

3) 自定义主题与保存主题

在应用某个主题后，如果对某个或某些主题元素如“颜色”不满意，可以对其进行修改。单击“设置”窗口右侧窗格主题界面中的“背景”“颜色”“声音”“鼠标光标”某个元素，例如要修改“颜色”元素，当在右窗格中重新选择颜色之后，再单击左窗格中的“主题”链接时，可以发现当前主题已变成了自定义主题，右窗格中会出现“保存主题”按钮，单击“保存主题”按钮，可以为主题命名并保存。也可以右击某个主题，删除某个主题，但是系统自带的主题和当前正在使用的主题不能删除。

4) 设置桌面背景

桌面背景可以是个人收集的数字图片、Windows 提供的图片、纯色或带有颜色框架的图片，也可以显示幻灯片图片。设置桌面背景的方法是：

右击桌面空白处，在弹出的快捷菜单中选择“个性化”命令，在窗口中选择“背景”选项，在“背景”下拉列表中选择背景样式，包括“图片”“纯色”“幻灯片放映”三个选项。

“图片”选项，以一张图片作为背景。单击“选择图片”下方的一张图片，或者单击“浏览”按钮，选择一张自己喜欢的图片，单击“选择契合度”下拉列表可选择图片契合度，包括“填充”“适应”“拉伸”等选项。

“纯色”选项，以一种颜色作为背景。单击“选择你的背景色”下方的一种颜色，在预览区域可以看到背景效果。

“幻灯片放映”选项，以幻灯片放映方式循环播放图片。设置步骤如下：

(1) 在一个文件夹中存放多张图片，然后进入文件资源管理器，在窗口左侧的导航窗格中，单击选定“此电脑”，将图片文件夹复制到“此电脑”的“图片”文件夹中。

(2) 单击“背景”界面中“为幻灯片选择相册”下方的“浏览”按钮，选择上一步骤准备好的图片文件夹，单击“选择此文件夹”按钮。

(3) 单击“图片切换频率”下拉列表，选择图片之间切换播放的时间间隔，选择“无序播放”开关，控制是否无序播放。

5) 设置背景主题色

Windows 10 默认的背景主题色为黑色，用户可以修改。设置步骤如下：

(1) 右击桌面空白处，选择“个性化”|“颜色”选项，在“选择颜色”下拉列表中选择“浅色”“深色”或“自定义”一种颜色。

(2) 拖动“透明效果”滑块调整透明效果。

(3) 取消勾选“从我的背景自动选取一种主颜色”复选框，然后单击“最近使用的颜色”或者“Windows 颜色”下方的一种颜色。

(4) 在“在以下区域显示主题色”选项组中勾选“‘开始’菜单、任务栏和操作中心”和“标题栏和窗口边框”复选框(如果选择“浅色”，则不能勾选第一个复选框)，这时从右侧窗格左上方可以看到预览效果。

6) 设置鼠标光标

Windows 10 系统允许用户根据自己的实际情况对鼠标进行设置，以符合自己的使用习惯。设置方法是：在个性化设置界面中单击“主题”选项卡，在右窗格中单击“鼠标光标”命令，在弹出的“鼠标属性”对话框中进行设置。

(1) 更改鼠标指针形状。

选择“指针”选项卡，在“自定义”列表框中选择要修改的鼠标指针形状(如“正常选择”等)，单击“浏览”按钮，在列表框中选择要设置的指针形状，对话框左下角会显示预览图，然后单击“打开”按钮，查看更改后的指针，再单击“确定”按钮。如要使用默认的指针形状，则单击“使用默认值”按钮。

(2) 更改鼠标按键属性。

选择“鼠标键”选项卡，可以勾选“鼠标键配置”选项组中的“切换主要和次要的按钮”复选框，从而互换鼠标左右键；拖动“双击速度”选项组中的“速度”滑块，可以设置双击鼠标的速度。

(3) 更改鼠标指针选项。

选择“指针选项”选项卡，在“移动”选项组中拖动滑块设置指针的移动速度，勾选“贴靠”选项组中的“自动将指针移动到对话框中的默认按钮”复选框，则指针将自动移动到对话框中的默认按钮上。

2. 设置锁屏界面、屏幕超时和屏幕保护程序

锁屏界面、屏幕超时和屏幕保护程序可以通过右击桌面空白处，选择“个性化”选项，然后在窗口左窗格中单击“锁屏界面”选项，在右窗格中进行设置。

1) 设置锁屏界面

Windows 10 操作系统的锁屏功能主要用于保护电脑的隐私安全，还可以保证在不关机情况下省电，其锁屏所用的图片称为锁屏界面。设置方法是：

在“锁屏界面”设置右窗格中单击“背景”下拉列表，选择“Windows 聚焦”“图片”“幻灯片放映”中的一种锁屏背景，然后打开“在登录屏幕上显示锁屏界面背景与图片”开关按钮。

如果选择“图片”选项，则可以从“选择图片”文字下方单击一个图片，或者单击“浏览”按钮，从电脑中选择一张图片作为锁屏界面。

如果选择“Windows 聚焦”选项，则可以在预览区域查看设置的锁屏图片样式。

当用户暂时离开电脑，不想让其他人看到屏幕内容时，可以按 Windows + L 组合键，使系统进入锁屏状态，屏幕上显示锁屏界面。单击鼠标或触动键盘后出现系统登录界面，输入必要的登录信息即可解除锁屏，系统恢复正常工作(如果账户设置有密码，则需要输入密码)。

2) 设置屏幕超时

在“锁屏界面”设置右窗格中单击“屏幕超时设置”超链接，打开“电源和睡眠”界面，可以设置屏幕关闭时间和电脑睡眠时间，即多长时间后关闭屏幕和多长时间后让电脑睡眠。

3) 设置屏幕保护程序

当长时间不使用计算机时，可以选择设置屏幕保护程序。屏幕保护程序会在屏幕上显示一个移动的图片或图案，这样既可以保护显示器(对于 CRT 而言)，还可以突显用户的风格，使待机时的计算机屏幕更美观。

屏幕保护程序最初用于保护 CRT 显示器，防止显示器长时间保持静态画面，造成屏幕上的荧光物质老化，缩短显示器的寿命。当今，用户普遍使用液晶显示器。液晶显示器与 CRT 的工作原理完全不同，对于液晶显示器，使用屏幕保护程序不会保护反而会影响显示器的寿命，因此不建议使用。

设置屏幕保护程序的目的一是使电脑个性化，二是通过提供密码保护来增强计算机的

安全性。设置屏幕保护程序的方法是：

在“锁屏界面”右窗格中单击“屏幕保护程序设置”超链接，在对话框中的“屏幕保护程序”下拉列表中选择一种效果如“变幻线”等，设置“等待”分钟数值，然后勾选“在恢复时显示登录屏幕”复选框。

3. 设置显示属性

右击桌面空白处，选择“显示设置”选项，然后在窗口右窗格中进行显示属性的设置。

1) 设置亮度和颜色

拖动“更改内置显示器的亮度”滑块，可以调节显示器的亮度。拖动“夜间模式”按钮，可以打开或关闭夜间模式。

2) 设置缩放与布局

单击“更改文本、应用等项目的大小”下拉列表框，可以选择显示缩放比例。

单击“显示屏幕分辨率”下拉列表框，可以选择合适的显示屏幕分辨率。

单击“显示方向”下拉列表框，可以选择“横向”“纵向”“横向(翻转)”“纵向(翻转)”等显示方向。

在界面右下方还可以进行多显示器的设置。

4. 设置输入法

1) 启动或关闭语言栏

默认情况下，Windows 10 在任务栏右侧会显示“输入法指示器”图标如  等，而不会显示语言栏。单击“输入法指示器”图标左侧的“中”字或“英”字可切换中英文输入法，单击“拼”字或“五”字等可以弹出系统中安装的各种输入法名称和语言首选项功能选项 。

启动语言栏有很多种方法。右击桌面空白处，在弹出的快捷菜单中选择“个性化”命令，然后单击设置窗口中的“主页”链接进入 Windows 设置中心。单击“时间和语言”链接，再单击左窗格中的“语言”选项出现“语言”设置界面，在右窗格中单击“拼写、键入和键盘设置”链接，再单击最下方的“高级键盘设置”链接进入“高级键盘设置”界面，勾选“使用桌面语言栏(如果可用)”复选框，这时会在桌面上出现一个浮动的小图标即语言栏。

也可以单击任务栏上的“输入法指示器”图标中的“拼”或“五”等字样，选择  选项，在弹出的窗口右窗格中单击“拼写、键入和键盘设置”链接，在“高级键盘设置”界面中启动语言栏。

语言栏中包含了语言的所有状态及设置功能，用户可以在语言栏中设置输入法、语言状态，还可以显示中英文标点符号图标、全角/半角图标等，方便文字的输入。

如果要关闭语言栏，操作方法是：在“高级键盘设置”界面中取消勾选“使用桌面语言栏(如果可用)”复选框。

不同的输入法，语言栏各有不同。语言栏也可以自定义。如图 3-5 所示的是微软拼音输入法的语言栏。其中各图标的作用如下：

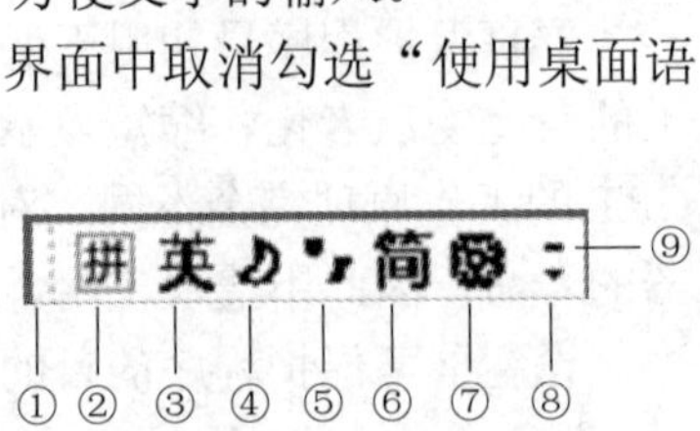

图 3-5　微软拼音输入法的语言栏

① 将鼠标指针放在该区域上，拖动语言栏可调整语言栏的位置。

② 输入法。单击该图标可以展开输入法列表并选择输入法。快捷键是 Ctrl + Shift 或 Windows + 空格键。

③ 语言状态。单击该图标可实现中英文切换。快捷键是 Ctrl + 空格键或 Shift 键。

④ 全角/半角。单击该图标可实现半角/全角字符切换。

⑤ 中/英文标点。单击该图标可实现中英文标点切换。快捷键是 Ctrl + .。

⑥ 简体/繁体。单击该图标可实现简体/繁体字切换。

⑦ 输入法设置。单击该图标可进入输入法设置界面。

⑧ 选项。单击它出现选项菜单，从而对语言栏进行设置。

⑨ 最小化。单击它将最小化语言栏到任务栏上。

如果要关闭语言栏，则在“高级键盘设置”界面中取消勾选“使用桌面语言栏(如果可用)”复选框。

2) 设置默认的输入法

在“高级键盘设置”界面中，单击“替代默认输入法”选项组中的下拉列表，可以选择默认的输入法。

3) 添加或删除输入法

Windows 10 系统自带了一些输入法如微软拼音输入法，用户可以根据需要将这些输入法添加到语言栏中，以方便使用。不需要的输入法可以删除。如果系统自带的输入法不能满足需求，用户也可以根据需要下载并安装其他的输入法如搜狗拼音输入法等。

删除输入法的方法是：在设置窗口的“语言”界面中，单击“首选语言”选项组中的“中文(简体，中国)”链接，再单击“选项”按钮，然后在“键盘”选项组中单击要删除的输入法，最后单击“删除”按钮。

添加 Windows 10 自带的输入法的方法是：在上述界面中单击“添加键盘”命令，然后单击某一种输入法。

3.3.2.3　管理应用程序与任务

计算机的各项功能都是通过程序来实现的，从某种意义上讲计算机安装的程序越多，其功能越强大。用户根据需要在计算机中查找并运行所安装的程序，完成任务后要关闭程序，以节省系统资源。如果某个程序版本过早或者不再使用，则应将其从计算机中卸载，以免占用系统空间，影响计算机运行速度。

1. 启动与运行应用程序

在 Windows 10 中启动应用程序主要有以下几种方法：

(1) 从“开始”屏幕中启动应用程序。

单击“开始”按钮，出现“开始”屏幕界面，在“开始”屏幕左侧上方可以看到“最常用”的程序列表，下方显示以程序名称首字母(A～Z)排序的全部程序列表，上下滚动鼠标找到要运行的程序，单击则可以启动程序。

单击“#”号或任意一个字母，则显示“#”号以及“A”～“Z”等字母和符号列表。若单击某个字母如“M”，则查看以首字母“M”开头的程序列表；若单击字母和符号列表中的“#”号，则返回全部程序列表。

如果经常使用某个程序，在列表中找到程序后可以右击程序名称，选择“固定到‘开始’屏幕”命令，将其以磁贴形式固定在“开始”屏幕上，以便以后快速找到并运行。也可以对“开始”屏幕上的磁贴进行移动排列，以便查找。

(2) 使用搜索框启动应用程序。

在任务栏的搜索框中输入程序名称关键字如“Word”或“计算器”等，在搜索框上方即可显示出搜索到的应用程序，单击应用程序名称即可运行相应的程序。

如果任务栏中没有搜索框，则单击搜索按钮图标(放大镜)会出现搜索框。按 Windows + Q 组合键也可以打开搜索框。

(3) 双击与程序关联的文档启动应用程序。

许多应用程序都和一些相应类型的文档相关联，例如 Word 程序和扩展名为“.docx”等类型的文档关联。在计算机中找到某个 Word 类型的文档文件，双击文档即可启动 Word 程序，然后打开指定文档。

注意：单击 Windows“个性化”设置界面中的“开始”选项卡，打开“显示最常用的应用”开关，这样就可以快速找到常用的应用程序。

2. 关闭应用程序

应用程序必定在一个窗口中运行，单击窗口右上角的“关闭”按钮 ；按 Alt + F4 组合键；执行“文件”|“退出”命令；或者右击任务栏上的应用程序按钮，然后选择“关闭窗口”命令，均可关闭应用程序。

有时由于某些原因，应用程序不再响应用户的操作，但不能正常关闭其窗口，出现这种类似“死机”的现象时，可以尝试使用“任务管理器”进行关闭。

右击任务栏空白处，在弹出的快捷菜单中选择“任务管理器”选项，就会弹出“任务管理器”窗口，该窗口中有“进程”“详细信息”等多个选项。

在“进程”选项卡下找到要关闭的应用程序，或者在“详细信息”选项卡下找到要关闭的进程，右击程序/进程名称，在快捷菜单中选择“结束任务”命令，即可将所指定程序强制退出。如果程序较大或正在前台工作，系统会弹出提示框，单击“立即结束”按钮，才能结束程序。

按 Ctrl + Shift + Esc 组合键也可以进入“任务管理器”。

另外，按 Ctrl + Alt + Delete 组合键，屏幕上会弹出“锁定”“切换用户”“注销”“更改密码”“任务管理器”等功能选项，用户也可以在此界面启动“任务管理器”。执行“注销”功能也可以关闭所有当前运行的程序。

3. 减少系统启动项

随着计算机使用周期的延长，Windows 10 可能会出现性能下降的情况。减少无关的系统启动项能够提高系统性能。

单击“开始”|“设置”选项进入 Windows 设置主页，单击“应用”选项，在窗口左窗格中单击“启动”命令，在右窗格中可以看到应用程序的名称，拖动程序名称左侧的开关滑块，可以控制是否将应用配置为登录时启动，但需注意不要关闭关键性的自动运行项目。

此外，可以通过第三方工具，例如 360 安全卫士等，对系统启动项进行优化。需要注意的是，优化过程中一定要慎重，对不能确定的启动项目不要轻易关闭，以免造成系统无法正常启动或某些功能无法正常使用等问题。

4. 卸载应用程序

在“开始”屏幕中右击要卸载的程序，将会弹出“卸载或更改程序”操作界面，在列表中单击要卸载的程序，然后单击“卸载/更改”按钮，或者右击要卸载的程序，然后选择“卸载/更改”命令，在弹出的对话框中确认卸载。

单击“启用或关闭 Windows 功能”链接，系统会弹出“Windows 功能”窗口，若要启用某种功能，则选择其复选框；若要关闭某种功能，则清除其复选框；如果复选框填充■，则表示仅启用该功能的一部分。

注意： 卸载应用程序与删除应用程序所在的文件夹内容不同。在应用程序的安装过程中，有些应用程序会在硬盘上安装系统文件或隐含文件，如果只是简单地删除应用程序所在的文件夹，不可能完全删除应用程序相关文件，某些文件将会留在磁盘上成为磁盘垃圾。而卸载应用程序会将不需要的文件彻底清除干净。

习　题　3

一、单选题

1. 在 Windows 中，每一个窗口都有一个控制图标，单击控制图标会打开控制菜单，从而对窗口进行控制。当没有鼠标可用时，通过按(　　)键也可以打开窗口的控制菜单。

A. Alt + F4　　B. Alt + 空格
C. Shift + F4　　D. Ctrl + 空格

2. 关闭当前窗口可以按(　　)键。

A. F4　　B. Alt + F4
C. Shift + F4　　D. Ctrl + F4

3. 在 Windows 中，用于在已打开的窗口之间进行切换的快捷键是(　　)。

A. Ctrl + Tab　　B. Alt + Tab
C. Shift + Tab　　D. Ctrl + Shift

4. 在 Windows 文件资源管理器中，配合使用(　　)键可选定一组不连续的文件。

A. Ctrl　　B. Alt
C. Shift　　D. Tab

5. 在 Windows 文件资源管理器操作中，用于选中某个文件夹中全部内容的快捷键是(　　)。

A. Ctrl + A　　B. Alt + A
C. Shift + A　　D. Tab + A

6. 在 Windows 文件资源管理器中，选定文件或文件夹后，将其拖曳到指定位置，可完成对文件或文件夹的(　　)操作。

A. 复制　　B. 移动或复制

C. 移动　　D. 重命名

7. 在 Windows 中，如果要将 AA 文件夹中选定的文件移动到 BB 文件夹中，应该在 AA 文件夹中选定文件后按(　　)键，再到 BB 文件夹中按(　　)键。

A. Ctrl + C，Ctrl + V　　B. Ctrl + C，Ctrl + X

C. Ctrl + X，Ctrl + V　　D. Ctrl + Z，Ctrl + V

8. 文件名中第一个字符为 A、第三个字符为 D、最后一个字符为 E，扩展名为 .docx 的文件表示为(　　)。

A. A?D?E.DOCX　　B. A*D*E.DOCX

C. A?DE.DOCX　　D. A?D*E.DOCX

9. C 盘 AA 文件夹的 BB 文件夹中有一个文件为 abc.txt，该文件的绝对路径是(　　)。

A. C: AA\BB\abc.txt　　B. C\AA\BB\abc.txt

C. C:\AA\BB\abc.txt　　D. C:\AA BB abc.txt

10. 关于 Windows 的库的说法，错误的是(　　)。

A. 系统默认有"文档""音乐""图片"和"视频"四个系统库

B. 用户自己建立的库可以删除，系统库不能删除

C. 文件夹可以包含到某个库中，而普通文件不能

D. 可以把库认为是一个特殊的文件夹

二、简答题

1. 怎么做可以使一台计算机的桌面上不出现任何图标？

2. 如何查看 Windows 附件"记事本"程序的程序名称是什么？

3. 怎么做可以在文件夹中显示出隐藏的文件或文件夹？

4. 在 Windows 10 中如何使用虚拟桌面功能？

5. 使用新买的鼠标，双击应用程序不能打开该程序，而右击程序图标选择"打开"命令却能打开该程序。请问可能是什么原因？应该如何处理？

三、操作题

1. 检查自己所使用的计算机最近运行过哪些程序，编辑过哪些文档，并清除这些痕迹。

2. 如果用户经常使用"画图"程序，怎么做才能更方便地启动该程序？请给出至少两种实现方法。

3. 为 D 盘中的 Winkt 文件夹在桌面上建立一个快捷方式，请使用三种方法实现。

4. 在 Windows 10 的任务栏上调出"与 Cortana 交流"图标 ○，单击该图标与"小娜"交流，说出"两个一百年"，搜索中国共产党"两个一百年"奋斗目标相关信息，观看"小娜"的查询结果。

四、模拟测试典型题

1. 在 Winkt 文件夹下建立 2014QMKSI 文件夹。

2. 在 Winkt 文件夹范围内查找"game.exe"文件，并在 2014QMKSI 文件夹下建立它的快捷方式，名称为"竞赛"。

第 3 章模测典型题

3．在 2014QMKSI 文件夹下建立一个名为“大学英语考试成绩统计表.xlsx”的 Excel 文件。

4. 在 Winkt 文件夹范围内查找以“h”开头且扩展名为“.exe”的文件，去掉其“存档”属性，设置为仅有“只读”“隐藏”属性，但允许索引此文件内容。

5．在 Winkt 文件夹范围内查找所有以“us”开头的文件，将其复制到 2014QMKSI 文件夹下。

第 3 章其他资源　　第 3 章习题答案

第 4 章　Word 2016 的应用

——校园周刊制作

Word 2016 是一款文字处理办公软件，是 Office 2016 办公组件之一。该软件具有文字编辑、表格处理、图文混排等功能，可以对文字进行编辑和排版，可用于制作书籍、杂志和报纸等，是当前应用最广泛的办公软件之一。本章主要内容包括：Word 的基本概念、文档编辑、格式设置、图文混排、表格制作、高级排版等。

教学课件

【项目介绍】

《校园周刊》是学校文化建设的重要传播媒介，在进行学校信息宣传、丰富校园生活中发挥着重要作用。本项目以《校园周刊》几个典型页面的编辑排版作为教学任务，介绍 Word 文档的基本编辑、图文混排及表格处理等技能。图 4-1 展示了本项目所制作页面的总体效果。

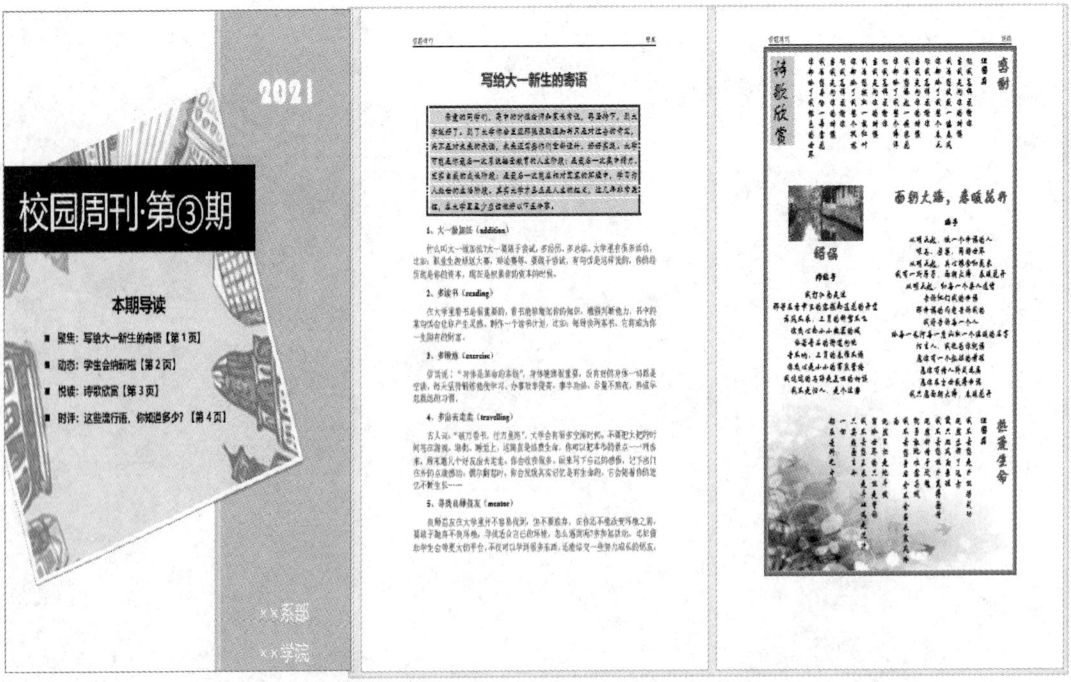

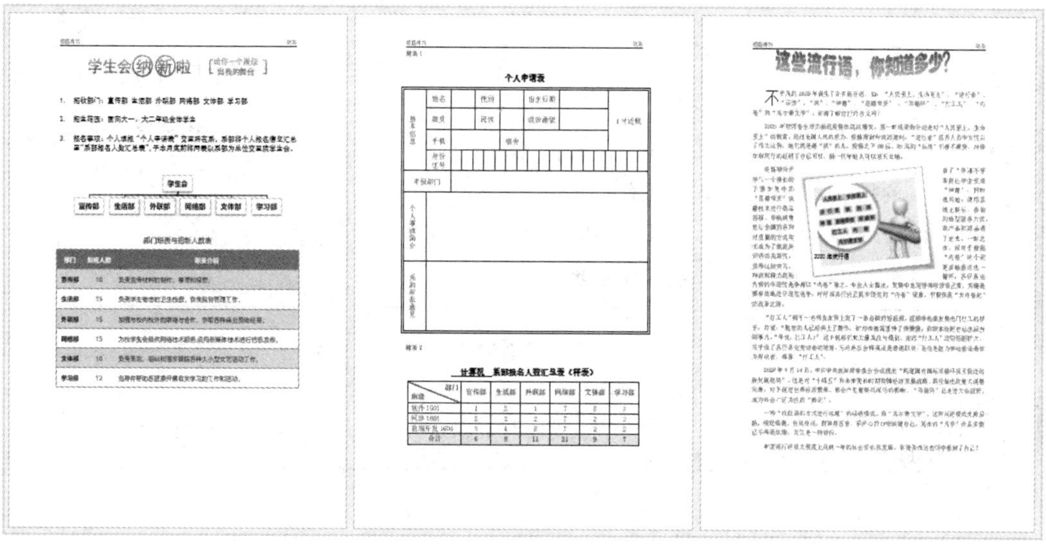

图 4-1　校园周刊效果图

本项目由六个任务组成，各任务的素材文件和效果示例文件都保存在“第 4 章 Word”文件夹中。各任务的主要内容和所涉及的知识点如表 4-1 所示。

表 4-1　各任务的主要内容和知识点

节次	任务名称	主要内容	主要知识点
4.1	“聚焦”页面的基本编辑(素材：聚焦素材.docx)	① 建立 Word 文档； ② 输入文本； ③ 插入其他文件中的文字； ④ 查找与替换； ⑤ 互换段落位置； ⑥ 文档的保护	文档的新建、保存、另存、关闭；文字录入；查找与替换；文档的保护
4.2	“聚焦”页面的排版(素材：聚焦.docx)	① 页面设置； ② 字体设置； ③ 段落设置； ④ 边框与底纹设置	文本或段落的选定、复制、剪切、粘贴；纸张大小、纸张方向和页边距的设置；字体、段落格式的设置；边框和底纹的设置等
4.3	运用表格布局“悦读”页面(素材：悦读素材.txt，配图.jpg，背景图.jpg)	① 建立“悦读.docx”文档，建立表格以布局版面； ② 设置表格行高、列宽和对齐方式； ③ 设置诗歌文本及其单元格格式； ④ 插入图片并设置格式； ⑤ 设置表格边框和底纹	表格的建立；表格的对齐方式；行高/列宽的调整；单元格的合并与拆分；单元格文字方向的设置；单元格内容的对齐方式；边框与底纹的设置
4.4	运用表格制作“动态”页面(素材：动态.docx)	① 设置特殊文本格式； ② 插入并编辑 SmartArt 图形； ③ 文本转换成表格； ④ 套用表格样式； ⑤ 绘制斜线表头； ⑥ 表格中的公式计算	特殊字符格式的设置(带圈字符；双行合一)；项目编号；插入并编辑 SmartArt 图形；文本转表格；套用表格样式；制作斜线表头；表格中的公式计算

续表

节次	任务名称	任务主要内容	主要知识点
4.5	“时评”页面的图文混排 (素材：时评素材.docx，2020.jpg)	① 使用“艺术字”； ② 设置首字下沉； ③ 使用文本框制作图注； ④ 进行图文混排	艺术字的制作；首字下沉；图片的编辑(改变大小、对齐、组合、环绕及位置设置等)；文本框的编辑(改变大小、内部间距、线条与填充色)
4.6	校园周刊的综合排版 (素材：全刊.docx，高楼.jpg)	① 使用“封面向导”制作封面； ② 设置页面分节； ③ 设置页眉、页脚和页码	“封面向导”的使用；项目编号的使用；分节符、分页符、分栏符的设置；页眉、页脚和页码的设置

4.1　任务：“聚焦”页面的基本编辑

4.1.1　任务描述与实施

1. 任务描述

图 4-2 显示的是校园周刊“聚焦”页面上部分的制作效果。本任务要完成该页面 Word 文档的创建以及文字的基本编辑工作，包括文字的输入、基本编辑、查找与替换、文档保护等操作。

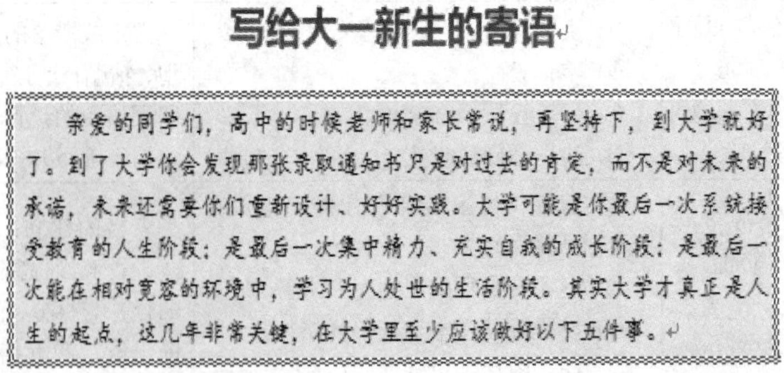
写给大一新生的寄语

亲爱的同学们，高中的时候老师和家长常说，再坚持下，到大学就好了。到了大学你会发现那张录取通知书只是对过去的肯定，而不是对未来的承诺，未来还需要你们重新设计、好好实践。大学可能是你最后一次系统接受教育的人生阶段；是最后一次集中精力、充实自我的成长阶段；是最后一次能在相对宽容的环境中，学习为人处世的生活阶段。其实大学才真正是人生的起点，这几年非常关键，在大学里至少应该做好以下五件事。

图 4-2　“聚焦”页面局部样图

2. 任务实施

【解决思路】

新建名为“聚焦.docx”的 Word 文档；输入样图中的文字；插入“聚焦素材.docx”文档的内容；运用查找与替换功能修改文档内容；在“另存为”对话框中为文档设置打开密码和修改密码。

第 4 章任务一

本任务涉及的主要知识技能点如下：

(1) Word 文档的操作，包括新建、打开、保存或另存、关闭等。

(2) 基本编辑，包括输入文本(包括中文标点符号、特殊符号等)和插入其他文件中的文字。

(3) 查找与替换。

(4) 文档的保护。

【实施步骤】

本任务要求及操作要点如表 4-2 所示。

表 4-2　任务要求及操作要点

任 务 要 求	操 作 要 点
1. 建立文档。新建名为“聚焦.docx”的 Word 文档，按默认文件类型保存到 D 盘上	
(1) 启动 Word 程序，新建 Word 文档	单击桌面上的 Word 快捷方式，或通过“开始”菜单启动 Word 应用程序，然后单击 Word 启动窗口右窗格中的“空白文档”按钮，Word 会新建一个名称为“文档 1”的文档
(2) 以“聚焦.docx”为文件名保存文档	单击“文件”|“保存”或“另存为”命令，设置“保存位置”为“D 盘”，“保存类型”为“Word 文档”，输入文件名“聚焦.docx”。 **注意：**单击快速访问工具栏上的存盘按钮也可以保存文档
2. 输入文本	
参照样图输入文字	在编辑区单击鼠标可定位插入点；按退格键可删除光标左侧的字符，按 Delete 键可删除光标右侧的字符；在中文标点符号状态下，按“\”键可输入中文顿号“、”
3. 插入其他文件中的文字	
将“聚焦素材.docx”文件中的文字插入到本文档末尾	单击“插入”|“文本”|“对象”右侧的倒三角形按钮，选择“文件中的文字”，在“插入文件”对话框中选择素材所在的文件夹，选择文件类型为“所有文件(*.*)”，并从列表中选择“聚焦素材.docx”文件，单击“插入”按钮(也可以通过复制/粘贴方法插入文件内容)
4. 查找与替换	
(1) 将文章中所有的“你们”替换为“你”	单击“开始”|“编辑”|“替换”，在“查找和替换”对话框中，设置“查找内容”为“你们”，“替换为”为“你”，然后单击“全部替换”按钮
(2) 将文章中所有手动换行符“↓”替换为段落标记“↲”	将光标放在“查找内容”框内，单击“更多”|“特殊格式”，选择“手动换行符”；将光标放在“替换为”框内，在“特殊格式”中选择“段落标记”；单击“全部替换”按钮

续表

任务要求	操作要点
5. 互换段落位置	
将文章中“3、寻找良师益友”与“5、多锻炼”两个小标题及下面的内容进行位置互换，并修改编号	① 选定上面的段落，按 Ctrl + X 键剪切，将光标放在下面的段落前，按 Ctrl + V 键粘贴。 ② 选定下面的段落，按 Ctrl + X 键剪切，将光标放在上面原段落的下一段落前，按 Ctrl + V 键粘贴。 ③ 修改相应的编号
6. 文档的保护	
(1) 将文档的打开密码设置为 A17a，修改密码设置为 B17b	单击“文件”|“另存为”|“浏览”命令，单击“工具”|“常规选项”，输入密码并确认密码，之后保存文档、关闭文档
(2) 删除为文档设置的打开密码和修改密码	用正确的密码打开文档，与设置密码的过程类似，按 Delete 键删除密码并确定

【自主训练】

在“聚焦.docx”文档中按下列要求继续进行查找/替换操作，并保存文档。

(1) 将文章小标题中的英文半角“.”替换为中文标点顿号“、”。

(2) 通过替换功能将文章中所有的“空行”删除。

(3) 将文章中的英文半角小括号替换为中文全角小括号。

(4) 将文章中的双引号及其中的字符设置成标准色红色。

(5) 请使用鼠标拖动的方法交换连续两个段落的位置。

提示：

(1) 将光标置于第一个小标题开头，在替换对话框中设置搜索范围“向下”，根据情况单击“替换”或“查找下一处”按钮，逐一确认替换。

(2) 将光标置于“查找内容”框中，单击“更多”|“特殊格式”，选择“段落标记”两次(^p^p)；将光标置于“替换为”框中，选择“特殊格式”中的“段落标记”一次(^p)，执行全部替换。如果连续空行较多，则需多次执行替换。如文章末尾还有多余空行，可手工删除。

(3) 先替换左半括号，再替换右半括号。

(4) 将光标置于“查找内容”框中，然后输入“*”(含双引号)，勾选“使用通配符”；将光标置于“替换为”框中，不输入任何内容，然后单击“更多”|“格式”|“字体”，选择红色，执行全部替换。

(5) 选定下一段落，拖动到上一段首行最左侧。

【问题思考】

(1) 本任务中如果在某次查找/替换操作中涉及格式设置，如查找红色文本，则在下一次进行新的查找/替换时上一次所设置的格式会自动携带下来。如何清除？

(2) 本任务中关于小括号的替换操作能否对整对括号一次性替换？

(3) 在使用“插入”|“文本”|“对象”命令方法插入一个文本文档时应注意什么？

4.1.2　相关知识与技能

4.1.2.1　Word 2016 的启动与退出

1．常用启动方法

单击任务栏上的搜索按钮，在搜索框内输入“WORD”，单击“Word 应用”。

双击桌面上的 Word 2016 快捷方式图标，或者找到并双击一个已存在的 Word 文档。

2．常用退出方法

单击 Word 窗口右上角的“关闭”按钮，或者按 Alt + F4 组合键退出 Word 程序。

4.1.2.2　Word 2016 的界面组成

启动 Word 2016 以后，打开的窗口便是 Word 2016 的工作界面，该界面由快速访问工具栏、标题栏、功能区、编辑区、状态栏等部分组成，如图 4-3 所示。

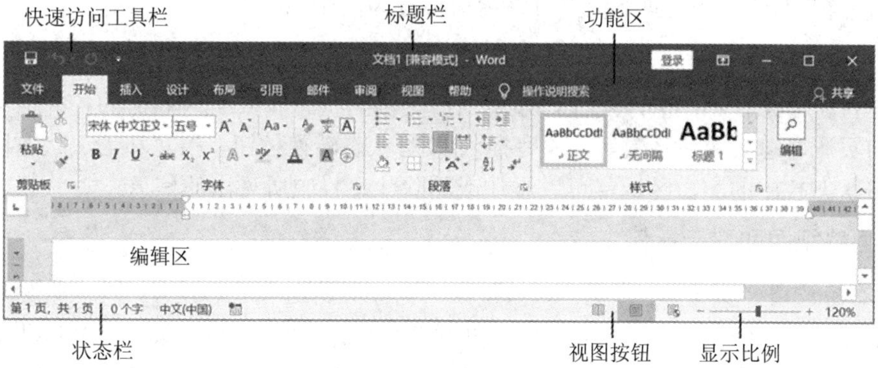

图 4-3　Word 2016 的工作界面

1．快速访问工具栏

快速访问工具栏位于工作界面左上角，用于显示“保存”“撤消”“恢复”等工具按钮，用户可以将一些常用的按钮添加到快速访问工具栏中。单击快速访问工具栏右侧的小箭头，在打开的下拉菜单中选择相应的命令，即可将命令按钮添加到快速访问工具栏中。如果要添加其他命令按钮，则选择菜单中的“其他命令”选项。

2．标题栏

标题栏位于工作界面的最顶端，用于显示文档名称、文档格式及软件名称。

3．功能区

功能区位于标题栏下方，默认由“文件”“开始”“插入”等多个选项卡组成。每个选项卡下面划分为多个“组”，每个组中有若干个命令按钮。有的组右下角有一个小按钮，称为对话框启动器按钮，单击它可以打开对话框或窗格。功能区中的各个组会自动适应窗口的大小，并会根据当前操作对象的不同自动出现相应的功能按钮。

在编辑文档的过程中，为了扩大文档编辑区的范围，可以单击功能区右上侧的 ⌃ 符号来最小化/还原功能区。

小贴士

Word 2016 允许用户自定义功能区，既可以创建新的选项卡，也可以在选项卡中创建新组，还可以控制既有选项卡的显示与否。单击“文件”|“选项”命令，打开“Word 选项”对话框，选择“自定义功能区”选项，可以自定义功能区。

4. 编辑区

编辑区位于 Word 工作界面的正中央，是输入文本、编辑文本和文档排版的工作区域。当文档内容超出窗口范围时，通过拖动滚动条上的滚动块，可以使文档窗口上、下或左、右滚动，以显示被挡住的文档内容。

另外，在垂直滚动条的上方单击“标尺”按钮，可以显示或隐藏标尺。当显示标尺时，可以利用它调整页边距、文本的段落缩进，改变表格的宽度等。Word 有水平和垂直两种标尺，水平标尺中包括左缩进、右缩进、首行缩进、制表符等标记。在“标尺”按钮上方有个拆分窗口按钮，向下拖曳可将窗口拆分为两个。

5. 状态栏

状态栏位于工作界面的最下方，显示当前文档的状态参数和 Word 的各种信息，如文档的当前页码、总页数、字数等，还有插入/改写状态转换按钮、拼写和语法状态检查按钮等。右击状态栏中的空白区域，可以添加或删除状态栏中所列出的信息。

6. 文档视图和显示比例

1) 文档视图

Word 提供了“页面视图”“阅读版式视图”“大纲视图”“Web 版式视图”和“草稿”五种视图，单击状态栏中的视图按钮，或单击“视图”选项卡中的按钮可切换视图。

(1) 页面视图：默认的视图模式，是最接近打印效果的视图，具有“所见即所得”的效果，可以看到文档的外观，以及图形、文字、页眉、页脚等在页面的位置，常用于修改文本、段落、版面或者文档的外观。

(2) 阅读版式视图：适合用户查阅文档，用模拟书本阅读的方式让人感觉在阅读书本。

(3) 大纲视图：可以清晰地显示文档的多级标题，层次分明，特别适合多层次文档的阅读，多用于显示、修改或创建文档的大纲，不显示页面边界、页眉页脚和图片等元素。

(4) Web 版式视图：以网页的形式显示文档的内容。

(5) 草稿视图：只显示文本，不显示页面边界、页眉页脚和图片等元素，用于快速显示文本信息。

2) 显示比例

可以根据需要调整 Word 文档的显示比例，主要有以下几种方式：

(1) 状态栏最右侧是文档显示比例调节工具，单击“+”号或“-”号可以放大或缩小显示比例，拖动滑块也可以调整比例。

(2) 单击“-”号左边的“%”按钮，或单击“视图”选项卡中的“显示比例”按钮，均可弹出“显示比例”对话框，从中选择显示比例。

(3) 按住 Ctrl 键，然后滚动鼠标滑轮，也可以调整显示比例。

【课堂练习 4.1】

在快速访问工具栏上增加一个“绘制表格”按钮。

4.1.2.3　Word 文档的基本操作

1. 文档的操作

文档的基本操作包括文档的创建、打开、保存与关闭等。

1) 创建文档

启动 Word 程序，单击 Word 启动窗口右窗格中的“空白文档”按钮，Word 会创建一个名称为“文档 1”的空白文档，再次启动 Word 创建空白文档，则会以“文档 2”为文档命名，以此类推。

如果在 Word 启动后创建文档，可单击“文件”|“新建”命令，再单击“空白文档”按钮，也可以按 Ctrl + N 组合键创建文档。

Word 为用户提供了许多模板，如传真、信函、博客文章、书法字帖等，可以帮助用户快速创建含有格式的文档，在“文件”|“新建”窗格中的右下方选择模板，然后单击“创建”按钮即可基于模板创建文档。

2) 保存文档

编辑文档过程中一定要注意保存文档，因为所编辑的文档临时保存在计算机内存中，一旦断电或非法操作就会前功尽弃。保存文档就是把内存中的文档写入磁盘中。

(1) 手动保存文档。

保存时需要为文档命名，应遵循文件命名的“三要素”，即文件的保存位置、文件名称(主文件名)、文件类型(扩展名)。

单击快速访问工具栏中的  按钮，或单击“文件”|“保存”命令，或按 Ctrl + S 组合键都可保存文档。如果是首次保存文档，系统会弹出“另存为”对话框，要求在“保存位置”框中指定保存位置，在“文件名”框中输入文件名称，在“保存类型”下拉列表框中选择文件类型，默认为“Word 文档”(扩展名为 .docx)，最后单击“保存”按钮。

(2) 自动保存文档。

Word 提供了自动保存功能，可以设置定时保存，以保障文档安全。操作步骤如下：

单击“文件”|“选项”命令，在“Word 选项”对话框中单击“保存”选项，选中“保存自动恢复信息时间间隔”复选框，然后在“分钟”框中输入要自动保存文件的时间间隔。

勾选“保存自动恢复信息时间间隔”复选框，并设置自动保存文档的时间间隔。

勾选“如果我没保存就关闭，请保留上次自动保留的版本”复选框，表示如果非法退出 Word，则重新打开 Word 时将恢复到上次自动保存的位置，单击“确定”按钮即可。

3) 打开文档

打开文档就是将文档从外存(如磁盘)读到内存的过程。单击“文件”|“打开”命令(或者按 Ctrl + O 键)，在弹出的“打开”界面中单击“浏览”按钮，选择文档的保存位置、文件类型和文件名，单击“打开”按钮即可。通过双击 Word 文档也可以打开文档。

单击“最近”按钮可以快速打开最近使用过的文档。

注意：

(1) 默认的文件类型为“所有 Word 文档”，如果需要选择其他的文件类型，则需单击“所有 Word 文档”按钮，出现文件类型列表，从中进行选择。

(2) 如果在“打开”窗格中单击“浏览”选项，再在“打开”对话框中单击 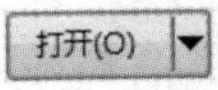

按钮右侧的倒三角形按钮，这时将打开一个下拉列表，在这里会提供几种打开 Word 文档的方式。如果要以某种方式打开，直接选择相应的选项即可，如图 4-4 所示。

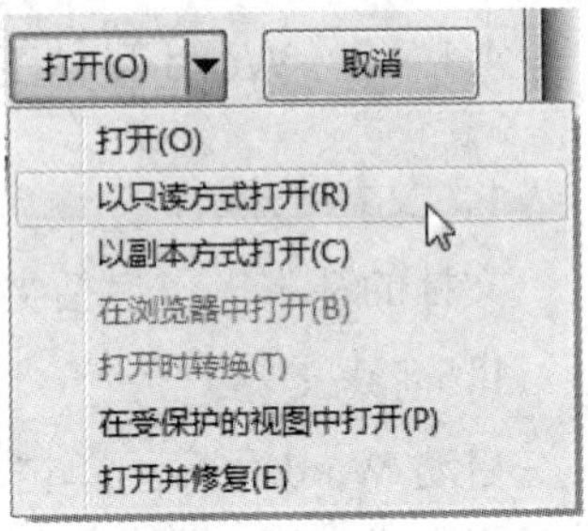

图 4-4　打开文档的几种方式

如果选择“以只读方式打开”选项，将打开的文档不允许用户修改，即使修改也不能保存。

如果选择“以副本方式打开”选项，将创建当前文档的副本并打开副本。

4) 关闭文档

单击“文件”|“关闭”命令可关闭当前文档。关闭文档时，如果文档内容还未保存，Word 将出现一个提示信息框，询问是否保存。

单击 Word 窗口右上角的“关闭”按钮可退出 Word。

5) 预览和打印文档

在打印文档前应进行打印预览，通过打印预览，可以观察到排版的不足，以便及时修改，从而得到满意的效果。

单击“文件”|“打印”命令，在窗口右侧可以预览文档的打印效果。拖动右侧的滚动条或者使用 PageUp/PageDown 键，可以翻页预览。拖动右下方的显示比例滑块，可以控制视图的大小。

窗口的中间部分用于设置打印参数。单击“打印机”下拉按钮选择打印机，根据需要修改“份数”，在“页数”框内可指定要打印的页码，单击“打印”按钮即可开始打印。

在“设置”区域，单击“打印所有页”按钮，在打开的下拉列表中可以设置要打印页面的范围，例如，“打印所有页”“打印所选内容”“打印当前页面”等。

2. 文档的录入

1) 输入文字

在编辑区单击鼠标，可以看到不断闪烁的竖线光标，这就是插入点，它表示进行编辑的位置。在文档中输入文字时，文字会显示在光标所在的位置上。

在输入过程中，当输入内容达到行尾时，Word 将自动换行，当输入完一段文字时，按回车键结束，此时段落结束处会出现一个“↲”符号，称为段落标记符。

每个自然段的第一行一般都需要向右缩进两个汉字，在录入过程中不必手工输入这两个空格，以后可以通过段落格式设置“首行缩进”来自动完成。

对于输错的文字，可以删除或修改。按 Delete (删除)键可删除光标右边的文本，按 Backspace(退格)键可删除光标左边的文本。如果要删除较多的文本，应先选定文本，然后按 Delete 键。

2) 输入标点和特殊符号

输入中文标点时，应切换到中文输入法状态，单击输入法指示器中的中/英文标点切换按钮，使之变为  时输入“\”或“/”键会出现顿号“、”，输入圆点键会出现句号“。”等。需要注意的是，不同输入法所使用的符号键不尽相同。

单击“插入”|“符号”|“符号”|“其他符号”命令，选择所需的符号，双击符号或单击“插入”按钮即可输入相应符号。

切换到汉字输入状态，单击或右击输入法指示器中软键盘按钮 ，也可以输入各种符号。

> 小贴士
>
> 使用“插入” | “符号”方法时，为了快速找到所需要的符号，有时需要先选择字体，再选择子集。如回车符“↲”，要使用字体“Arial Unicode MS”的“箭头”子集。

3) “插入”/“改写”状态

默认情况下，当在插入点输入文本时，原位置上的文本会向右移动，这种状态称为“插入”状态，单击状态栏上的“插入”按钮，或按键盘上的插入键(Insert 或 Ins)，状态栏上的“插入”会变为“改写”，改写状态下新输入的内容将覆盖光标后面的内容。

3. 光标定位

用鼠标在编辑区单击，可以实现插入点光标的定位。使用滚动条或鼠标滚轮滚动窗口内容并不会改变插入点位置。滚动窗口内容后，单击鼠标才能定位插入点。

可使用键盘移动插入点：上、下、左、右方向键可以按方向移动光标，Home 键使光标到行首，End 键使光标到行尾，PageUp 和 PageDown 键用于上、下翻屏，Ctrl + Home 键将光标移到文档开头，Ctrl + End 键将光标移到文档尾部。

按 Ctrl + G 组合键(或 F5 键)会打开光标定位框，输入页号后按回车键，即可定位到指定页。刚刚打开 Word 文档时，按 Shift + F5 键可以将插入点移到上次退出 Word 时最后一次的编辑位置。

在 Word 2016 中，当刚刚打开一个文档时，会在编辑区右下方弹出一个 “欢迎回来！从离开的位置继续：”的提示窗口，同时还显示上次的编辑时间(如“星期五”“昨天”等)，单击提示窗口中的超链接，即可将光标定位到上一次结束编辑时的位置。

4.1.2.4　Word 文档的保护

Word 通过设置文档的安全性来实现对文档的保护。当为文档设置了“打开权限密码”时，需要用户正确输入密码才能打开文档。

如果只允许别人查看文档内容，但禁止修改，可以为文档设置“修改权限密码”。用户可以在没有密码的情况下以“只读”方式查看文档内容，但无法修改文档。保护文档的操作方法如下：

打开文档，单击“文件”|“另存为”|“浏览”命令，在“另存为”对话框中，执行“工具”|“常规选项”命令，在相应位置输入密码即可，单击“确定”按钮后，系统会出现“确认密码”对话框，要求用户再次输入所设置的密码，两次输入的密码相同才会生效。

如果要取消设置的密码，与设置密码的操作相似，只需要按 Delete 键删除密码框中的密码字符(一般显示为星号)并保存文件即可。

4.1.2.5　Word 文档的基本编辑

1．文本的选定

在对文本进行操作时，通常要先选定文本。常用选定方法如下：

(1) 鼠标拖动法：将光标放在要选定的文本块的开始处，按住鼠标左键拖动到文本块末尾即可。

(2) 双击可选定光标所在的一个词，三击可选择光标所在的一个段落。

(3) 在选定区选定：将鼠标移到该行左侧的空白区，当鼠标指针变成↗形状时，单击选一行，双击选一段，三击(或按 Ctrl 键单击，或按 Ctrl + A 键)选中整个文档。

(4) 选定连续文本或段落：先选定文本的起始部分，按住 Shift 键，再单击文本的末尾处。

(5) 选定不连续的文本或段落：按住 Ctrl 键，再选定多个区域。

(6) 选定一个矩形块文本：按住 Alt 键拖动鼠标。

2．文本的复制与移动

复制/移动文本块或段落，与在 Windows 中复制/移动文件(或文件夹)的操作方法相同，可以使用右键快捷菜单完成，也可以使用快捷键 Ctrl + C(复制)、Ctrl + X(剪切)、Ctrl + V(粘贴)。一次复制或剪切，可以多次粘贴。

也可以先选中内容，然后将鼠标指针放置于选中区域，拖动区域到指定位置完成移动，如按住 Ctrl 键拖动，即为复制。

有时需要在 Word 和 Excel 文档之间复制数据，直接复制/粘贴后可能达不到预期效果，此时，应先复制内容，然后单击“开始”|“剪贴板”|“粘贴”工具按钮下方箭头，弹出“粘贴选项”框，粘贴选项中的图标及对应功能如图 4-5 所示。

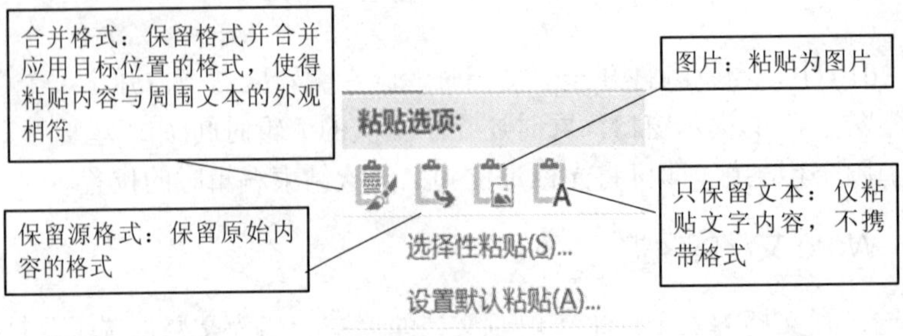

图 4-5　粘贴选项

3．撤消与恢复

(1) 撤消：指撤消最近进行的操作，单击快速访问工具栏上的按钮即可(或按 Ctrl + Z 键)。如要撤消多项操作，应单击“撤消”按钮旁的下拉箭头，从列表中选择要撤消的操作，然后单击。

(2) 恢复：指还原用“撤消”命令撤消的动作，单击快速访问工具栏上的恢复按钮即可，也可按 Ctrl + Y 键或 F4 键进行恢复操作。

(3) 重复：在恢复所有已撤消的操作时，“恢复”命令将变为“重复”，其按钮为，单击它可重复最近的一次操作。例如，要将多处文本的颜色都设置为红色，可以先将一处的文本设置为红色，然后选定其他需要设置颜色的文本，按 F4 键或 Ctrl + Y 键。

4．查找与替换

1) 查找

在编辑文档时，经常需要从文档中查找某些文本，利用 Word 的查找功能可以快速、准确地达到目的。

查找与替换

单击“开始”|“编辑”|“查找”命令，或使用快捷键 Ctrl + F，在出现的导航窗格对话框中输入要查找的关键字，系统将查找文本显示匹配项个数，并将找到的文本以高亮显示。单击导航窗格对话框中的“下一处”和“上一处”按钮，可以向下或向上定位插入点。

在进行查找前，应将光标定位到要开始查找的起始位置。如果要在某个段落或区域中查找，则在打开导航窗格后选定目标区域，然后输入要查找的内容。

在查找前如果选定了要查找的内容，则打开导航窗格后，可省略输入要查找的内容。

2) 替换

在编辑文档时，如果需要将文档中的某些文本替换成另外的文本，例如，要将文档中全部的“低炭”替换为“低碳”，则可利用 Word 的替换功能。

单击“开始”|“编辑”|“替换”命令，或使用快捷键 Ctrl + H，弹出“查找和替换”对话框，如图 4-6 所示，在对话框中输入查找内容和替换内容，根据需要单击相应按钮实现替换工作。

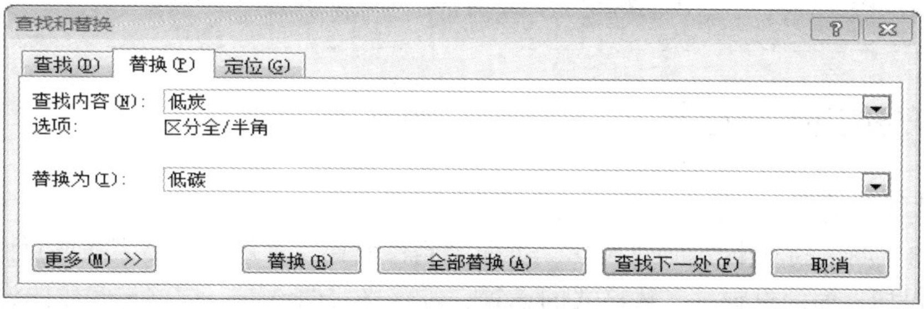

图 4-6 “查找和替换”对话框

(1) 单击“替换”，会将当前找到的一处内容进行替换，然后继续查找下一处；单击“全部替换”，则全部替换文档中的相应内容；单击“查找下一处”，则不会替换当前内容，而是从当前插入点向下(或向上)查找下一处内容。交替单击“替换”和“查找下一处”按钮，可以实现一处一处的查找，并灵活决定每一处是否替换。

(2) 单击“更多”按钮，会出现搜索选项栏，如图 4-7 所示，可以设置更多搜索与替换选项。

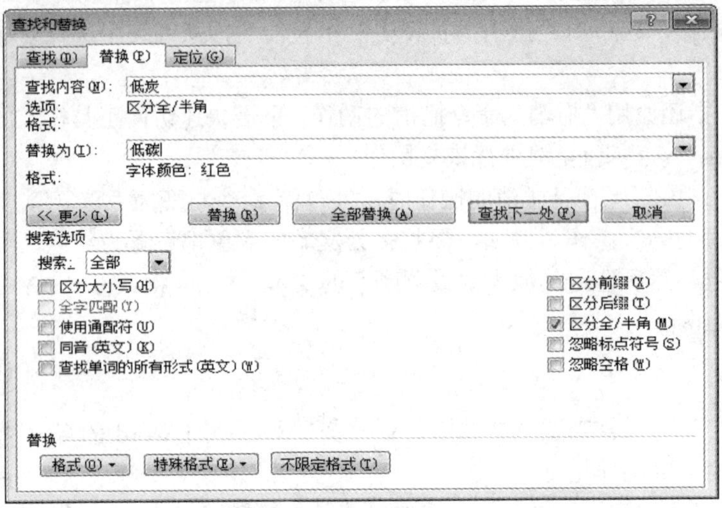

图 4-7 查找和替换的“更多”选项对话框

“搜索”范围有“向下”“向上”“全部”三种。

勾选“使用通配符”选项，则可以在查找或替换文本中使用“？”和“*”通配符。

“格式”下拉选项中，包括“字体”“段落”“样式”等，可以查找有格式设置的文本，或将文本替换成带格式的文本(如将“低炭”替换为红色的“低碳”等)。

“特殊格式”下拉选项，用于查找文档中的特殊字符，例如“段落标记”“手动换行符”等。

在进行带格式替换时，一定要注意是将格式设置在“查找内容”部分还是“替换为”部分。例如，要将“低炭”替换为红色的“低碳”，“字体颜色：红色”字样要出现在“替换为”部分的“低碳”下方。如果误将格式设置在“查找内容”部分，应单击对话框下方的“不限定格式”按钮去掉“查找内容”的格式设置。

4.2 任务：“聚焦”页面的排版

4.2.1 任务描述与实施

1．任务描述

图 4-8 显示的是校园周刊“聚焦”页面的制作效果。本任务主要完成该页面文字的排版工作，包括页面的设置、字体格式的设置、段落格式的设置、边框与底纹的设置等。

2．任务实施

【解决思路】

打开上一任务建立的“聚焦.docx”文档，参照样图，按要求设置页面属性、字体格式和段落格式。

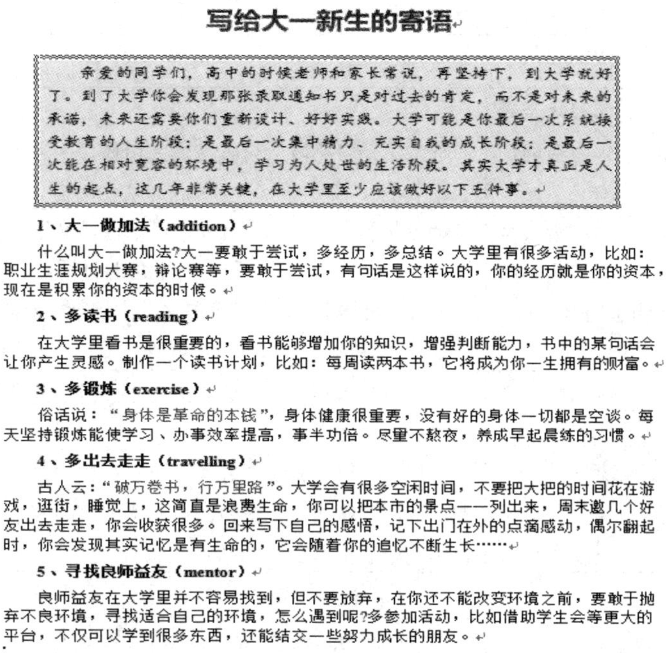

写给大一新生的寄语

亲爱的同学们，高中的时候老师和家长常说，再坚持下，到大学就好了。到了大学你会发现那张录取通知书只是对过去的肯定，而不是对未来的承诺，未来还需要你们重新设计、好好实践。大学可能是你最后一次系统接受教育的人生阶段；是最后一次集中精力、充实自我的成长阶段；是最后一次能在相对宽容的环境中，学习为人处世的生活阶段。其实大学才真正是人生的起点，这几年非常关键，在大学里至少应该做好以下五件事。

1、大一做加法（addition）

什么叫大一做加法?大一要敢于尝试，多经历，多总结。大学里有很多活动，比如：职业生涯规划大赛，辩论赛等，要敢于尝试，有句话是这样说的，你的经历就是你的资本，现在是积累你的资本的时候。

2、多读书（reading）

在大学里看书是很重要的，看书能够增加你的知识，增强判断能力，书中的某句话会让你产生灵感。制作一个读书计划，比如：每周读两本书，它将成为你一生拥有的财富。

3、多锻炼（exercise）

俗话说："身体是革命的本钱"，身体健康很重要，没有好的身体一切都是空谈。每天坚持锻炼能使学习、办事效率提高，事半功倍。尽量不熬夜，养成早起晨练的习惯。

4、多出去走走（travelling）

古人云："破万卷书，行万里路"。大学会有很多空闲时间，不要把大把的时间花在游戏，逛街，睡觉上，这简直是浪费生命，你可以把本市的景点一一列出来，周末邀几个好友出去走走，你会收获很多。回来写下自己的感悟，记下出门在外的点滴感动，偶尔翻起时，你会发现其实记忆是有生命的，它会随着你的追忆不断生长……

5、寻找良师益友（mentor）

良师益友在大学里并不容易找到，但不要放弃，在你还不能改变环境之前，要敢于抛弃不良环境，寻找适合自己的环境，怎么遇到呢?多参加活动，比如借助学生会等更大的平台，不仅可以学到很多东西，还能结交一些努力成长的朋友。

图 4-8 "聚焦"页面样图

本任务涉及的主要知识技能点如下：

(1) 页面的设置：设置纸张大小、纸张方向和页边距。

(2) 字体的设置：设置字体、字号、加粗、倾斜、渐变填充等。

(3) 段落的设置：设置项目符号、对齐方式、行间距、首行缩进、边框和底纹等。

(4) 利用格式刷复制格式。

第 4 章任务二

【实施步骤】

本任务要求及操作要点如表 4-3 所示。

表 4-3 任务要求及操作要点

任 务 要 求	操 作 要 点
1. 页面设置	
设置纸张为 A4，页边距上、下均为 2 厘米，左、右均为 3.17 厘米，页眉、页脚距边界距离均为 1.5 厘米	单击"布局"|"页面设置"组右下角的对话框启动器按钮，打开"页面设置"对话框，分别在"页边距""纸张""布局"选项卡中设置
2. 字体设置	
(1) 标题行"写给大一新生的寄语"字符格式： 字体为微软雅黑，字号 20 磅，加粗； 字体颜色采用渐变填充中的一种预设渐变样式	① 选定标题行文字，在"开始" | "字体"组中设置字体、字号和加粗字形。 ② 选定标题行，单击字体组"字体颜色"右侧的倒三角形按钮，在下拉列表中选择"渐变" | "其他渐变"，在窗格中单击"文本填充"|"渐变填充"，选择一种预设渐变样式，并选择一种"类型"和"方向"

续表

任务要求	操作要点
(2) 设置正文第一自然段(“亲爱的同学们……”)的字体为楷体，字号为小四	选定第一自然段，设置字体为楷体，字号为小四
(3) 设置其余段落(“1、大一做加法…朋友。”)的中文文字为小四号宋体、西字文字为小四号 Times New Roman 字体	选定从第一个小标题开始的其余段落文字内容，单击“开始”选项卡，再单击“字体”组右下角的对话框启动器按钮，打开“字体”对话框，在“中文字体”中选择“宋体”，在“西文字体”中选择“Times New Roman”，在“字号”中选择“小四”
(4) 对五个小标题设置“加粗”字形	选定第一个小标题，然后配合 Ctrl 键选定其他四个小标题，单击“加粗”按钮 B。 **注意**：也可以先设置好第一个小标题的格式，然后选中该小标题，双击“格式刷”按钮，拖动格式刷为其余小标题设置格式，设置完毕后再单击格式刷
3. 段落设置	
(1) 标题行：单倍行距，居中对齐，段前、段后均设置为“0 行”，特殊格式为“无”	选定标题行或光标置于标题所在段落中，单击“开始”|“段落”组的对话框启动器按钮，在“段落”对话框中设置“对齐方式”“间距”“特殊格式”
(2) 标题行外的其余段落：行距 1.2 倍，首行缩进 2 字符，段前 0.5 行	选定除标题外的段落，在“段落”对话框中设置格式。行距选择“多倍行距”，输入“1.2”；特殊格式选择“首行缩进”，磅值输入“2 字符”；段前间距设置为“0.5 行”
(3) 第一自然段：左缩进、右缩进均为 3 字符	将光标置于第一自然段中，在“段落”对话框中设置“缩进”参数
4. 边框与底纹设置	
将第一自然段(“亲爱的同学们……”)的边框样式设置为深红色双波浪线，底纹填充效果设置为“橙色，个性色 2，淡色 80%”	将光标置于第一自然段中，单击“开始”|“段落”|“边框和底纹”右侧的倒三角形按钮，单击“边框和底纹”，在对话框中单击“边框”选项卡，单击“方框”，选择样式和颜色，“应用于”选择“段落”；单击“底纹”选项卡，选择“填充”效果

【自主训练】

在“聚焦.docx”文档中按下列要求进行操作，不保存文档。

(1) 将标题段文字的字符间距加宽 2 磅，并添加黄色底纹。

(2) 将各小标题段落文字添加蓝色双波浪线。

提示：

(1) 选定文字，在“字体”对话框中选择“高级”|“间距”，选择“加宽”，输入磅值；在“段落”组中单击“底纹”按钮右侧的倒三角形按钮，选择颜色。

(2) 选定文字，在“字体”对话框中选择“下划线线型”和“下划线颜色”。

【问题思考】

(1) 什么情况下需要对同一段文字既设置中文字体又设置西文字体？

(2) 如果需要将某个 Word 文档中的第 1、3、5 自然段均设置为 20 磅行间距，你能有几种做法？在这项操作中能利用 F4 快捷键吗？

4.2.2　相关知识与技能

4.2.2.1　设置页面版式

在建立新文档时，Word 已经自动设置了默认的纸张大小、纸张方向和页边距等页面属性。用户可以根据需要重新设置这些内容。在打印输出之前要设置好页面版式，因为这直接影响版面的美观与输出要求。

1. 设置纸张大小

纸张的大小和方向不仅对打印输出的最终结果产生影响，而且对当前文档的工作区大小和工作窗口的显示方式都产生直接的影响。

默认情况下，Word 自动使用 A4 幅面的纸张来显示新的空白文档，纸张大小为 21 厘米 × 29.7 厘米，方向为纵向。设置纸张大小的操作步骤如下：

在“布局”选项卡的“页面设置”组中单击“纸张大小”按钮，在打开的下拉列表中可以直接选择标准的纸张大小，如 A3、A4、B4 等，也可以单击“其他页面大小”选择更多的纸张大小。

2. 设置页边距

在 Word 中，页边距指文档边缘与页面边线的空白距离。在文档的每一页中都有上、下、左、右四个页边距。设置页边距的操作步骤如下：

单击“布局”|“页面设置”|“页边距”按钮，在打开的下拉列表中选择预置的页边距。如果要自定义页边距，则在下拉列表中选择“自定义边距”选项，在打开的“页面设置”对话框的“页边距”选项卡中进行设置。

3. 设置纸张方向

“纸张方向”一般分为横向和纵向两种，一般要求是纵向的，有时需要横向纸张。设置纸张方向的操作步骤如下：

单击“布局”|“页面设置”|“纸张方向”按钮，在打开的下拉列表中可以选择纵向或横向。

也可以单击“布局”选项卡的“页面设置”组右下角的对话框启动器按钮，在“页面设置”对话框中通过“页边距”“纸张”“布局”选项卡设置页面版式。

4.2.2.2　设置字体格式

字体设置

字体格式是指字符所包含的属性，如字体、字号、字形、字体颜色、下划线等。

设置字体格式时，首先要选定需要设置格式的文字内容，然后通过以下方法设置：

(1) 单击“开始”选项卡，再单击如图 4-9 所示的“字体”组中相应的按钮设置格式。

(2) 单击所选文字右上方出现的浮动工具栏中的相应按钮设置格式。

(3) 右击所选文字，在快捷菜单中选择“字体”命令，或者单击“字体”组右下角的对话框启动器按钮 ，在“字体”对话框中可以设置更多格式。

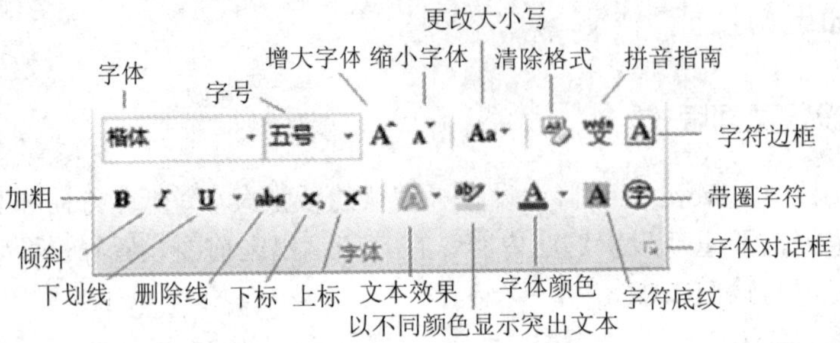

图 4-9　“字体”组命令按钮

1．设置字体、字号、字体颜色

1) 字体

文档的外观很大程度上是由其字体决定的。字体是指文本的形体，是指文字的风格(即单个字符的外观)。Windows 系统提供了多种字体，如宋体、黑体等，如果用户要使用更多的字体，则需要另行安装。

字体分中文字体和西文字体两类。中文字体(如黑体)对汉字起作用，西文字体(如 Times New Roman)对西文字体起作用。同一段文字既有中文又有西文，应分别设置中、西文字体。

在设置字体时(尤其是设置西文字体)，可以直接在字体框中输入所需要的字体名称或其前几个字母，如 Arial 等。

2) 字号

字体的大小即字号。字号有两种表示方法：一种是中文表示，如三号字、四号字等，字号越大，对应的文本越小；另一种是数字表示(即磅值)，如 9、10 等，数值越大，对应的文本越大。

一般来说，一篇文章的标题和正文应设置不同的字号。标题应醒目，通常要大一些，多级标题时，各级标题的字号也应该有所区别。

在设置字号时，可以直接在字号框中输入所需要的数字，如 19 等。

3) 字体颜色

为文档中的特殊内容设置不同的颜色，不但可以使文档给人以赏心悦目的感觉，也能够突出重点。单击 A · 按钮右侧的倒三角形按钮，可以进行文本颜色的设置。

2．其他设置选项

可以为文本设置字形(加粗、倾斜等)、下划线、着重号等修饰，还可以设置特殊的字体效果，如上标、下标、删除线等，也可以隐藏某些文字，使其不被显示或打印。

3．字符间距和位置

字符间距是指相邻两个字之间的距离。一般来说，标题的字比较少，有时需要将标题的字符间距加大，使它们分散开。调整字符间距需要单击“开始”选项卡“字体”组右下角的对话框启动器，在“字体”对话框的“高级”选项卡中设置，如在“字符间距”选项组的“间距”下拉列表框中选择“加宽”选项，在对应的“磅值”数值框中输入“10 磅”等。当然，也可以选择“紧缩”间距以使字符间距紧凑，还可以选择“缩放”比例控制字符间距。

在“位置”列表框中，可以选择“标准”“提升”“降低”三种位置，以调整字符的位置高低。

4. 边框、底纹和文字效果

可以为选定的文字设置字符边框、字符底纹。还可以在“字体”对话框中的“高级”标签中单击“文字效果”按钮，为文字设置更复杂的修饰效果。

小贴士

Word 中汉字字体大小的计量主要采用号数制和点数制(也称为磅数制)，1 磅=0.3527 毫米≈0.35 毫米，一号字＝28 磅＝28×0.35 毫米≈9.8 毫米≈1 厘米。目前排版中，点数制与号数制并存使用，互为补充。当用“磅”作度量单位时，“磅”值越大文字越大。Word 中默认设置中最大的磅值为 72 磅，最小的为 5 磅，如果手工直接输入数值，磅值的数字范围为 1～1638。

4.2.2.3　设置段落格式

段落是指以回车符为标志的一段文字。段落格式包括段落的对齐方式、段落缩进、行间距和段落间距等。

设置段落格式的一般方法是选定段落，然后右击并在快捷菜单中选择“段落”命令，或者单击“段落”组右下角的对话框启动器按钮，在“段落”对话框中设置段落格式。有些段落格式可以通过单击如图 4-10 所示的“段落”组中的相应按钮进行设置。

段落设置

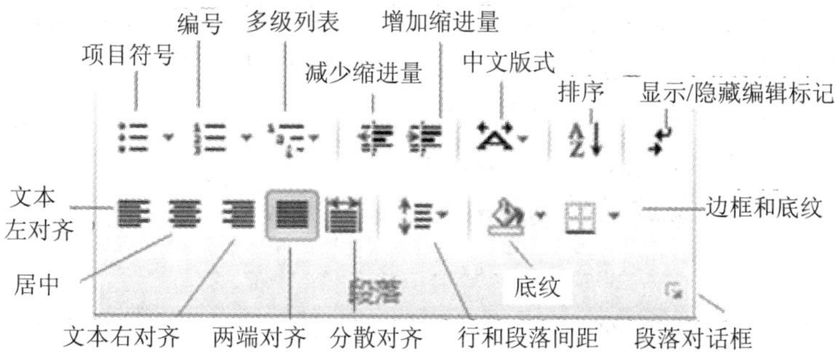

图 4-10　“段落”组命令按钮

1. 段落对齐方式

段落对齐方式是指页面中的段落在水平方向上的对齐方式，包括左对齐、右对齐、居中、两端对齐和分散对齐等方式。

2. 段落缩进

段落缩进是指段落相对于左、右页边界的距离。缩进格式有以下四种。

(1) 左缩进：指段落的左边距离页面左边的距离。

(2) 右缩进：指段落的右边距离页面右边的距离。

(3) 首行缩进：指每一段的第一行的左缩进，也就是我们常说的“第一行空几格”，中文习惯首行缩进两个汉字。

(4) 悬挂缩进：指每一段除第一行外的其他各行的左缩进距离。

用鼠标直接拖动标尺上的段落缩进标记也可以大致设置段落缩进格式。

3. 行间距与段间距

行间距即行距，指的是段落中相邻两行之间的距离。行距有“单倍行距”“1.5 倍行距”“最小值”“固定值”和“多倍行距”等，各选项含义如下：

(1) “单倍行距”：指该行最大字体的高度加上一小段额外间距。

(2) “1.5 倍行距”：指单倍间距的 1.5 倍。

(3) “最小值”：指行间距的最小数值。如果行距值较小而行内含有大的字符，Word 会自动地增加行距以保证字符的完整显示。

(4) “固定值”：指固定的行距值，以点为单位。如果行距值较小而行内含有大的字符，会出现字符不能完整显示的情况。

(5) “多倍行距”：指任意的行距倍数。如要求 1.2 倍行距，则应选择“多倍行距”，然后在“设置值”中输入“1.2”。

段间距是指相邻两段之间的距离。段间距有“段前”间距和“段后”间距两种。

4. 段落边框和底纹

为了使文档美观，或是突出显示某些内容，常常为这些内容加上边框或底纹。最简单的方法是使用工具栏中的相应按钮为选中的内容设置边框或底纹。也可以单击“边框和底纹”按钮 右侧的倒三角形按钮，再选择“边框和底纹”命令，在“边框和底纹”对话框中进行设置。要根据需要在“应用于”下拉列表框中选择将格式应用于“文字”或“段落”。

“字体”组中的字符边框 A 和字符底纹 A 命令只能设置简单的效果，而“段落”组中的“边框和底纹”功能则更加丰富。另外，为段落添加底纹后，行与行之间没有间隙。

说明：“字体”组的操作对象是一个或多个文字，设置前应选中文字；“段落”组的对象是以“段落标记”标识的一个或多个段落，段落的格式存储在“段落标记”中。如果为一个段落设置格式，只需将光标放置在段落中即可，无需选定该段所有内容。

小贴士

将一个文档在另一台计算机中打开时有时字体会变样，原因是计算机中没有安装相应字体库。方法一：通过上网下载相应字体文件(扩展名为.ttf)，然后安装字体，或将字体文件复制到字体库文件夹(C:\Windows\Fonts)再打开文档。方法二：单击“文件”|“选项”|“保存”命令，选中“将字体嵌入文件”选项，然后保存文件，这样就可以将文档中所用字体一并保存，从而在其他未安装这种字体的计算机中正常显示。

4.2.2.4　项目符号和编号

“项目符号”和“编号”是放在文本前的圆点、数字或其他符号，起强调作用。使用项目符号和编号，能够使文档的层次结构更清晰、更有条理。

一般地，对于没有特别顺序的项目应使用项目符号列表，单击“段落”组中的按钮右侧的倒三角形按钮，选择相应的符号即可，也可以自行定义其他符号或使用图片符号。

对于有特别顺序的项目应使用编号列表，单击“段落”组中的按钮右侧的倒三角形按钮，选择相应的符号即可，也可以自行定义其他编号。

建立列表时，每个段落被看作是一个分开的列表，并应用属于自己的项目符号或编号。建立列表前，首先要选定要设置项目符号或编号的段落，然后单击相应的命令按钮。如要取消项目符号或编号，需要在下拉列表中选择“无”选项。

4.2.2.5　首字下沉

可以为一个段落的第一个字设置下沉效果。将光标置于要设置首字下沉的段落中任意位置，单击“插入”|“文本”组中的“首字下沉”按钮，选择“无”“下沉”“悬挂”选项进行设置，或选择“首字下沉选项”按钮 首字下沉选项(D)...，然后选择下沉位置，设置首字下沉的字体、下沉行数和距离其后面正文的距离。

设置首字下沉效果后，Word 会将该字从行中剪切下来，添加一个图文框，将指针移至图文框的边框上，双击边框，可打开图文框对话框，可以对该字进行编辑。

4.2.2.6　利用格式刷复制格式

如果文档中有若干不连续的文本或段落要设置相同的格式，可以先对其中的一个设置格式，然后使用“格式复制”功能将其格式复制到其他文本或段落上，从而提高效率。

1．复制文本格式

选中已设置好的要作为样板格式的文本，单击“开始”|“剪贴板”组中的按钮格式刷，此时，该按钮下沉显示，且鼠标指针变为一个刷子形状；将鼠标指针移至要复制格式的文本开始处，拖动鼠标到要复制格式的文本的结束处，然后释放鼠标按键。

单击格式刷一次，只能刷一次，双击格式刷可以刷多次。完成格式复制后再次单击格式刷 按钮或按 Esc 键释放格式刷。

2．复制段落格式

选中已设置好的要作为样板格式的段落(要包括段落标记)，然后单击格式刷按钮，接着单击目标段落中的任意位置。

3．清除格式

清除格式是指将设置的格式恢复到默认状态。清除方法是选定要清除格式的文本或段落，然后单击“字体”组中的“清除格式”按钮。也可以先选定使用默认格式的文本或段落，然后用格式刷将该格式复制到要清除格式的文本或段落上。

【课堂练习 4.2】

(1) 将文章中的某段文字设置为左右缩进 2 字符，悬挂缩进 2 字符。

(2) 输入算式：$(1101)_2 = (13)_{10}$，$c^2 = a^2 + b^2$。请使用多种方法输入上标。

(3) 将某段文字设置为二号、蓝色(标准色)空心黑体、倾斜、居中，并添加黄色底纹。

提示：在“字体”对话框中设置，单击“高级”|“文字效果”，“文本填充”选择“无填充”，“文本边框”选择“实线”，“颜色”选择蓝色。

(4) 为某段文字添加蓝色(标准色)阴影边框。

4.3 任务：运用表格布局“悦读”页面

4.3.1 任务描述与实施

第 4 章任务三

1. 任务描述

图 4-11 显示的是校园周刊“悦读”版面的制作效果。本任务主要是掌握利用表格进行文档内容布局的方法。

图 4-11 “悦读”页面的制作效果

2．任务实施

【解决思路】

新建空白文档，在文档中插入一个 4 行 2 列的表格，参照图 4-12 设置表格的行高和列宽等属性，利用表格进行版本内容布局；在单元格中放入相应的文字和图片对象，最后设置表格的边框和底纹，以“悦读.docx”为文件名保存文档。

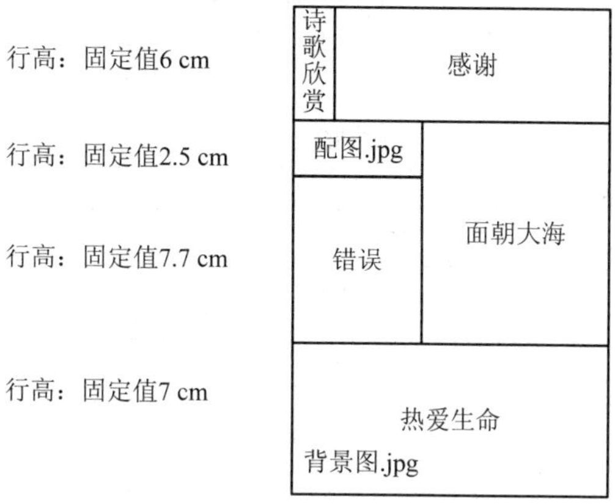

图 4-12　“悦读”页面结构示意图

本任务涉及的主要知识技能点如下：

(1) 表格的制作。

(2) 表格对齐方式的设置，行高与列宽的调整，单元格的合并与拆分。

(3) 单元格文字方向及单元格内容对齐方式的设置。

(4) 表格边框与底纹的设置。

【实施步骤】

本任务要求及操作要点如表 4-4 所示。

表 4-4　任务要求及操作要点

任 务 要 求	操 作 要 点
1. 建立名为“悦读.docx”的文档，并在其中建立表格	
建立一个 4 行 2 列的表格	单击“插入”|“表格”按钮，拖动鼠标生成一个 4 行 2 列的表格
2. 设置表格行高、列宽和对齐方式	
(1) 参照图 4-12 设置行高：第 1～4 行分别为 6 厘米、2.5 厘米、7.7 厘米、7 厘米(均为固定值)	单击表格第 1 行任一单元格，单击“表格工具-布局”|“表”|“属性”，在对话框的“行”标签中勾选“指定高度”，输入高度“6”，选择“固定值”，然后单击“下一行”，设置其他行的行高
(2) 参照样图，大致调整各列的宽度	选定左上角的单元格(鼠标指向单元格左侧，变为黑色实心右上角箭头)，然后拖曳单元格右侧边线，调整第 1 行各列宽度。 用同样方法调整其余行各列宽度

续表一

<table>
<tr><th>任 务 要 求</th><th>操 作 要 点</th></tr>
<tr><td>(3) 参照样图，合并第 2、3 行右侧的两个单元格，合并第 4 行的两个单元格</td><td>选定要合并的若干个单元格，右击并选择“合并单元格”命令</td></tr>
<tr><td>(4) 设置表格居中对齐</td><td>将光标置于表格中，单击“表格工具”|“布局”|“属性”|“表格”，设置对齐方式为“居中”(或者单击表格左上角的 符号选定表格，然后单击“段落”组中的“居中”按钮)</td></tr>
<tr><td colspan="2">3. 插入文字素材，设置“诗歌欣赏”文本及其单元格格式</td></tr>
<tr><td>(1) 参照样图，在指定单元格中插入 4 首诗歌的文字内容</td><td>打开“悦读素材.txt”文件，通过复制/粘贴方式分别插入文件中的文字</td></tr>
<tr><td>(2) 在左上角的单元格(第 1 行第 1 列)中输入“诗歌欣赏”文字，并设置格式：
字体：方正舒体；字号：28 磅；字符底纹(默认颜色)；文字方向：竖排。
“诗歌欣赏”所在单元格对齐方式为“中部两端对齐”</td><td>① 单击第 1 行第 1 列的单元格，输入“诗歌欣赏”；选定四个字，在“开始”|“字体”组中单击“字体”|“字号”|“字符底纹” 按钮。
② 将光标置于单元格中，单击“表格工具-布局”|“对齐方式”|“文字方向”按钮。
③ 选定第 1 行第 1 列的单元格，单击“表格工具-布局”|“对齐方式”|“中部两端对齐”</td></tr>
<tr><td colspan="2">4. 设置《感谢》《热爱生命》两首诗歌的格式</td></tr>
<tr><td>(1) 文字方向竖排</td><td rowspan="4">标题颜色设置：在“字体”组中单击“字体颜色” 按钮右侧的倒三角形按钮，选择主题颜色</td></tr>
<tr><td>(2) 标题：方正舒体二号字，加粗，颜色为主题颜色中的“橙色，个性色 2，深色 50%”</td></tr>
<tr><td>(3) 作者名：方正舒体小四号，加粗，黑色</td></tr>
<tr><td>(4) 内容：华文行楷小四号字，黑色，行距为固定值 18 磅</td></tr>
<tr><td colspan="2">5. 设置《错误》《面朝大海，春暖花开》两首诗歌的格式</td></tr>
<tr><td>诗歌标题、作者名、诗歌内容等字体格式要求同《感谢》诗歌；行距为固定值 15 磅</td><td>在“字体”组中设置</td></tr>
<tr><td colspan="2">6. 插入图片并设置格式</td></tr>
<tr><td>(1) 插入“配图.docx”图片，锁定纵横比，调整图片高度为 2.5 厘米</td><td>单击“插入”|“插图”|“图片”，选择“配图.docx”文件；单击图片，单击“图片工具-格式”|“大小”组右下角的对话框启动器按钮，输入高度值 2.5 厘米，勾选“锁定纵横比”选项</td></tr>
<tr><td>(2) 设置配图所在单元格的对齐方式为“水平居中”</td><td>选定配图所在单元格，单击“表格工具-布局”，单击“对齐方式”组第 2 行第 2 列的“水平居中”按钮</td></tr>
</table>

续表二

任 务 要 求	操 作 要 点
(3) 插入"背景图.docx"，调整位置与尺寸，使之充满所在单元格	单击背景图，用鼠标拖动图片位置，拖动图片周围的控制点改变图片尺寸，使之充满所在单元格
(4) 将背景图衬于文字下方	单击背景图，单击"图片工具-格式"|"排列"|"环绕文字"|"衬于文字下方"命令
7. 设置表格边框	
外边框：样式为列表中的倒数第三种，颜色为主题颜色中的"橙色，个性色 2，深色 25%"，宽度为 4.5 磅 内边框：无	选中整个表格，单击"表格工具-设计"|"边框"，在边框下拉列表中选择"边框和底纹"，在"边框"设置中选择"自定义"，设置外边框的样式为列表中的倒数第三种，颜色为主题颜色中的"橙色，个性色 2，深色 25%"，宽度为 4.5 磅，单击预览窗格中四个边线。 内边框设置为无：单击去除预览窗格中的中间线条

【自主训练】

(1) 选中本任务中衬于表格下方的背景图。

(2) 设置右上角单元格的底纹为主题颜色"白色，背景 1，深色 5%"。

小贴士

如何选中衬于下层的图片？

单击"开始"|"编辑"|"选择"|"选择窗格"命令，在选择窗格中会出现当前页面上各种形状的名称列表，单击某名称即可选中相应的对象，也可以配合 Ctrl 键选择多个对象。

【问题思考】

(1) 在设置表格的行高或列宽时，什么情况下应该选定整个表格，或将光标置于表格的任意一个单元格中？什么情况下应该选中某些行或列？

(2) 为整个表格设置边框和为表格中的部分单元格设置边框，在操作上有何不同？设置前应如何选定？"边框和底纹"对话框中的"应用于"选项应如何选择？

4.3.2　相关知识与技能

表格是一种简洁而有效的数据表达方式，其结构严谨，效果直观。表格具有分类数据的作用。运用表格可以对若干同类型数据对象的多种属性进行比较，也可以对报刊版面、网页页面进行版面布局等。一张表格可以代替许多文字描述，因此有"文不如字，字不如表"的说法。

表格由一组水平排列的"行"和一组垂直排列的"列"组成，行与列相交的方框称为"单元格"。单元格是表格的基本单元。在单元格中可以输入文字、数字、图形和图片等信息。

4.3.2.1　创建表格

表格的制作

1．使用网格创建表格

定位光标，单击“插入”|“表格”|“表格”按钮，拖动鼠标选中合适的行数和列数，释放鼠标即可在页面上插入一个表格，如图 4-13 所示。

2．使用“插入表格”对话框创建表格

定位光标，单击“插入”|“表格”|“表格”按钮下方的倒三角形按钮，选择“插入表格”命令，在“插入表格”对话框中输入表格的“列数”和“行数”(如图 4-14 所示)，根据需要可以选择“固定列宽”“根据内容调整表格”或“根据窗口调整表格”选项，完成后单击“确定”按钮。

3．创建快速表格

Word 提供了一组表格模板，表格模板包含示例数据、外观样式、字体格式等，可以帮助用户快速创建所需要的表格。在图 4-13 所示的界面中选择“快速表格”命令，在出现的表格模板列表中选择所需的表格样式即可。

4．手动绘制表格

在图 4-13 所示的界面中选择“绘制表格”命令，则光标变为铅笔状，在页面中拖动鼠标即可绘制表格的边框，通常是先画外边框，再画里边框，在“表格工具-布局”选项卡的“绘图”组中，可使用“橡皮擦”工具擦除边框线。按 Esc 键可结束绘制或擦除状态。可以在“表格工具-设计”选项卡的“边框”组中单击相应按钮来设置表格边框线样式、粗细和颜色，可使用“边框刷”工具复制边框线外观样式。

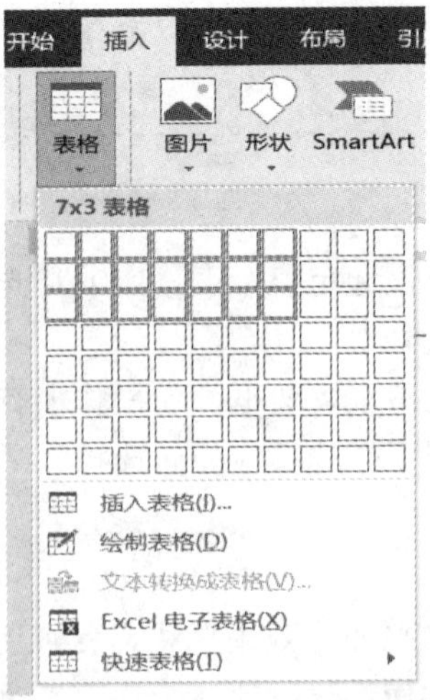

图 4-13　使用网格创建表格

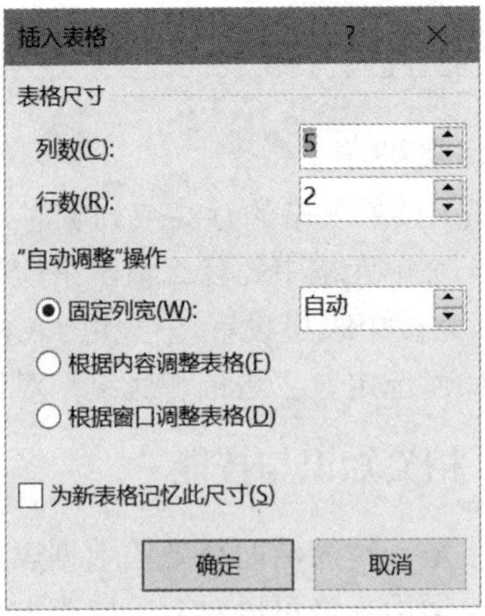

图 4-14　使用“插入表格”对话框创建表格

4.3.2.2　表格的基本操作

表格的操作具有和文本不同的特性，例如，选定文本后按下 Delete 键可以删除文本，而选定表格部分后按下 Delete 键却不能删除表格，只能删除表格中的内容。

1. 选定单元格

1) 选中一个或多个连续单元格

将鼠标指针指向单元格的左下角，当光标变为 ↗ 形状时单击鼠标，可以选择该单元格。在表格中拖动鼠标，可以选择一个连续的矩形单元格区域。也可单击欲选定区域的左上角单元格，按 Shift 键再单击区域的右下角单元格。

2) 选中整行、整列

将鼠标指针指向表格左侧的选定栏上，当光标变为 ↗ 形状时单击鼠标，可以选择该行；按住左键向上或下拖动鼠标，可以选择连续的多行。

将鼠标指针指向列的上方，当光标变为 ↓ 形状时单击鼠标，可以选择该列；按住左键向左或向右拖动鼠标，可以选择连续的多列。

3) 选中整个表格

单击表格中的任意单元格，然后单击表格左上角的十字形句柄即可选中整个表格。

单击表格中的任意单元格，选择“表格工具-布局”选项卡，在“表”组中单击选择按钮 也可以选择表格、行、列或单元格。

2. 插入单元格、行或列

在表格中插入单元格的操作步骤如下：

(1) 将光标定位在要插入单元格的位置。如果要插入多个单元格，应选择相同数目的单元格。

(2) 在“表格工具-布局”选项卡中单击“行和列”组右下角的 按钮，在弹出的“插入单元格”对话框中根据需要选择一项，然后单击“确定”按钮，如图 4-15 所示。

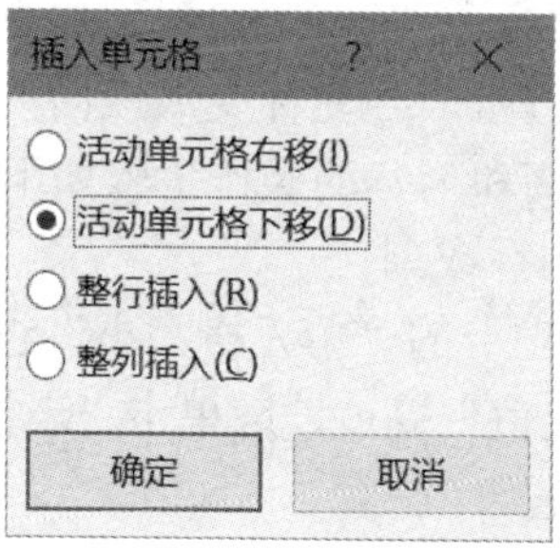

图 4-15　“插入单元格” 对话框

① 活动单元格右移：将在所选单元格的左侧插入单元格，其所在行右侧的单元格均向右移。

② 活动单元格下移：将在所选单元格的上面插入单元格，并将现有单元格下移，表格底部会添加新行。

③ 整行插入：将在所选单元格的上面插入一空行。

④ 整列插入：将在所选单元格的左侧插入一空列。

在表格的中间位置插入行或列的操作步骤如下：

(1) 将光标定位在要插入行或列的位置。如果要插入多行或多列，应选择相应数目的行或列。

(2) 单击“表格工具-布局”选项卡，在图 4-16 所示的界面中，单击“行和列”组中的相应按钮即可插入行或列。

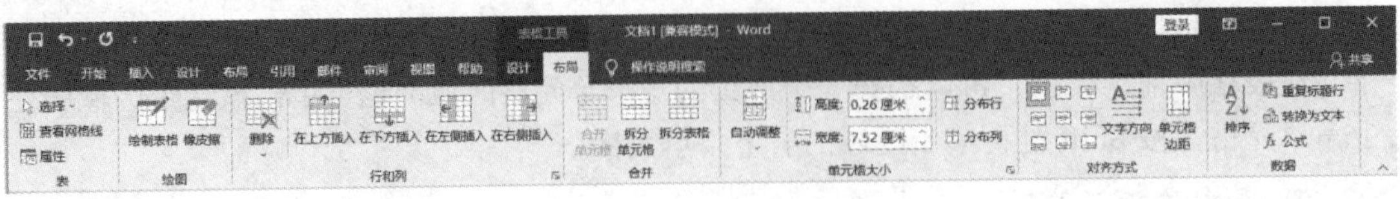

图 4-16　“表格工具-布局”选项卡中的按钮

小贴士

将光标定位在表格右下角的单元格中，按下 Tab 键，即可在表格的末尾插入新行。连续按 Tab 键可插入多行。鼠标单击某行最右面单元格外侧，按下回车键，即可在该行下面插入新行。

3．删除单元格、行或列

用户可以删除表格中的单元格、行、列或删除整个表格，还可以只删除单元格中的内容。操作步骤如下：

(1) 选定要删除的单元格、行或列。

(2) 在图 4-16 中单击“删除”  按钮下方的倒三角形按钮，在下拉列表中选择“删除单元格”“删除列”“删除行”或“删除表格”。

如果要删除整行、整列或整个表格，也可以选定行、列或表格后按 Ctrl + X 键。

如果只想删除表格内容而不删除表格本身，可以在选定整个表格、单元格、行或列后按 Delete 键。

4．调整行高和列宽

将光标指向要修改行或列的边框，当光标变成双向箭头时按住左键拖动鼠标，就可以调整行高和列宽。精确地设置行高和列宽的操作步骤如下：

(1) 选定要调整高度或宽度的行或列。

(2) 在“表格工具-布局”选项卡的“单元格大小”组中直接输入“高度”或“宽度”的值(最小值)，如果要使用“固定值”高度，应单击“表格工具-布局”|“表”|“属性”命令，在“表格属性”对话框中设置。

小贴士

如何用鼠标拖动法调整表格中部分单元格的列宽？

首先选定要改变宽度的一个或多个单元格，再用鼠标拖动表格边线，这样改变的只是所选定部分的列宽，原来处在同一列的其他单元格不受影响。如果光标放于单元格中而不选定单元格，则处在同一列的各个单元格的列宽一并调整。

按住 Alt 键，然后用鼠标拖动表格中的竖线边框线，水平标尺上会显示出各列的宽度。行高调整与此类似。

5．合并与拆分单元格

在实际工作中，我们使用最多的是不规则表格，这种不规则表格可以通过对规则的表格进行修改后获得。通过合并与拆分单元格，可以帮助我们快速修改表格。合并单元格是指将多个连续的单元格合并为一个单元格，操作步骤如下：

(1) 选定要参与合并的多个连续单元格。

(2) 单击“表格工具-布局”|“合并”组中的 按钮(或者在所选单元格上单击鼠标右键，从弹出的快捷菜单中选择“合并单元格”命令)，即可将所选单元格合并为一个单元格。

拆分单元格是指将一个单元格拆成多个单元格，操作步骤如下：

(1) 在要拆分的单元格中单击鼠标，定位光标。

(2) 单击“表格工具-布局”|“合并”组中的 按钮(或者在所选单元格上单击鼠标右键，从弹出的快捷菜单中选择“拆分单元格”命令)，在对话框中输入要拆分的行数或列数，单击“确定”按钮，即可将一个单元格拆分为多行或多列。

此外，单击“表格工具-布局”|“绘图”组中的“绘制表格” 按钮和“橡皮擦” 按钮，可以在表格中画线或擦线，从而实现单元格的合并与拆分。

4.3.2.3　设置表格属性

Word 提供了“表格属性”对话框，这是一个综合设置表格参数的工作区域，其中包含表格的属性(尺寸、对齐方式、文字环绕)、行与列的属性、单元格的属性(大小、对齐、单元格边距等)，在这个对话框中可以完成一系列的设置。

设置表格属性的操作步骤如下：

(1) 将光标置于表格的任意单元格中。

(2) 单击“表格工具-布局”|“表”|“属性”组中的 按钮，打开“表格属性”对话框。

(3) 在“表格”选项卡(见图 4-17)中可以设置表格的属性，如表格宽度、表格与文字的对齐方式、文字是否环绕表格等。

(4) 在“行”选项卡(见图 4-18)中可以设置行高、是否允许跨页断行等。设置行高时，通过单击 上一行(P) 按钮或 下一行(N) 按钮来确定目标行。

图 4-17　设置表格属性

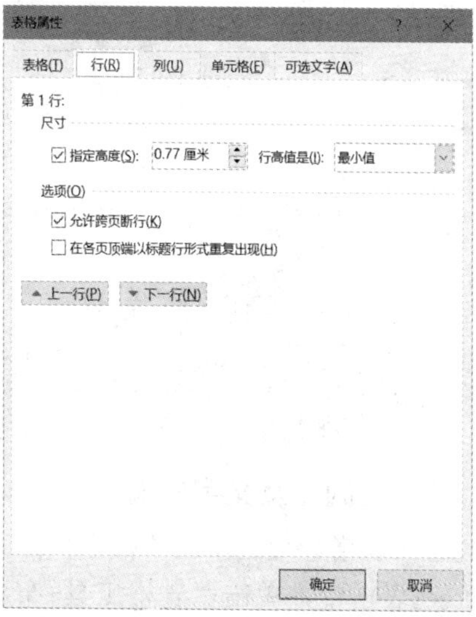

图 4-18　设置行属性

(5) 在“列”选项卡中可以设置列宽，通过单击“前一列(P)”按钮或“后一列(N)”按钮来确定目标列。

(6) 在“单元格”选项卡中可以设置单元格的宽度、单元格内的文字在垂直方向上的对齐方式，以及单元格边距(即文字到单元格边框线的距离)。

(7) 在“可选文字”选项卡中可以设置表格的标题与说明文字，这些文字主要是针对网络而言的，当 Web 浏览器在加载表格的过程中或表格丢失时显示这些文字。

小贴士

表格中的每个单元格都可以输入多个段落，并可以设置段落的各种属性。当光标放在表格中的某个单元格时，在水平标尺上会出现“左缩进”“右缩进”“首行缩进”等按钮，如果不慎改变了单元格的左、右缩进按钮的位置，可能会发生其中的文字不能靠近左边框或右边框现象。解决的方法是调整缩进按钮的位置。

4.3.2.4 美化表格

美化表格包括设置表格中文字的对齐方式，为表格设置边框、底纹等。

【例 4.1】 制作并美化如图 4-19 所示的“教师信息表”。

要求：首先插入一个 6 行 5 列的表格，设置第 1～4 行高为固定值 0.8 厘米，第 5 行高为固定值 1.6 厘米，第 6 行行高为固定值 3 厘米。设置各列的列宽分别为 3、2.5、3、2.5、3 厘米，然后按样图合并单元格并输入文字，设置所有文字为仿宋、小四号、加粗，“照片”两字竖排。

设置所有单元格对齐方式为水平、垂直均居中，整个表格水平居中；设置表格外框线为 1.5 磅双实线，颜色为标准色中的绿色，内框线为 0.75 磅单实线；设置最后一行的底纹为其他颜色，RGB 值分别为 204、204、255。

<table>
<tr><td rowspan="5">照片</td><td>姓名</td><td></td><td>性别</td><td></td></tr>
<tr><td>职称</td><td></td><td>职务</td><td></td></tr>
<tr><td>办公邮箱</td><td colspan="3"></td></tr>
<tr><td>所在系所</td><td colspan="3"></td></tr>
<tr><td>研究方向</td><td colspan="3"></td></tr>
<tr><td>个人简介</td><td colspan="4"></td></tr>
</table>

图 4-19 教师信息表

1. 表格的制作及文字的输入

(1) 建立表格。通过单击“插入”|“表格”|“表格”命令插入一个 6 行 5 列的表格，将光标放在表格中，单击“表格工具-布局”|“表”|“属性”按钮，在“表格属性”对话框中设置行高和列宽，按样图合并单元格，并在表格中输入文字；然后，将光标放在表格

中，单击表格左上角的十字形句柄选中整个表格，设置字体、字号等格式。

(2) 输入文字。在一个单元格中输入文字后，要按键盘上的 Tab 键将光标右移到右面的单元格，按 Shift + Tab 键可向左移动。使用上箭头键和下箭头键可以向上或向下移动光标。

(3) 更改文字方向。将“照片”两字竖排。

选定“照片”两字所在的单元格，单击“表格工具-布局”|“对齐方式”|“文字方向”按钮切换文字方向。单击该按钮可以在横向文字与纵向文字之间循环切换。

(4) 设置单元格对齐方式。所有单元格内容的对齐方式为水平、垂直均居中。

选定整个表格，单击“表格工具-布局”|“对齐方式”组，选择第 2 行第 2 列的对齐按钮。

(5) 设置整个表格水平对齐。在“表格属性”对话框的“表格”选项卡中的“对齐方式”部分选择“居中”即可，也可以选中表格，单击“开始”|“段落”|“居中”按钮。

2. 设置表格边框

(1) 设置整个表格的边框。

将光标放在表格中，单击“表格工具-设计”|“边框”|按钮，再单击“边框和底纹”命令，在“边框和底纹”对话框(如图 4-20 所示)中进行设置。

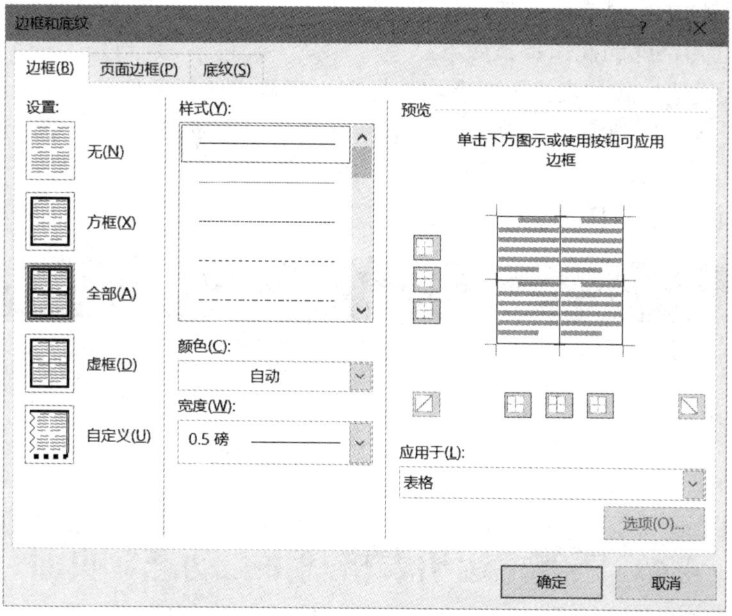

图 4-20　“边框和底纹”对话框

单击“自定义”按钮，设置“样式”为双实线，“颜色”为绿色，“宽度”为 1.5 磅；单击“预览”区中表格样图的四个外边框线；设置“样式”为单实线，“宽度”为 0.75 磅，单击“预览”区中表格样图内部的横线和竖线。

(2) 设置部分单元格的边框。

选中“个人简介”一行的两个单元格，打开“边框和底纹”对话框，单击“自定义”按钮，设置“样式”为双实线，“颜色”为绿色，“宽度”为 1.5 磅，单击“预览”区中表格样图的上边框线。

小贴士

在设置表格边框时，如将光标置于表格中或选中整个表格，则可以设置表格整体的外边框和内边框，如果只为部分单元格区域设置边框，应选中单元格区域，然后在“自定义”边框界面中选择边框样式、颜色和宽度，并在“预览”区单击对应的边框线。

3．为表格设置底纹

在“教师信息表”中要求设置最后一行的底纹为其他颜色，RGB 值分别为 204、204、255。操作步骤如下：

选定“个人简介”单元格所在的一行，单击“表格工具-设计”|“表格样式”|底纹按钮右侧的倒三角形按钮，在下拉列表中选择“其他颜色”，在“颜色”对话框的“自定义”选项卡中选择“颜色模式”为 RGB，在红色、绿色、蓝色框内分别输入 204、204、255 即可。

4．自动套用格式

自动套用格式是指套用一些预先设置好的表格样式，在这些表格样式中，系统预先设置了一套完整的字体、边框、底纹等样式。使用自动套用格式可以快速完成表格样式的设置，不但节省时间，而且表格更加美观、大方。

设置自动套用格式的操作步骤如下：

(1) 选定要设置格式的表格，或者将光标置于表格中的任意位置。

(2) 在“表格工具-设计”选项卡的“表格样式”组中单击所需要的预置表格样式，如图 4-21 所示。

(3) 选择预置的表格样式以后，表格将自动套用该种样式。

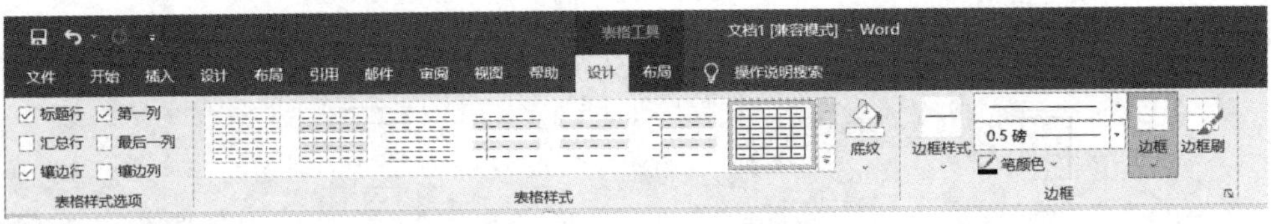

图 4-21　选择预置的表格样式

4.4　任务：运用表格制作“动态”页面

4.4.1　任务描述与实施

1．任务描述

图 4-22、图 4-23 显示的是校园周刊“动态”页面的制作效果。本任务的主要目的是进一步学习表格的制作方法，包括不规则表格的制作、表格内数据的公式计算等操作，也包括创建特殊文本效果和 SmartArt 图形的制作等内容。

学生会纳新啦　[给你一个展现 自我的舞台]

1. 招收部门：宣传部 生活部 外联部 网络部 文体部 学习部
2. 招生范围：面向大一、大二年级全体学生
3. 报名事项：个人填报"个人申请表"交至所在系，系部将个人报名信息汇总至"系部报名人数汇总表"，于本月底前将两表以系部为单位交至院学生会。

部门职责与拟招人数表

部门	拟招人数	职责介绍
宣传部	10	负责宣传材料的制作、整理和保管。
生活部	15	负责学生宿舍的卫生检查，饮食监督管理工作。
外联部	15	加强与校内校外的联络与合作，争取各种商业赞助经费。
网络部	15	为校学生会提供网络技术服务,运用新媒体技术进行信息发布。
文体部	10	负责策划、组织和落实我院各种大小型文艺活动工作。
学习部	12	指导并帮助各团委开展有关学习的工作和活动。

图 4-22　"动态"页面的制作效果(1)

附表 1

个人申请表

基本信息	姓名		性别		出生日期		1 寸近照
	籍贯		民族		政治面貌		
	手机		宿舍				
	身份证号						
申报部门							
个人事迹简介							
系部审批意见							

附表 2

<u>计算机</u>系部报名人数汇总表（样表）

部门 班级	宣传部	生活部	外联部	网络部	文体部	学习部
软件 1501	1	2	1	7	5	3
网络 1601	2	2	2	7	2	2
前端开发 1601	3	4	8	7	2	2
合计	**6**	**8**	**11**	**21**	**9**	**7**

图 4-23　"动态"页面的制作效果(2)

2．任务实施

【解决思路】

打开“动态素材.docx”文档，根据要求设置文本格式；添加项目编号；绘制学生会组织结构图；将各部门职责与拟招人数部分的文本转换成表格；修改附表 1 的结构和边框样式；绘制附表 2 斜线表头，运用公式完成各部门报名人数的统计，设置表格底纹。

本任务涉及的主要知识技能点如下：

(1) 特殊字符格式的设置。

(2) SmartArt 图形的绘制与编辑。

(3) 文本与表格的转换。

(4) 套用表格样式。

(5) 斜线表头的制作。

(6) 表格中的公式计算。

第 4 章任务四

【实施步骤】

本任务要求及操作要点如表 4-5 所示。

表 4-5　任务要求及操作要点

任 务 要 求	操 作 要 点
1．编辑纳新宣传文本，设置特殊文本格式	
(1) 打开“动态素材.docx”，将其另存为“动态.docx”文件	双击打开“动态素材.docx”文档，单击“文件”|“另存为”命令，将其命名为“动态.docx”
(2) 设置标题行字体颜色为渐变填充，预设颜色为“中等渐变-个性色 1”，类型为“线性”，方向为“线性向下”，只保留最左面和最右面两个渐变光圈	选定标题行文字，单击“开始”|“字体”|“颜色”|“渐变”中的“其他渐变”，在右侧的窗格中选择“渐变填充”选项，在“预设渐变”下拉列表中选择第 3 行第 1 列样式，设置类型和方向。 **注意**：删除渐变光圈方法是：选中某个渐变光圈，单击右侧的按钮，或者直接将光圈拖出去
(3) 为“纳新”两字加圈	选定“纳新”两字，单击“开始”|“字体”|“带圈字符”按钮，在对话框中选择“样式”中的“增大圈号”
(4) 将“给你一个展现自我的舞台”文字设置为双行合一，并加中括号	选定“给你……舞台”文字，单击“开始”|“段落”|“中文版式”|“双行合一”按钮，勾选带括号，选择中括号
(5) 为标题行下面的三段文字设置项目编号样式“1.”“2.”“3.”	选定三个段落，单击“开始”|“段落”|“编号”按钮，选择编号样式
2．制作组织结构图	
(1) 插入“组织结构图”	单击“插入”|“插图”|“SmartArt”|“层次结构”中的“组织结构图”
(2) 修改组织结构图	单击某个节点，按 Delete 键可删除节点；右击一个节点，在快捷菜单中选择“添加形状”可增加一个节点；双击节点可编辑文字内容

续表

任 务 要 求	操 作 要 点
(3) 设置组织结构图格式：使用 Smart 样式中的“细微效果”，图形高度为 2.2 厘米，颜色为主题颜色“彩色轮廓-个性色 1”，设置字体为微软雅黑、12 号、加粗	① 选中整个图，单击“SmartArt 工具-设计”|“SmartArt 样式”，从样式列表中选择“细微效果”样式，在“更改颜色”中选择“主题颜色”。 ② 在“开始”|“字体”组中设置字体、字号和加粗。 ③ 单击“SmartArt 工具-格式”|“大小”，设置高度为 2.2 厘米
3. 制作“部门职责与拟招人数”表格	
(1) 文本转表格	选定“部门职责与拟招人数”下方的七个段落，单击“插入”|“表格”|“表格”|“文本转换成表格”，再单击“确定”按钮
(2) 设置整个表格居中，表格标题居中；调整列宽合适；设置第 1 行和第 1、2 列单元格内文字“中部居中”对齐	① 选定表格，单击“开始”|“段落”|“居中”按钮，拖动列间边框线可调整列宽。 ② 选定单元格区域，在“表格工具-布局”|“对齐方式”组中设置对齐方式
(3) 套用表格样式：套用“内置”样式中的“网格表 2-着色 1”	选定表格，在“表格工具-设计”|“表格样式”列表中选择“内置”的一种表格样式(“网格表”样式中的第 2 行第 2 列样式)
4. 修改附表 1	
(1) 按样图合并或拆分单元格	① 合并单元格：选定要合并的单元格，右击“合并单元格”。 ② 选定“身份证号”右侧的单元格，右击“拆分单元格”，输入 1 行 18 列
(2) 设置文字方向为竖排	选定文字，单击“表格工具-布局”|“对齐方式”|“文字方向”按钮。或用格式刷复制“基本信息”文字的格式
(3) 设置表格边框：外边框为外粗内细黑色线型，内边框为黑色 1 磅实线	选定表格，单击“表格工具-设计”|“边框”功能组，再单击“边框”下拉列表 边框，选择“边框和底纹”命令，在“边框和底纹”对话框中选择“边框”选项卡，再选择“自定义”方式并进行设置
(4) 调整单元格列宽	选定表格最后两行，鼠标拖动左右单元格中间的竖线
5. 修改附表 2	
(1) 绘制斜线表头	选定“班级”，设置左对齐；选定“部门”，设置右对齐。在“边框和底纹”对话框中选择“边框”选项卡，再选择“自定义”方式，在预览区单击按钮
(2) 用公式计算各部门人数合计	将光标置于“合计”右侧的单元格，单击“表格工具-布局”|“数据”组中的“公式”按钮 *fx* 公式，在对话框的“公式”栏中输入公式“=sum(above)”；将公式复制到右侧的单元格中，选定表格，按 F9 键更新公式结果
(3) 设置最后一行的底纹为主题颜色中的“蓝色，个性色 5，淡色 80%”	选定最后一行，单击“表格工具-设计”|“表格样式”|“底纹”命令，在主题颜色列表中选择样式

【自主训练】

请使用其他方法为本任务附表 2 设置斜线表头。

【问题思考】

如何快速输入本任务附表 2 中“合计”一行的多个公式？有的同学只输入第一个公式，

然后使用 Tab 键将光标后移，再按 F4 键，直到最后一个公式；有的同学在输入第一个公式后，选中该公式并按 Ctrl + C 键，然后选中后面的要放入公式的单元格并按 Ctrl + V 键。公式输入完毕，选定所有公式单元格或选定整个表格，按 F9 键进行公式重算以刷新结果。请比较两种方法并总结 F4 键、F9 键等按键的作用。

4.4.2 相关知识与技能

4.4.2.1 创建特殊的文本效果

特殊文本效果有改变文字方向、拼音指南、纵横混排、合并字符、双行合一等，而这些效果在 Word 中都可以轻松实现。

1. 改变文字方向

通常情况下文字是以水平方式排列的。如有需要可以更改文字方向使某些段落的文字或整篇文档的文字以垂直方式排列。

选定要改变方向的文本，单击“布局”|“页面设置”|“文字方向”按钮，在下拉列表中选择文字的排列方向。选择“文字方向选项”命令，可以设置应用范围是“整篇文档”还是“插入点之后”。

2. 为文字添加拼音

选定需要添加拼音的文字，单击“开始”|“字体”|“拼音指南”按钮，在打开的“拼音指南”对话框中自动生成拼音，用户可以设置对齐方式、字体、字号、偏移量等参数。

3. 设置纵横混排

通常的文字以横向排列，若希望其中有些文字以纵向排列，则应使用“纵横混排”功能。选中需要纵向排列的文字，单击“开始”|“段落”|按钮，在下拉列表中选择“纵横混排”命令即可。

4. 设置“合并字符”与“双行合一”

合并字符功能可以将最多 6 个文字合并到一起，使文字排列成上、下两行。用户可以设置合并字符的字体、字号。选中要合并字符的文字，单击“段落”组中的按钮，选择“合并字符”功能即可。设置“双行合一”与设置“合并字符”类似，请读者自行学习。

4.4.2.2 表格的其他应用

1. 表格与文本的转换

1) 文本转换为表格

选中要转换为表格的文本，前提是这些文本要使用统一的分隔符，如制表符“Tab”键、空格、逗号或其他符号，然后单击“插入”选项卡“表格”组中的“表格”按钮，在下拉列表中选择“文本转换成表格”命令，在对话框中的“文字分隔位置”栏中选择相应的分隔符。

2) 表格转换成文本

将光标置于表格中任意一个单元格中，单击“表格工具-布局”|“数据”|“转换为文本”命令，在对话框中选择“文字分隔符”。

2. 标题行重复

如果表格行数较多，无法在一页容纳，可以使用标题行重复功能，使每页的表格都自动出现标题。操作方法是：选中表格中要作为表格标题的前几行，单击“表格工具-布局”|“数据”|“重复标题行”命令。

小贴士

表格上方的文字称为“表名”或“表头”，表格的前几行用于标识列属性的文字称为“表标题”。通常，人们总是在表的上方插入一行用于输入表名，这样的做法无法使用“重复标题行”使每页的表都显示表名。如需要每页重复表名，应在表格的第一行之上再插入一行，将本行单元格合并为一个单元格，并设置此行的上、左、右边框不显示边框线，选中包含表名的前几行，再执行“重复标题行”命令即可。

3. 制作斜线表头

将光标置于要添加斜线的单元格中，单击“表格工具-设计”|“边框”功能组，单击“边框”下拉列表按钮，选择“斜下框线”/“斜上框线”即可。也可以单击“表格工具-布局”|“绘图”|“绘制表格”按钮，此时光标变为笔形工具，直接在单元格中绘制斜线。

4. 拆分与合并表格

拆分表格可以将一个表格拆分成两个或多个表格。操作方法是：将光标置于表格中要拆分的起始行上，单击“表格工具-布局”|“合并”|“拆分表格”命令，即可从光标所在行将表格上下拆分，此时如果按 Delete 键删除两个表格之间的内容及段落标记，即可合并表格。

5. 分布行、分布列

分布行功能可以使表格中某些行的行高相同，分布列功能则可以使表格中某些列的列宽相同。操作方法是：选中要均匀分布的多行或多列，单击“表格工具-布局”|“单元格大小”|“分布行”或“分布列”命令即可。

【课堂练习 4.3】

(1) 输入“计算机”三个字，在其上面添加拼音。

(2) 插入一个超过 1 页的表格，利用表格的标题行重复功能，使每页表格都有同样的表头和表栏目列名称。

4.4.2.3　表格中的数据处理

表格中的数据处理

1. 使用公式计算表格数据

【例 4.2】 计算表 4-6 中每个学生的“总分”。

表 4-6　学生成绩表

姓名	数学	英语	计算机	总分	平均分
张林	98	95	100	293	97.67
李立	78	82	90	250	83.33
王宏	89	80	88	257	85.67

将光标放在“张林”一行“总分”下方的单元格中，单击“表格工具-布局”|“数据”|“公式”*fx* 命令，打开“公式”对话框，在公式框内将会显示“=SUM(LEFT)”，单击“确定”按钮。选中这个公式按 Ctrl + C 键复制，然后选中下面两个同学的“总分”单元格，按 Ctrl + V 键粘贴公式。选中这两个公式，按 F9 键重新计算。

公式以等号开头，SUM 表示求和，LEFT 表示对当前单元格左边连续的单元格求和。在“公式”对话框中，可以单击“粘贴函数”旁边的下拉列表，选择其他函数(如平均值函数 AVERAGE、最大值函数 MAX、最小值函数 MIN 等)，如要对上方、下方、右方的单元格进行计算，可以使用 ABOVE、BELOW、RIGHT 参数。

【例 4.3】 计算表 4-6 中每个学生的“平均分”。

将光标放在“张林”一行“平均分”下方的单元格中，单击“表格工具-布局”|“数据”|“公式”*fx* 命令，在“粘贴函数”下拉列表中选择“AVERAGE”，在其后的括号中输入“B2:D2”，完整公式为“=AVERAGE(B2:D2)”，然后单击“确定”按钮。

公式中的“B2”表示单元格地址，其中 B 表示表格中从左向右排列的第 2 列(按 A、B、C……顺序排列)，2 表示第 2 行。“B2:D2”表示从 B2 到 D2 的单元格区域。不相邻的单元格用逗号隔开，如“A1，B3”代表 A1、B3 两个单元格。

第一个同学的平均分计算后，要将这个平均分公式复制到下面两个单元格中，并对括号中的单元格地址进行修改，分别改为“=AVERAGE(B3:D3)”和“=AVERAGE(B4:D4)”。

2．表格数据排序

【例 4.4】 将表 4-6 中的数据按“总分”由高向低排序。

单击表格中的任意单元格，单击“表格工具-布局”|“数据”|“排序”命令，打开“排序”对话框，在“主要关键字”框中选择“总分”，在“类型”中选择“数字”，单击“降序”单选按钮，然后单击“确定”按钮。

如果要求“总分”相同的情况下再按“计算机”成绩由高向低排序，则应在“次要关键字”框中选择“计算机”，在“类型”中选择“数字”，单击“降序”单选按钮。如果有必要，还可以设置第三关键字。

对于文本类型数据，排序“类型”也可以选择“拼音”和“笔画”等。

4.5 任务：“时评”页面的图文混排

4.5.1 任务描述与实施

1．任务描述

图 4-24 显示的是校园周刊“时评”页面的制作效果。本任务主要是学习图元素的编辑方法以及图文混排操作，包括图片、形状、文本框等图元素的基本编辑与格式设置，以及图形与文字的混排设置。

这些流行语，你知道多少？

不平凡的 2020 年诞生了许多流行语，如：“人民至上，生命至上”、“逆行者”、“后浪”、“飒”、“神兽”、“直播带货”、“双循环”、“打工人”、“内卷”和“凡尔赛文学”。你都了解它们的含义吗？

2020 年初席卷全球的新冠疫情在武汉爆发，第一时间采取行动是对“人民至上，生命至上”的敬意，经过全国人民的努力，疫情得到有效的遏制。“逆行者”医务人员中女性占了很大比例，她们就是最“飒”的人。疫情之下 90 后、95 后的“后浪”们奋不顾身，冲锋在前用行动证明了自己可以，新一代年轻人可以顶天立地。

疫情期间开启了“停课不停学”，一个漫长的寒假让学生变成了困在笼中的“神兽”，同时“直播带货”快速兴起，使用直播技术进行商品线上展示、咨询答疑、导购销售的新型服务方式也让全国的各种农产品和商品通过直播的方式卖了出去，一时之间成为了潮流所在。相对于前面词语的关联性，“内卷”这个词显得比较突兀，更多地表达出一种消耗精力的死循环，各行各业内部的非理性竞争都以“内卷”称之。专业人士指出，发展中出现停滞阶段很正常，关键是要有效地进行理性竞争，呼吁相关行业正视非理性的“内卷”现象，积极探索“去内卷化”的改革之路。

“打工人”源于一名网友在网上发了一条自拍的短视频。视频中他做出要出门打工的样子，并说：“勤劳的人已经奔上了塔吊，你却在被窝里伸了伸懒腰，你根本没把自己生活当回事儿。”“早安，打工人！” 这个视频引来大量关注与模仿，由此“打工人”适用范围扩大，几乎成了各行各业劳动者的统称。无论是社会精英还是普通职员，无论是脑力劳动者还是体力劳动者，都称 “打工人”。

2020 年 5 月 14 日，中共中央政治局常委会会议提出“构建国内国际双循环相互促进的新发展格局”。这是对“十四五”和未来更长时期我国经济发展战略、路径做出的重大调整完善，对于促进世界经济繁荣，都会产生重要而深远的影响。“双循环”已走进大众视野，成为社会广泛关注的“热词”。

一种“以低调的方式进行炫耀”的话语模式，称“凡尔赛文学”。这种话语模式先抑后扬，明贬暗褒，自说自话，假装用苦恼、不开心的口吻炫耀自己。现在的“凡学”作品多数已不再是炫耀，而仅是一种调侃。

年度流行语很大程度上反映一年的社会变化和发展，你是否在这些词中看到了自己？

图 4-24　“时评”页面样图

2．任务实施

【解决思路】

打开“时评素材.docx”文档，编辑并美化文档，最后将其另存为“时评.docx”。首先将标题设置为艺术字效果，设置第一段首字下沉，然后分别插入图片、为图片添加文本框图注，进行图文混排。

本任务涉及的主要知识技能点如下：

(1) 图片的插入和编辑。

(2) 文本框的创建和编辑。

第 4 章任务五

(3) 图文混排。

(4) 艺术字的使用。

【实施步骤】

本任务要求及操作要点如表 4-7 所示。

表 4-7　任务要求及操作要点

任 务 要 求	操 作 要 点
1．为标题文字设置艺术字效果	
(1) 插入艺术字：使用列表中第 2 行第 2 列的样式	① 双击打开“时评素材.docx”文档，将其另存为“时评.docx”。 ② 选定标题文字(不包括行尾的回车符)，单击“插入”|“文本”|“艺术字”，使用列表中第 2 行第 2 列的样式
(2) 设置艺术字字体为“华文琥珀”、一号字	单击艺术字外边框，单击“开始”，在“字体”组中设置字体字号
(3) 设置艺术字文本效果，使用“转换”中的“V 形(正)”	选中艺术字外边框，单击“绘图工具-格式”|“艺术字样式”|“文本效果”，使用“转换”中的“V 形(正)”
2．设置第一段文字首字下沉	
设置正文第一段文字首字下沉 2 行	将光标置于正文第一段，单击“插入”|“文本”|“首字下沉”|“首字下沉选项”，单击“位置”中的“下沉”，并输入“下沉行数”
3．插入 2020.jpg 图片，添加图注，并进行图文混排	
(1) 在正文第三段中插入图片 2020.jpg，设置图片尺寸缩放为 80%，设置图片为“四周型”环绕	① 将光标定位到第三段中，单击“插入”|“插图”|“图片”按钮，在列表中选择“此电脑”，在对话框中选择素材文件夹中的“2020.jpg”图片文件，单击“插入”按钮。 ② 右击图片，单击“大小和位置”|“大小”命令，在对话框中勾选“锁定纵横比”复选框，输入高度或宽度为 80%。 ③ 右击图片，单击“大小和位置”|“文字环绕”命令，将“环绕方式”设置为“四周型”
(2) 添加高 1 厘米、宽 2.5 厘米的文本框图注，在其中输入文字“2020 年流行语”，设置字体字号为黑体小四号，无填充颜色，无形状轮廓，设置文本框的“内部边距”左、右值为 0 厘米	① 单击“插入”|“文本”|“文本框”中的“简单文本框”，删除框中文字，输入“2020 年流行语”，单击文本框，单击“绘图工具-格式”，在“大小”组中输入高 1 厘米、宽 2.5 厘米。 ② 右击文本框选择“设置形状格式”命令，在右面窗格中选择“形状选项”，单击“填充与线条”按钮，设置“填充”为无填充，“线条”为无线条；单击“布局属性”按钮，在“左边距”和“右边距”微调框内输入或调整数值为 0 厘米
(3) 设置图片与文本框的对齐方式为“左对齐”“底端对齐”，并组合两者	对齐、组合：单击选定图片，按住 Ctrl 键或 Shift 键再单击文本框(确保两者同时选定)，单击“图片工具-格式”|“排列”|“对齐”按钮设置对齐方式，然后单击“组合”命令。 **注意：**如果不能同时选中两个对象，需要将图片或文本框设置为“四周型”环绕；如果图片遮挡住了文本框，需要选定图片，设置图片“下移一层”

续表

任 务 要 求	操 作 要 点
(4) 设置图片与文本框的组合对象为“四周型”环绕，位置为水平距页面右侧 7 厘米，垂直距段落下侧 1 厘米	① 右击组合后的对象，选择“其他布局选项”，在“文字环绕”选项卡中选择“环绕方式”为“四周型”。 ② 单击“位置”选项卡，在“水平”选项组中选定“绝对位置”，调整其后的数值为 7 厘米，在“右侧”下拉列表中选择“页面”；在“垂直”选项组中选定“绝对位置”，调整其后的数值为 1 厘米，在“下侧”下拉列表中选择“段落”
(5) 设置图片样式为“旋转，白色”	单击选定图片，在“图片工具-格式”选项卡“图片样式”组样式列表中选择“旋转，白色”

【自主训练】

(1) 对于本任务中的艺术字标题，试用插入“文本框”的方法制作出同样的效果。

(2) 重新插入并编辑 2020.jpg 图片与文本框。要求：将 2020.jpg 图片高度、宽度值均设置为 6.2 厘米，文本框要求与本任务中的要求一致；图片与文本框设置为垂直“顶端对齐”、水平“右对齐”，然后组合，设置组合后的对象为“四周型”环绕，位置为水平距页边距右侧 9 厘米，垂直距段落下侧 2 厘米。

【问题思考】

(1) 嵌入型图片能否直接与其他图片或文本框同时选中？如何调整？

(2) 比较四周型环绕与紧密型环绕的区别。

小贴士

嵌入型图形/图片不能与其他图形/图片对象同时选中。如需要将多个图形/图片组合操作，需要首先将嵌入型图形/图片的环绕方式设置为非嵌入型。

4.5.2　相关知识与技能

4.5.2.1　插入图片

插入图片

1. 插入图片

将光标定位在要插入图片的位置，单击“插入”|“插图”|“图片”按钮，在列表中选择“此电脑”，在对话框中选择要插入的图片，单击“插入”按钮或“插入”按钮旁边的下拉按钮，选择一种插入图片的方式。

2. 编辑图片

在文档中插入图片后，单击选定图片，此时会出现“图片工具-格式”选项卡，利用该选项卡中各功能组的按钮可以编辑图片。

1) 调整大小和角度

(1) 选定图片，此时图片四周将出现八个缩放控制点和一个旋转控制点，将光标指向四个角端的控制点，当光标变为双向箭头时按住左键拖曳鼠标，可以等比例改变图片的大小，拖动边线中间的控制点，则只改变图片的长或宽。

(2) 将光标指向旋转控制点，当光标变为形状时按住左键拖曳鼠标，当达到一定角度后释放鼠标，即可旋转图片。

(3) 使用对话框调整大小和角度。

选定图片，单击“图片工具-格式”，在“大小”组中直接输入“高度”或“宽度”值，即可改变其大小。默认状态下调整“高度”或“宽度”其中一个值时，另一个值会自动改变。如果需要分别设置高度、宽度值，则需要单击“大小”组右侧的对话框启动器按钮，在打开的对话框(见图 4-25)的“大小”选项卡中取消勾选“锁定纵横比”复选框，然后输入高度、宽度值即可。

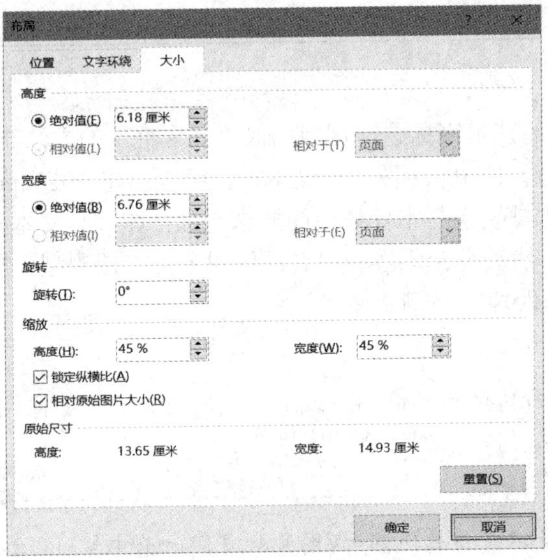

图 4-25　“布局”对话框

可以按比例缩放图片，例如：将图片大小设置为原始尺寸的 90%，应勾选“锁定纵横比”，然后输入高度或宽度任意一个百分比数值。

在“旋转”框中输入旋转角度值，可实现图片旋转。

右击图片从快捷菜单中选择“大小和位置”选项也可以打开“布局”对话框。

2) 裁剪图片

如果插入的图片过大，除了可以调整其大小以外，还可以进行裁剪操作。操作步骤如下：

选定要裁剪的图片，在“图片工具-格式”选项卡的“大小”组中单击按钮，图片周围出现裁剪框(粗黑虚线框)，将光标指向裁剪框的控制点上，拖动鼠标即可裁剪。

3) 旋转与翻转

选定要旋转或翻转的图片，在“图片工具-格式”选项卡的“排列”组中单击 旋转 按钮，在打开的下拉列表中选择一个选项即可。

4.5.2.2　插入形状

Word 提供了许多现成的图形对象，如矩形、圆形、箭头、星与旗帜等。用户可以轻松地在文档中绘制这些形状，并可以对其进行修饰。

1. 插入形状

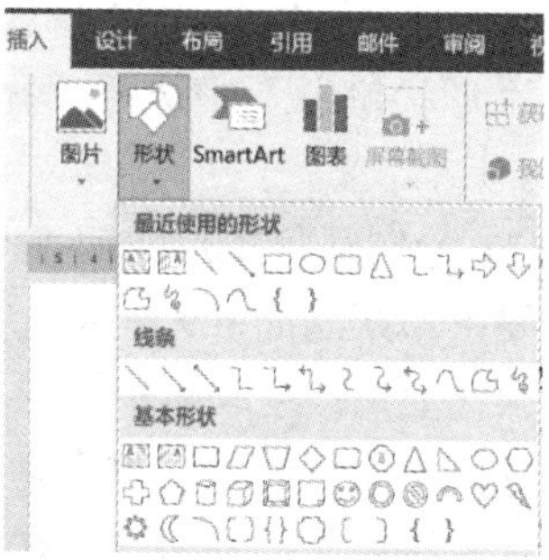

图 4-26　插入形状

操作步骤如下：

(1) 单击“插入”|“插图”组中的“形状”按钮下方的倒三角形按钮，在打开的下拉列表中选择一种形状(如图 4-26 所示)。

(2) 当鼠标指针形状变成十字形时，按住鼠标左键拖动，即可完成图形绘制。

小贴士

> 绘制直线时，如按住 Shift 键，可以绘制水平直线、竖直直线或 45°角直线等；按住 Shift 键，可以绘制正圆和正方形；按住 Ctrl 键，可以画出从原点向外展开的圆。
>
> 图像有两大类——位图和矢量图。通常将位图称为图像而将矢量图称为图形。位图图像有分辨率、颜色深度、文件大小等属性，放大图像会产生锯齿；矢量图由几何图形组成，任意缩放都不会出现锯齿。Word 中的自选图形、剪贴画、艺术字、SmartArt 图、公式均属于图形；而照片、扫描的图像、绘图软件生成的文件都属于图像。

2. 编辑形状

右击形状，在快捷菜单中选择“添加文字”命令，可以为形状添加文字，单击形状中的文字可以修改文字。单击形状，利用“绘图工具-格式”选项卡下的命令按钮，可以为形状设置形状样式、艺术字样式等内容以修饰形状。

绘制图形

【例 4.5】 参照图 4-27 完成四个图形的制作。

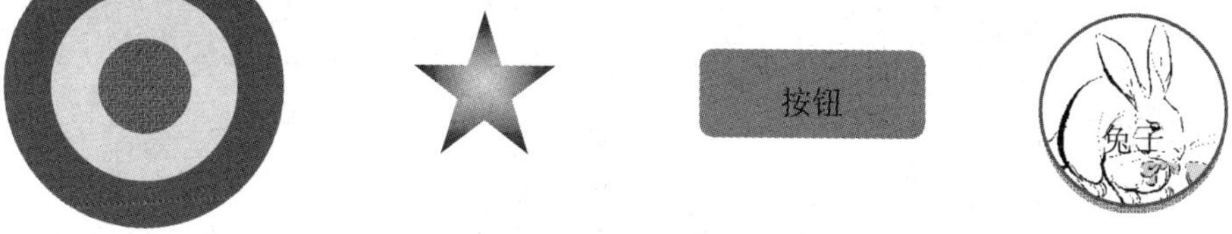

图 4-27　绘制图形练习

(1) 绘制三个同心圆。

要求：三个正圆的半径分别为 0.5 厘米、1 厘米、1.5 厘米；三个圆分别填充红色、黄色、蓝色，无轮廓；三个正圆圆心对齐；设置红色圆的透明度为 20%。

操作要点：按住 Shift 键绘制正圆，使用“形状样式”中的形状填充工具填充颜色，在“形状轮廓”中选择“无轮廓”；在“大小”组中设置圆的高度和宽度(值均为半径的 2 倍)；在“排列”组中设置图的层次；选中三个图形，利用“排列”组中的“对齐”按钮设置左右居中、上下居中；在“形状样式”组的“形状填充”|“其他填充颜色”中设置透明度为 20%。

(2) 绘制发光的五角星。

要求：绘制高度、宽度均为 1.5 厘米的正五角星，设置一种填充效果。

操作要点：按住 Shift 键绘制五角星，在“大小”组中设置高度和宽度；在“形状样式”组的“形状轮廓”中选择“无轮廓”，在“形状填充”中选择“渐变”，选择一种渐变效果。

(3) 绘制圆角矩形按钮。

要求：绘制高 0.9 厘米、宽 2.4 厘米的圆角矩形，无轮廓，浅蓝色填充。

操作要点：绘制圆角矩形，在“大小”组中设置高度和宽度；在“形状样式”组的“形状轮廓”中选择“无轮廓”，在“形状填充”中选择“浅蓝色”；右击形状，在快捷菜单中选择“添加文字”命令，输入“按钮”文字。

(4) 绘制兔子圆形图。

要求：绘制一个半径为 1 厘米的正圆，轮廓线为 1 磅蓝实线，背景填充为素材图片“兔子.png”，添加文字“兔子”。

操作要点：按住 Shift 键绘制正圆，设置大小，单击图形；在“形状样式”组的“形状轮廓”中选择 1 磅蓝实线，在“形状填充”中选择图片；右击形状，在快捷菜单中选择“编辑文字”，输入“兔子”文字。

【课堂练习 4.4】

用其他方法制作图 4-27 的兔子圆形图。

提示：插入“兔子”图片，使用图片样式、图片边框与文本框等方法。

4.5.2.3　插入文本框

文本框是存放文本、图形的矩形容器。使用文本框可以实现更加灵活的排版方式。

1．插入内置文本框

Word 提供了一些内置的文本框，它们是一些预置的版式，插入内置文本框以后，可以直接得到预期的效果，非常方便。

单击“插入”|“文本”中的按钮，在打开的下拉列表中选择需要的文本框样式，选择文本框样式后，页面会出现该文本框，单击其中的文字可输入所需要的文字。

2．绘制文本框

单击“插入”|“文本”|“文本框”按钮的下拉三角形按钮，在列表中选择“绘制横排文本框”或“绘制竖排文本框”选项，然后拖动鼠标进行绘制。可以向文本框中输入文字，插入图片、表格等，并且可以对它们进行格式设置。

由于文本框本身是一种图形对象，因此可以填充颜色，设置边框、阴影、三维效果、特殊的填充效果等，可以像形状一样进行格式设置，这里不再赘述。

> **小贴士**
>
> 绘制一个文本框，并为其设置了边框线条、填充、字体、内部边距等格式，然后选中这个文本框，右击并在快捷菜单中选择“设置为默认文本框”命令，以后新建的文本框就能保持该文本框的格式。对于形状，也有类似功能。

4.5.2.4　插入艺术字

Word 中的艺术字虽然称为“字”，但是从本质上而言，它是一幅图片，它可以对文档起到一定的装饰作用。在文档中插入艺术字的操作步骤如下：

(1) 将光标定位在要插入艺术字的位置。

(2) 在“插入”|“文本”组中单击 按钮，在打开的下拉列表中选择一种艺术字样式。

(3) 在文档编辑区的艺术字占位符中输入需要的文字，然后可以设置字体、字号等。

插入艺术字以后，功能区中会出现“绘图工具-格式”选项卡，通过该选项卡，用户可以更改艺术字的内容、样式、形状等，也可以设置颜色、阴影或三维效果等，具体操作类似于对形状对象的操作。

4.5.2.5　插入 SmartArt 图形

SmartArt 图形是信息与观点的视觉表达形式，它不需要太多的文字说明，就可以直观地表述出某种综合信息，例如组织结构图、工作流程图、关系图等，可以让用户快速、轻松、有效地获取信息。

1．插入 SmartArt 图形

首先定位光标，在“插入”|“插图”组中单击 按钮，在“选择 SmartArt 图形”对话框(如图 4-28 所示)中选择所需要的 SmartArt 图形。“选择 SmartArt 图形”对话框分为左、中、右三列，左侧一列为 SmartArt 图形的类型，中间一列是子类型，右侧一列是选中的 SmartArt 图形的预览效果。

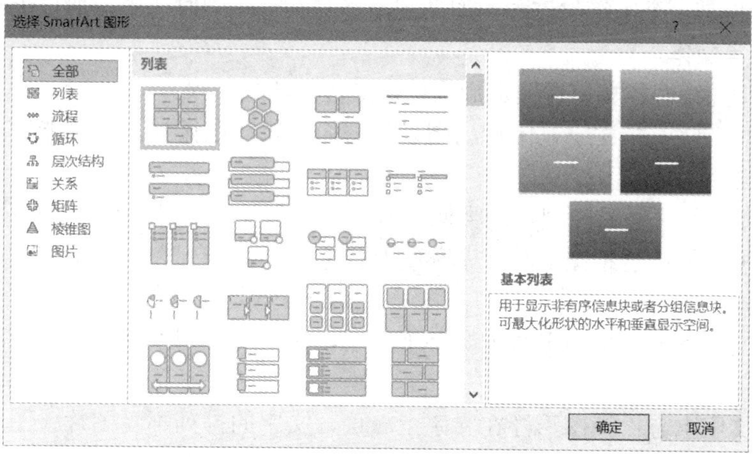

图 4-28　“选择 SmartArt 图形”对话框

单击图形中的文本占位符输入所需要的内容。

2．修改 SmartArt 图形

1) 添加或删除形状

选定 SmartArt 图形的一个形状，单击“SmartArt 工具-设计”选项卡，在“创建图形”组中单击 添加形状 按钮，选择“在前面添加形状”等选项，则在当前形状前面、后面或上方、下方添加形状。

2) 更改整个图形的样式

选中 SmartArt 图形，在“SmartArt 工具-格式”选项卡的“形状样式”组中单击样式右下角的“其他”按钮，在打开的下拉列表中选择要使用的样式。

3) 更改整个图形的颜色

选中 SmartArt 图形，在“SmartArt 工具-设计”选项卡的“SmartArt 样式”组中单击“更改颜色”按钮，在打开的下拉列表中选择一种主题颜色。

小贴士

单击 SmartArt 图形后，在功能区会出现“SmartArt 工具-设计”和“SmartArt 工具-格式”选项卡，用户可以更改 SmartArt 图形中各个形状的格式，如形状的外形、样式、大小以及文字效果等。

4.5.2.6　图文混排

无论是形状、图片、文本框还是艺术字，插入文档之后都需要与文本内容混合排列，即“图文混排”。

图文混排的形式多种多样，如图片叠放在文字上方或下方、使文字环绕图片排列等。Word 2016 提供了八种文字环绕方式，分别是嵌入型环绕、四周型环绕、紧密型环绕、穿越型环绕、上下型环绕、衬于文字下方、浮于文字上方和编辑环绕顶点。

(1) 嵌入型环绕：指图形直接在文档的插入点位置嵌入到文字中，它是相对于浮动而言的，可以看作是一个字符，这种类型的图不能与其他图同时选中，所以无法进行多图间的对齐与组合等操作。

(2) 四周型环绕：指文字在图形周围以矩形边界环绕排列。

(3) 紧密型环绕：指文字在图形周围以紧密的方式环绕排列，尽可能地少留空白，沿着图形外轮廓进行排列。

(4) 穿越型环绕：与紧密型环绕类似，但是可以在开放式图形的内部环绕排列文字。

(5) 上下型环绕：这种图形与文字环绕时，文字只能排列在它的上方或下方，不能排列在左右两侧。

(6) 衬于文字下方：指图形衬于文字下一层，文字的排列不受图形的影响，仍然以原来的方式排列。

(7) 浮于文字上方：指图形浮在文字上一层，文字的排列不受图片、图形或艺术字的影响，仍然以原来的方式排列。

(8) 编辑环绕顶点：这种排列方式的效果就是紧密型环绕，但是可以编辑顶点，从而能够有效地控制文字与图形之间的距离。

图文混排的操作步骤如下：

(1) 选择要图文混排的对象，如形状、图片、文本框或艺术字等。

(2) 在“图片工具-格式”选项卡的“排列”组中单击“环绕文字”按钮，在打开的下拉列表中选择一种文字环绕方式，图形对象与文字之间就会呈现出所选择的文字环绕效果。

4.6　任务：校园周刊的综合排版

4.6.1　任务描述与实施

1．任务描述

本任务是建立图 4-29 所示的校园周刊完整版，生成“全刊.docx”文档。

图 4-29　封面效果图

2．任务实施

【解决思路】

打开“全刊.docx”文档，利用封面向导功能制作校园周刊封面；在文档中适当位置插入分节符将文档分为五节，为不同节设置不同的页眉、页脚和页码，最后保存文档。

参照图 4-30 所示的要求进行页眉/页脚的设置。

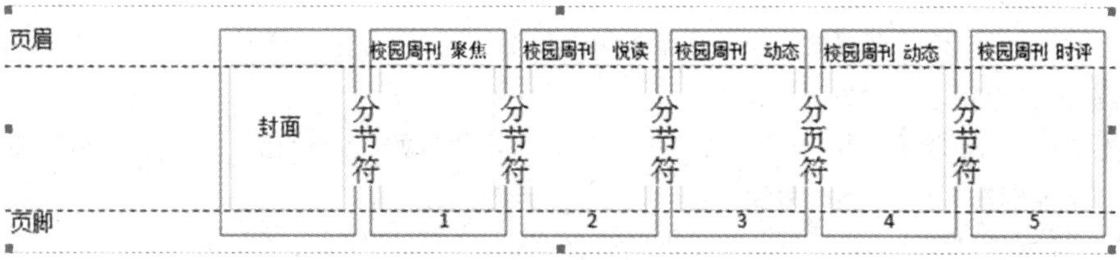

图 4-30　页眉/页脚的设置要求

本任务涉及的主要知识技能点如下：

(1) “封面向导”的使用。

(2) 分页符、分节符的设置。

(3) 页眉、页脚和页码的设置。

第 4 章任务六

【实施步骤】

本任务要求及操作要点如表 4-8 所示。

表 4-8　任务要求及操作要点

任务要求	操 作 要 点
1. 打开“全刊.docx”文档，使用“封面向导”插入封面	
(1) 使用“封面向导”制作封面	在文档中，单击“插入”|“页面”|“封面”命令，选择“运动型”样式
(2) 在各占位符中输入文字，并设置格式： “校园周刊 · 第③期”字体为微软雅黑、48 磅；“年份”字号为 48 磅； 在封面末行输入系部名称和学院名称，字体和字号适当； 删除“日期”内容控件	① 在右上方[年份] 控件处输入年份或选取一个日期，在“字体”组中设置字体和字号。 ② 在[标题] 内容控件处输入文字“校园周刊 · 第③期”，(“③”可以使用软键盘输入，“ · ”在中文输入法下按“~”键)，可使用“增大字体”或“减小字体”按钮调节字号大小。 ③ 在[作者]内容控件处输入系部名称，在[公司]内容控件处输入学校名称。 ④ 选定并右击[日期] 内容控件，在弹出的快捷菜单中选择“删除内容控件”命令删除控件，然后按 Delete 键删除内容。或直接选定控件内容按 Delete 键删除
(3) 更换并调整图片。 更换图片为素材文件夹中的“高楼.jpg”图片，参照样图大致调整图片的大小和角度(如高度 16.2 厘米)	① 右击封面图片，在快捷菜单中选择“更改图片”命令，选择“高楼.jpg”文件，单击“插入”按钮。 ② 单击图片后，边框线上会出现控制点，如果拖曳边框角上的控制点是等比例调节，如果拖曳边框上的控制点是变比例调节，除控制点外，还有一个旋转控制点，鼠标移至该点变为形状，此时按住鼠标左键，左右移动即可进行图形的旋转
(4) 使用文本框制作“本期导读”。 设置文本框字体为微软雅黑、加粗，标题字号为二号字、居中，其余内容为四号字，行距均为单倍行距； 设置文本框“形状填充”为“无填充”，“形状轮廓”为“无轮廓”； 为四个条目设置项目符号“■”	① 单击“插入”|“文本”|“文本框”中的“绘制横排文本框”命令，拖曳出一个文本框，输入相关内容，设置字体、字形和字号，设置居中对齐。 ② 调整文本框边缘改变其大小，使每个条目占一行，选定各条目段落，设置行距为单倍行距；单击选定文本框，单击“绘图工具-格式”选项卡，在“形状样式”组的“形状填充”下拉列表中选择“无填充”，在“形状轮廓”下拉列表中选择“无轮廓”。 ③ 选中四个条目内容，单击“开始”|“段落”|“项目符号”命令，选用“■”样式

续表

任务要求	操 作 要 点
2．对文档进行分节，设置页眉、页脚	
(1) 按样图要求设置分节，将文档分为五节	① 右击状态栏，单击“节”，使状态栏左侧显示当前页所在的“节”号。 ② 将光标定位于第 1 页(封面页)最后一行，单击“布局”|“页面设置”|“分隔符”右侧的倒三角形按钮，选择“分节符”中的“下一页”。 ③ 在第 2 页、第 3 页和第 5 页的最后一行重复上面的操作，共插入四个分节符，将文档分为五节。如有多余页面，要使用删除空行的方法删除。使文档共六页。 **注意**：单击状态栏右侧的“草稿”视图按钮，在“草稿”视图中可以查看分节符号(双虚线符号)
(2) 按样图要求设置页眉： 封面不要页眉，各节具有不同的页眉	① 将光标定位于第 2 页(“聚焦”页)，单击“插入”|“页眉”按钮下方的倒三角形按钮，选择“内置”中的“空白(三栏)”，将左面占位符中的内容修改为“校园周刊”，删除中间占位符中的内容，将右面占位符中的内容修改为“聚焦”。 ② 单击“页眉和页脚工具”|“导航”组中的“链接到前一节”按钮，使其取消高亮度显示(含义是本节页眉不链接前一节的页眉)，即可设置与上一节不相同的页眉。 ③ 单击“下一节”按钮进入第 3 节，重复刚才的操作，并将页眉右部分的“聚焦”文字改为“悦读”。重复单击“下一节”按钮等相关操作，修改第 4、5 节页眉右部分文字为“动态”和“时评”
(3) 设置页脚，设置页码格式。 封面不要页脚，无页码	① 单击“页眉和页脚工具”|“转至页脚”按钮，切换到第 5 节的页脚，单击“页码”按钮，选择“页面底端”中的“普通数字 2”样式。 ② 单击“上一节”多次，转到第 2 节，单击“导航”组中的“链接到前一节”按钮，使其取消高亮度显示(含义是第 2 节的页脚不链接第 1 节的页脚，而后面各节的页脚都链接相邻的前一节的页脚)。 ③ 将光标定位于第 2 页(“聚焦”页)，单击页码格式对话框中“号码格式”栏内的“起始页码”单选按钮，并选择从“1”编号并确定。 ④ 将光标定位于第 1 节(即“封面”页)，双击页眉部分，按 Delete 键删除页眉。 ⑤ 转至页脚，选中页码，按 Delete 键删除页码

【自主训练】

(1) 删除本任务中第 1、2 节之间的分节符，将文档分为四节，然后实现同样的页眉效果。

(2) 将“本期导读”栏目中各条目前面的项目符号改为实心菱形符号。

【问题思考】

(1) 如何查看分节符？如何删除分节符和分页符？

(2) 如何删除文档中已经建立的封面？

4.6.2　相关知识与技能

4.6.2.1　分栏排版

分栏是指将页面在横向上分为多个栏，文档内容在其中逐栏排列。报纸和试卷经常采用分栏排版。操作步骤如下：

(1) 选定要分栏的段落内容(注意，所选文字中不能包含最后一段结尾处的回车符)。

(2) 单击“布局”|“页面设置”|“栏”按钮，在下拉列表中选择一种分栏版式，或在列表中选择“更多栏”命令，在打开的“栏”对话框(如图 4-31 所示)中进行设置，如栏数、宽度和间距、分隔线等。

注意：当采用多栏形式设置文本时，通常文本以栏出现的次序进行填充，仅在一栏填满后才填充下一栏。如果要想让前一栏的某些文本放入下一栏，应在这些文本前手工插入分栏符。方法是：将光标放在想进入下一栏的文本前，单击“布局”|“页面设置”|“分隔符”|“分栏符”按钮。

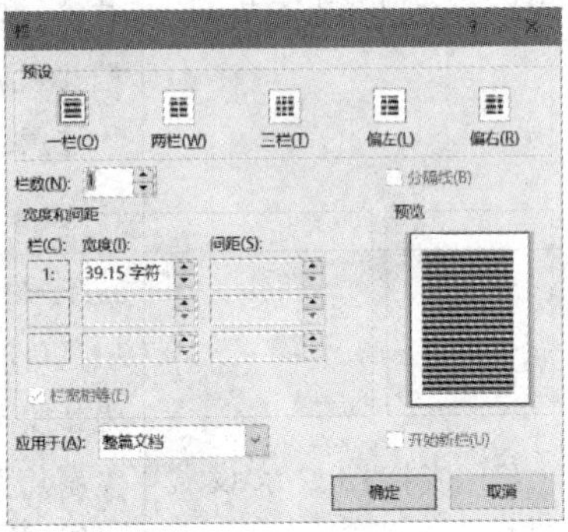

图 4-31　“栏”对话框

4.6.2.2　分页符与分节符

1. 分页符

分页符是标记一页结束并开始下一页的点。当文本或表格等内容填满当前页时，Word 将自动转到下一页，并在两页之间插入一个“自动分页符”。如果文本内容没有填满当前页，但其他内容想在新的一页开始时，可通过插入分页符的方法来实现。插入的分页符也称为手动分页符、人工分页符或硬分页符。插入分页符的方法是：将光标插入点置于需要的地方，单击“布局”|“页面设置”|“分隔符”右边的倒三角形按钮，在打开的选项中单击“分页符”。

2. 分节符

节是文档格式的一个单位，是 Word 用来划分文档的一种方式。默认方式下，Word 将整个文档视为一节，分节符可以将 Word 文档分成几节，然后为每一节分别设置不同的页面格式，如纸张大小、纸张方向、页边距、页眉、页脚、页码等。如果需要在一个文档中使用不同的版面布局，就需要插入分节符，然后根据需要设置每节的页面布局。插入分节符的方法是：将光标插入点置于需要的地方，在“布局”|“页面设置”组中，单击“分隔符”右边的倒三角形按钮，在打开的选项中单击要使用的分节符类型即可。分节符的类型有以下四种：

(1) 下一页。在插入“下一页”分节符的地方，Word 会强制分页，新的节从下一页开始。如果想在不同的页面上分别应用不同的页面设置，可以使用此分节符。

(2) 连续。插入“连续”分节符时，文档不被强制分页，并在同一页开始新的节。在同一页面上创建不同的分栏样式时，经常使用这种分节符。

(3) 偶数页。在插入“偶数页”分节符后，新的一节会从其后的第一个偶数页面开始(以页码编号为准)。

(4) 奇数页。在插入“奇数页”分节符后，新的一节会从其后的第一个奇数页面开始(以页码编号为准)。

分节符、人工分页符需要在草稿视图下才能删除，其操作方法是：在分节符上单击选中，按 Delete 键即可删除。

4.6.2.3　设置页眉和页脚

页眉和页脚分别位于页面顶部和底部的页边距中，通常用来插入章节名称、页码等附加信息，只有在页面视图和打印预览视图才能看到页眉和页脚效果。

1．插入页眉或页脚

(1) 单击“插入”|“页眉和页脚”|“页眉”或“页脚”按钮，在打开的下拉列表中选择一种样式。

(2) 光标会自动定位于页面的顶端或底端，文档自动进入页眉和页脚的设计状态，正文黯淡显示，表示不能编辑，单击页眉或页脚占位符输入内容。

(3) 单击“页眉和页脚工具-设计”|“关闭页眉和页脚”按钮，或者按 Esc 键可退出页眉和页脚的设计状态，回到正文编辑状态。在文档编辑区双击鼠标，也可以退出页眉和页脚设计状态。

2．编辑页眉或页脚

双击页眉或页脚可以进入页眉或页脚编辑状态，利用“开始”选项卡可以对页眉和页脚进行文本字体及段落对齐格式设置。选定要删除的页眉或页脚内容，按 Delete 键即可删除页眉或页脚。

小贴士

如何删除页眉文字下方的一条横线?

双击页眉区域，选中页眉文字后的段落标记，单击“开始”|“段落”|“边框”下拉按钮，在“边框和底纹”对话框的“边框”选项卡中选择“无”，应用于“段落”。

【课堂练习 4.5】

(1) 在页脚插入页码。样式：加粗显示数字，“第 X 页共 Y 页”(X 表示当前页数，Y 表示总页数)水平居中。

(2) 插入任意内容的页眉，去掉页眉下的横线。

(3) 对一段文字进行分栏操作，要求分为等宽的两栏，栏间间距为 1 字符，栏间加分隔线。

(4) 为某个页面添加内容为“锦绣中国”的文字水印。

(5) 将某个页面的背景颜色设置为黄色(标准色)。

3．设置奇偶页不同的页眉和页脚

设置页眉和页脚后，整个文档中所有页的页眉和页脚会完全相同。如果需要为文档的

首页、奇偶页设置不同的页眉和页脚，可单击“页眉和页脚工具-设计”|“选项”，勾选“选项”组中的“首页不同”或“奇偶页不同”选项。

4．分“节”设置页眉或页脚

如果要为文档中的不同页面设置不同的页眉或页脚，应首先将文档分为多个“节”，然后为每一“节”设置页眉或页脚。通过选中或取消“链接到前一节”选项，可以使相邻“节”具有相同或不同的页眉或页脚。

4.6.2.4　制作目录

为文档创建目录有利于了解文档的整体结构。目录中的标题均以超链接形式显示，用户只需按住 Ctrl 键单击目录中的标题，即可跳转到文档中相应位置。创建目录主要有以下两种方法。

1．利用标题样式

(1) 选中文档中要作为一级标题的段落(配合 Ctrl 键全部选中该级别的段落，或只选定一个段落，以后使用格式刷把格式复制给其他段落)，单击“开始”|“样式”功能组，在样式列表中选择“标题 1”，作为段落应用“标题 1”样式。

(2) 在样式窗格中修改“标题 1”的字符和段落格式，并选中“自动更新”选项。或者在设置“自动更新”选项后，直接在文档中修改使用该样式的某个段落的格式。类似地，为文档中的相应段落设置二级标题样式、三级标题样式等，并对其格式进行修改。

(3) 将光标定位到要插入目录的位置(根据需要可以手工输入“目录”两字)。

(4) 单击“引用”选项卡“目录”组中的“目录”按钮，在下拉列表中选择一种目录格式，或者单击“自定义目录”命令，在“目录”对话框中设置相应参数，单击“确定”按钮生成目录。

目录生成后，可以选定目录内容，设置目录中的文字格式。

2．利用大纲视图

(1) 单击“视图”|“视图”|“大纲”命令，切换到大纲视图，如图 4-32 所示。

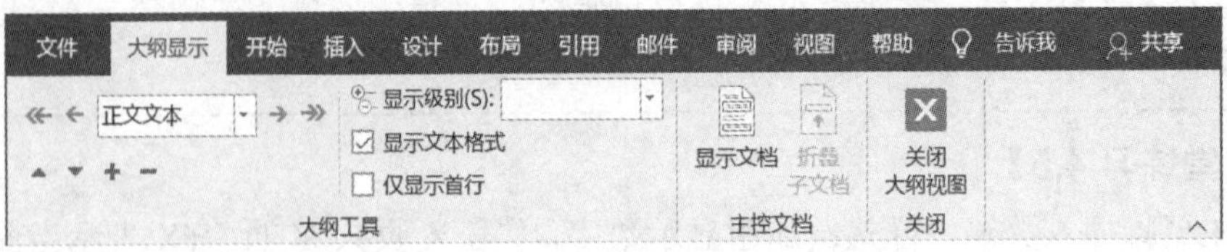

图 4-32　大纲视图

(2) 单击“视图”选项卡，勾选“显示”组中的“导航窗格”选项，此时将在窗口左侧出现导航窗格，单击导航窗格中的“标题”选项卡，使窗格中显示各级标题文字。

(3) 将光标移动到文档中要作为一级标题的段落左侧的“●”处单击，在“大纲工具”功能区中，单击“大纲级别”下拉列表，选择“1 级”，即将正文标题提升为 1 级标题，用同样的方法为其他要作为目标标题的段落进行大纲级别设置。也可以使用“升级”或“降级”等按钮来修改级别。

(4) 单击“大纲显示”选项卡中的“关闭大纲视图”按钮关闭大纲视图。单击“引用”选项卡“目录”组中的“目录”按钮生成目录。

4.6.2.5　使用样式

样式是指用一个名称保存的多种格式的集合。使用样式来设置文本的格式，而不是直接进行格式设置，可以快速轻松地在整个文档中应用一组格式，从而提高排版效率和质量。

Word 已经提供了大量的样式(称内置样式)，用户可直接采用；用户也可以修改某个内置样式再行使用，或新建自定义样式，以备应用。

在文档中应用了某一样式后，如果要修改样式，则应用了该样式的所有内容将自动更新，实现“一改全改”，这不仅提高了格式修改效率，也保证了格式统一。

1．样式的应用与管理

(1) 应用样式。

选定要使用样式的文本或段落，单击“开始”|“样式”组右侧的下拉按钮(“其他”按钮)，在下拉列表中选择要使用的样式(如“正文”“标题 2”等)，则所选内容将应用该样式。

(2) 查看样式内容。

将光标定位于文档中的文本或段落中，在“开始”|“样式”组上方的样式列表中将会显示所使用的样式。单击“样式”组右侧的对话框启动器按钮，打开“样式”窗格(如图 4-33 所示)，将鼠标指向样式名称，该样式相应的格式信息就会显示出来。

(3) 修改样式。

在如图 4-33 所示的“样式”窗格中，单击要修改的样式名称右侧的倒三角形按钮，从弹出的列表中选择“修改”命令，在“修改样式”对话框中进行格式内容的修改。修改样式后，文档中所有应用该样式的文本格式将自动被更新。

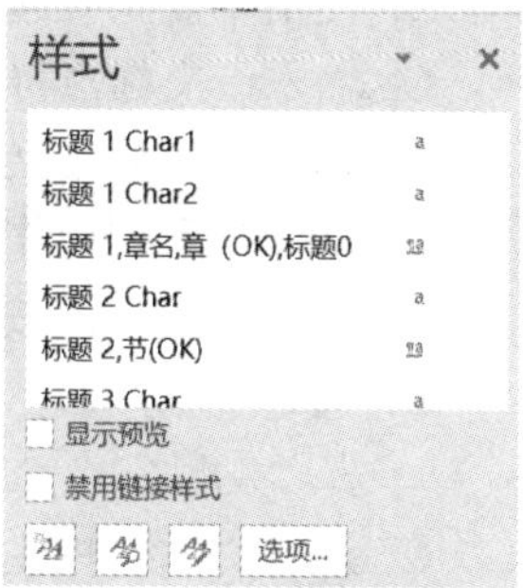

图 4-33　“样式”窗格

(4) 删除样式。

在如图 4-33 所示的样式窗格中，单击“样式”窗格左下角的“管理样式”按钮，在“编辑”选项卡中选中要删除的样式，单击“删除”按钮并确认删除。样式删除后，文档中凡是应用该样式的文本都自动应用默认的正文样式。也可以在“样式”窗格中单击样式名称右侧的倒三角形按钮，从弹出的列表中选择“删除”命令删除样式。

2．创建自定义样式

(1) 在如图 4-33 所示的“样式”窗格中，单击“样式”窗格左下角的“新建样式”按钮，打开“根据格式化创建新样式”对话框。

(2) 在对话框的“名称”文本框中输入样式名称，在“样式类型”下拉列表中选择样式类型(段落或字符等)，在“样式基准”下拉列表中选择一个已有的样式，在其基础上建立新样式。单击对话框左下角的 格式(O) ▾ 按钮，在弹出的菜单中可以设置字体、段落、边框等格式。单击“确定”按钮则创建了新样式，新创建的样式将出现在“样式”窗格中。

【课堂练习 4.6】

用自己的姓名建立一个“字符”样式类型，要求字体为楷体、四号、红色、加粗；对文档中的任意五处文本应用该样式；将该样式中的“红色”修改为“蓝色”，观察效果，最后删除该样式。

习　题　4

一、单选题

1. 在 Word 中，可以根据需要放大或缩小工作窗口中的文字，下面(　　)方法不能实现此功能。

A. 用鼠标拖动状态栏右侧的“显示比例”滑块

B. 用鼠标单击状态栏右侧的缩放级别区域的 + 号或 - 号

C. 按住 Ctrl 键，滚动鼠标滚轮

D. 按住 Ctrl 键，再按 + 号或 - 号

2. 在 Word 文档的编辑过程中，如要将光标移动到文档尾部，可以按(　　)键。

A. Ctrl + Home　　B. Ctrl + End

C. PageUp　　D. PageDown

3. 在 Word 中要插入特殊符号如☆或中文标点符号如顿号，以下说法错误的是(　　)。

A. 使用搜狗等汉字输入法的软键盘进行输入

B. 使用“插入”选项卡“符号”组中的“符号”功能进行输入

C. 输入中文标点符号时必须切换到中文输入法状态

D. 逗号不区分中文和英文状态

4. 在 Word 中下列操作不能实现复制的是（　　)。

A. 先选定文本，按 Ctrl + C 键后，再到插入点按 Ctrl + V 键

B. 选定文本，右击并选择“复制”命令后，将光标移动到插入点，右击鼠标并选择“粘贴”命令

C. 选定文本，按住 Ctrl 键，同时按住鼠标左键，将光标移到插入点

D. 选定文本，按住鼠标左键，移到插入点

5. 在 Word 中，若要在一段文本中统一将中文设置为“宋体”，西文设置为“Times New Roman”，则要打开“开始”选项卡的(　　)功能组。

A. 段落　　B. 字体　　C. 样式　　D. 格式

6. 在 Word 中，如果要在图片的周围环绕文字，应该设置图片的“环绕文字”方式为(　　)。

A. 嵌入型　　B. 上下型

C. 紧密型　　D. 四周型

7. 在 Word 中关于表格相关操作的说法，不正确的是(　　)。

A. 在表格右下角单元格中按一下 Tab 键，可以在表格最下方增加一行

B. 在表格中按 Tab 键可以使光标向右移动一个单元格，按 Shift + Tab 键可以使光标向左移动一个单元格

C. 将光标置于表格左侧的选定区，单击并拖动鼠标选定表格中的一些行，然后按 Ctrl + X 组合键可以删除表格的行

D. 单击表格左上角的十字形按钮选定整个表格，然后按 Delete 键可以删除整个表格

8. 在 Word 中，单击“插入”|“插图”|“形状”下拉按钮，选定矩形工具，按住(　　)按钮并拖动鼠标即可绘制正方形。

A. Ctrl　　B. Alt　　C. Shift　　D. Enter

9. Word 具有分栏的功能，下列关于分栏的说法，正确的是(　　)。

A. 最多可以分四栏　　B. 各栏的栏宽必须相等

C. 各栏之间的间距是固定的　　D. 各栏之间的分隔线可加可不加

10. 在 Word 中，若要在页面中加入水印，应在 (　　)选项卡中设置。

A. 审阅　　B. 文件　　C. 视图　　D. 布局

二、简答题

1. 在 Word 表格中增加列时，可能会出现表格右侧的列超出页面区域的现象，如果想将超出页面区域的列往左拉回页面中，应如何操作？

2. 如果要在多段文字外面加一个方框，应使用“字体”组中的字符边框还是“段落”组中的边框来设置？

3. 如果当前的计量单位不是要求的单位，比如要设置首行缩进 2 字符，对话框中的单位是磅值，应如何设置？

4. 嵌入型图片如果想与其他非嵌入型图片同时被选中，需要提前做什么处理？

5. 如何选中位于底层而且被上层的图或表全部遮挡住的图形？

6. 一个跨页表格需要在下一页显示出表头信息，应如何设置？

7. 行间距中的“固定值”与“最小值”有什么区别？

三、操作题

从网上下载当代爱国诗歌至少 10 首，最好包括诗歌赏析或作者及写作背景介绍等内容，将诗歌保存于一个 Word 文档中，制作一个爱国诗歌手册。

要求：手册包括封面、目录和正文三部分。每首诗歌另起一页。封面可使用封面向导辅助生成，要配有图片和“爱国诗歌手册”文字，目录内容包括每一首诗歌的名称和所在页码，要求图文美观大方。封面不要页码，目录页码从罗马数字“Ⅰ”开始编号，正文页码从“1”开始编号。所制作的诗歌手册在班内分享交流。部分样图如图 4-34 所示。

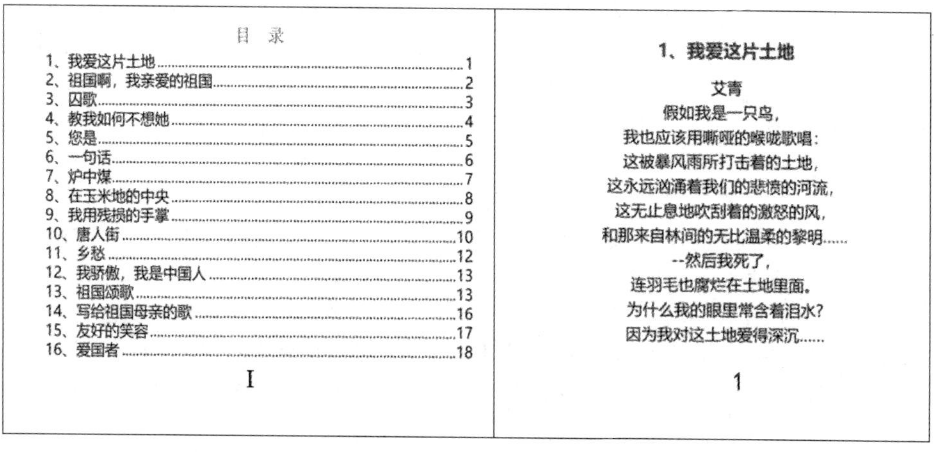
目　录

1、我爱这片土地……1
2、祖国啊，我亲爱的祖国……2
3、囚歌……3
4、教我如何不想她……4
5、您是……5
6、一句话……6
7、炉中煤……7
8、在玉米地的中央……8
9、我用残损的手掌……9
10、唐人街……10
11、乡愁……12
12、我骄傲，我是中国人……13
13、祖国颂歌……13
14、写给祖国母亲的歌……16
15、友好的笑容……17
16、爱国者……18

Ⅰ

1、我爱这片土地

艾青
假如我是一只鸟，
我也应该用嘶哑的喉咙歌唱：
这被暴风雨所打击着的土地，
这永远汹涌着我们的悲愤的河流，
这无止息地吹刮着的激怒的风，
和那来自林间的无比温柔的黎明……
--然后我死了，
连羽毛也腐烂在土地里面。
为什么我的眼里常含着泪水？
因为我对这土地爱得深沉……

1

图 4-34　“爱国诗歌手册”目录及正文第 1 页样图

四、综合题

编排毕业设计(论文)格式。

【任务要求】

根据某学院毕业设计(论文)格式要求，参考素材文件夹中毕业设计(论文)格式要求、部分格式范例，对论文(素材)文件进行格式编排。主要掌握分页与分节设置、标题样式的应用与修改及目录生成等。

基本要求：论文主体部分汉字字体均为宋体，正文文字为小四号，两端对齐，除章、节、条外，每个自然段前缩进 2 个中文字符，行距为固定值 23 磅，不设页眉，不使用自动编号；参考文献、致谢、附录等按章标题设置格式，但要居中对齐。

其他详细要求见“第 4 章 Word”素材文件中的相关文件。

【实施步骤】

毕业设计(论文)格式编排的任务要求和操作要点如表 4-9 所示。

表 4-9　任务要求和操作要点

<table>
<tr><th>任 务 要 求</th><th>操 作 要 点</th></tr>
<tr><td colspan="2">1. 应用内置标题样式，创建文档结构</td></tr>
<tr><td>要求毕业设计(论文)文档中至少体现章、节、条三级结构。
将所有的章标题设置为内置“标题 1”样式，节标题设置为内置“标题 2”样式，条标题设置为内置“标题 3”样式</td><td>使用内置的标题样式可以快速创建文档结构，并为自动生成目录打下基础。
将光标定位到某个章标题所在段落中，单击“开始”选项卡，在“样式”组“样式”列表中选择“标题 1”样式应用该样式。如果看不到所需要的样式，可单击样式列表框右下角的“其他”下拉按钮以显示更多样式。如果要显示全部样式，可单击“样式”对话框启动器按钮，在“样式”窗格下方单击“选项”命令，在对话框的“选择要显示的样式”列表中选择“所有样式”。
应用标题样式后，系统会自动为标题文字添加编号，单击“开始”|“段落”中的“编号”按钮可以去除编号。
使用格式刷为其他章标题设置“标题 1”样式。或者单击其他章标题所在段落，按 F4 功能键重复刚才的操作。
采用同样的方法为所有节标题、条标题设置“标题 2”“标题 3”样式。
注意：为了方便地观察应用标题样式后的文档结构，以及通过单击各级标题快速在文档中定位光标，应打开“导航窗格”。方法是：在“视图”选项卡下勾选“导航窗格”复选框</td></tr>
<tr><td colspan="2">2. 利用标题样式，自动生成目录</td></tr>
<tr><td>要求在“摘要”页之后、正文页之前插入目录，目录内容为章、节、条内容和所在页码</td><td>在“摘要”页之后插入空白行，手工输入“目录”两字，将光标定位于“目录”两字之后。
单击“引用”|“目录”|“目录”命令，在下拉列表中选择一种自动目录样式，如“自动目录 1”样式生成目录，删除目录区最上方的“目录”两字。
如果文档内容或样式有改变，则需要更新目录或更新页码。方法是：在目录区右击并在快捷菜单中选择“更新域”命令</td></tr>
</table>

续表

任务要求	操作要点
3．修改标题样式，统一标题格式	
格式要求： 一级标题为宋体，小三号，加粗，段前、段后各 6 磅； 二级标题为宋体，四号，加粗，段前、段后各 6 磅； 三级标题为宋体，小四号，加粗，段前、段后设为自动，行距为固定值 23 磅	单击“开始”选项卡，使样式列表出现。 将光标定位到文档的某一个标题段落中，这时样式列表框中会自动选定标题所使用的样式如“标题 1”，右击该样式，在快捷菜单中选择“修改”命令将会出现“修改样式”对话框，在对话框中单击“格式”按钮，然后选择“字体”或“段落”命令，可以设置该样式的字体、字号等字体格式，以及段间距和行距等段落格式。 在“修改样式”对话框中勾选“自动更新”复选框，这样可以实现对该样式格式的统一修改
4．使用分节符，插入页码	
(1) 要求目录和正文分别编写页码，正文、参考文献和附录等统一编写页码，页码置于页面底端，居中。具体要求：封面、毕业设计任务、毕业设计评定书、摘要页不加页码和页眉；目录使用大写罗马数字，从“Ⅰ”开始编号；正文使用阿拉伯数字，从“1”开始编号	① 将文档分为三节。 右击状态栏，从快捷菜单中选择“节”，使状态栏显示节号。 将光标放在“目录”文字之前(“目”的左面)，单击“布局”|“页面设置”|“分隔符”|“下一页”插入分节符，在目录页前分节。 采用同样的方法，将光标放在正文第一行的最前面(左面)，插入分节符。 **注意：**也可以将光标放在前一节最后端，在该节之后插入分节符。一定要注意不要将分节符插在目录区内。 ② 设置页码。 由于三节的页码需要分别设置，因此需要取消后一节对前一节的链接。使“链接到前一节”按钮取消高亮度显示(含义为本节页眉/页脚不链接前一节的页眉/页脚，即可设置与上一节不相同的页眉/页脚)；转到第 3 节，同样取消“链接到前一节”选项。 因第 1 节不设置页码，将光标定位于第 2 节页面上任意位置，单击“插入”|“页码”|“页面底端”，选择“普通数字 2”选项。选定新生成的页码，在“页眉和页脚工具-设计”选项卡中单击“页码”|“设置页码格式”命令，在对话框中选择“编号格式”为“Ⅰ，Ⅱ，Ⅲ”，“起始页码”为“1”。 单击“导航”组中的“下一条”按钮转到第 3 节，采用同样的方法插入页码并设置页码格式为“1，2，3”，“起始页码”为“1”。 双击文档正文，关闭页眉和页脚工具
(2) 更新目录	在目录区右击并在快捷菜单中选择“更新域”命令，在对话框中选择“更新整个目录”命令更新目录和页码。在目录区按 Ctrl 键单击目录项链接可跳转到文档中的相应位置

说明：

(1) 自定义目录。

操作中的第 1 步骤是首先使用内置标题样式创建文档结构，然后生成目录。三级目录的标题样式并不需要一定从“标题 1”“标题 2”“标题 3”依次设置，也可以依次使用“标题 2”“标题 3”“标题 4”等进行设置，但生成目录时应使用“自定义目录”命令，使用“选项”功能，在打开的“目录选项”对话框中进行不同级标题的选择。

(2) 在大纲视图中创建文档结构，然后生成目录。

可以使用大纲视图中的大纲工具首先调整好各级标题的大纲级别，然后生成目录。这种方式经常配合“导航窗格”来完成。表 4-9 中的第 1 步骤也可以改用以下操作方式：

① 为了方便观察应用标题样式后或修改大纲级别后的文档结构，应打开“导航窗格”。单击“视图”|“显示”，勾选“导航窗格”选项，此时 Word 窗口被分成左右两部分，单击“导航窗格”中的“标题”选项卡，使左窗格中显示整个文档的标题结构，右侧显示文档内容。单击左窗格中的某个标题，光标会在右窗格文档内容中快速定位。单击“导航窗格”标题前的◢按钮可以折叠下级标题，单击▷按钮可展开下级标题。

② 使用大纲视图显示文档框架，使用大纲工具升降大纲级别，以改变文档结构。单击“视图”|“视图”功能组，勾选“大纲”选项，出现“大纲显示”选项卡，使用“升级”“降级”等工具按钮改变段落的大纲级别。如果左窗格中错误地显示了非标题内容，则说明误将正文内容设置成了标题级别，此时应选定右窗格中的段落，单击大纲工具中的“降级为正文”按钮，将段落修改为“正文”样式。

在大纲视图下，单击段落左侧的⊕或者⊖按钮，可以控制显示/不显示下一级别的文档内容。

文档结构设置好后，通过“引用”选项卡生成目录。标题格式的设置工作仍然要使用修改样式功能来完成。

实质上，各级标题的大纲级别和其使用的标题样式是有对应关系的。大纲级别的 1 级、2 级、3 级的文本分别应用了内置标题样式“标题 1”“标题 2”“标题 3”。

不论是通过标题样式还是通过设置大纲级别确定文档结构，都建议打开“导航窗格”。

(3) 分节符的查找与删除。

单击“视图”选项卡，在“视图”组中勾选“草稿”选项可进入草稿视图，在这种视图中可以明显地看到分节符(双横线)，将光标放置于双横线上，按 Delete 键可以删除分节符。通过查找功能也可以查找到文档中的特殊字符“分节符”。

(4) 关于页眉和页脚的更多选项。

在设置页眉时有时会出现某一节中的第 1 页没有页眉的现象，此时应单击“页眉和页脚工具-设计”|“选项”组，取消勾选“首页不同”复选框，如果勾选此选项，则某一节的首页的页眉与其他页的页眉需要分别设置。

在“选项”组中勾选“奇偶页不同”复选框，可将同一节奇数页和偶数页设置为不同的页眉。

五、模拟测试典型题

(1) 编辑、排版。

打开 Wordkt 文件夹下的 Word14D.docx 文件，按如下要求进行编辑、排版：

第 4 章模测典型题

① 基本编辑。

将 Wordkt 文件夹下的 Word14D1.txt 文件中的内容插入 Word14D.docx 文件的末尾。

删除文章中的所有空行。

将文章中所有的“()”替换为“【】”。

② 排版。

页边距：上、下、左、右为 2 厘米；纸张大小为 A4；页眉距边界为 1 厘米，页脚距边界为 1.5 厘米。

将文章标题“IPv6：让每粒沙子都能连上网”设置为仿宋、小二号字，加粗，标准色中的绿色，水平居中，段后距 1 行。

将小标题“(一)IPv4：5 亿中国网民用 3 亿地址”和“(二)IPv6：每一粒沙子都有地址”设置为黑体、小四号字，加下划线，标准色中的红色，左对齐，1.5 倍行距。

将其余部分(除上面两个标题以外的部分)的中文字体设置为仿宋，英文字体设置为 Times New Roman，小四号字，首行缩进 2 字符，两端对齐，行距为固定值 18 磅。

将排版后的文件以原文件名存盘。

(2) 表格操作。

打开 Wordkt 文件夹下的 bg14d.docx 文件，按如下要求调整表格(样表参见 Wordkt 文件夹下的“bg14d.jpg”)：

将文字转换为 5 行 5 列的表格。

设置第 1 行行高为固定值 1.5 厘米，设置第 2 行行高为固定值 1.8 厘米，其余各行行高为固定值 1.2 厘米。

设置第 1、2、3 列的列宽为 2.5 厘米，其余各列的列宽为 3 厘米。

设置第一行的文字格式为黑体、小四号字，其余文字为楷体、五号字。

所有单元格对齐方式为水平、垂直均居中，整个表格水平居中。

按样表所示设置表格框线：粗线为 1.5 磅双实线，标准色中的红色，细线为 0.75 磅单实线，标准色中的紫色。

最后将此文档以原文件名存盘。

第 4 章其他资源　　第 4 章习题答案

第 5 章　Excel 2016 的应用
——学生成绩管理

在日常生活和工作中，经常会遇到一些数据处理事务，如高校学生成绩的录入和处理，企事业单位职工的档案信息、工资数据的处理等。这些事务工作的特点是数据常以表格形式出现，而且具有大量的数据计算和统计工作，甚至还需要用各类图表进行数据展示，这类工作如果使用 Word 中的表格功能将难于实现，而利用 Excel 来处理就会非常轻松和方便。如果说 Word 是“文档处理之王”，那么 Excel 则是“数据处理大师”。

教学课件

Excel 的主要功能包括电子表格制作、公式与函数计算、数据图表制作以及数据管理与分析等。本章以某高校“学生成绩管理”的数据处理为例，讲解如何利用 Excel 完成学生成绩信息的数据处理事务，主要包括 Excel 的基本概念、工作簿与工作表的基本操作、数据的录入、编辑与格式化、数据的管理以及图表操作等内容。

【项目介绍】

学生信息以及学生成绩的管理是高等学校教学工作的常规事务。本项目以某班学生信息管理和课程成绩计算与统计作为教学任务，介绍 Excel 的基本操作和常用功能，教学目的是使读者学会运用 Excel 建立电子表格、管理数据和制作图表等技能。

本项目由七个任务组成，各任务的素材文件和效果示例文件都保存在“第 5 章 Excel”文件夹中。各任务的主要内容和所涉及的知识点如表 5-1 所示。

表 5-1　各任务的主要内容和知识点

节次	任务名称	主 要 内 容	主 要 知 识 点
5.1	建立学生信息表	① Excel 的启动与退出； ② 创建、打开、保存、关闭工作簿	工作簿的新建、打开、保存与关闭；在工作表中输入数据；设置工作簿打开密码
5.2	编辑学生信息表	① 工作表的基本操作； ② 输入数据； ③ 填充数据； ④ 编辑数据	工作表的复制、移动、改名、删除；行与列的操作(插入/删除行列，设置行高或列宽)；数据的输入与编辑；数据的填充
5.3	美化学生信息表	① 设置数据类型； ② 设置字体、字号和对齐方式； ③ 设置边框与底纹； ④ 设置条件格式	数据类型的设置；单元格格式的设置；单元格边框底纹的设置；条件格式的设置

续表

节次	任务名称	主 要 内 容	主 要 知 识 点
5.4	计算单科成绩	① 计算小组成绩表； ② 计算考勤成绩表； ③ 计算平时成绩表； ④ 计算课程成绩表	公式的概念、输入与编辑；单元格的引用方式；函数的概念与输入方法；常用函数 SUM、MAX、MIN、COUNTA、COUNTIF、ROUND 的应用
5.5	学生成绩统计	① 计算总分、平均分、级别、名次、不及格门数、是否补考等内容； ② 计算各科成绩分段人数； ③ 计算男女生单科成绩平均分； ④ 计算全班学生各科成绩最高分	逻辑函数 IF、AND 等的应用；统计函数 COUNTIF、AVERAGIF 的应用；排名函数 RANK 的应用；函数的嵌套使用
5.6	学生成绩处理	① 数据排序、自动筛选、高级筛选； ② 分类汇总； ③ 数据透视表	数据的排序；数据的筛选；分类汇总；数据透视表和数据透视图的应用
5.7	制作成绩图表	① 创建并编辑柱形图、分离型饼图； ② 制作迷你图	图表的制作与编辑；迷你图的制作；页面的设置；工作表的预览和打印

5.1　任务：建立学生信息表

5.1.1　任务描述与实施

1．任务描述

图 5-1 是某班部分学生的档案信息，本任务要完成该表格的建立和数据录入工作。

	A	B	C	D	E	F	G
1	学号	姓名	性别	出生日期	籍贯	民族	身高（m）
2	170101	李春	男	1995/1/5	河北省	汉	1.81
3	170102	许伟嘉	女	1993/7/18	山东省	回	1.65
4	170103	李泽佳	男	1994/5/31	河北省	土	1.7
5	170104	谢灏扬	女	1997/10/17	河北省	白	1.62
6	170105	黄绮琦	男	1996/12/26	陕西省	壮	1.8

图 5-1　学生信息表样图

2．任务实施

【解决思路】

首先启动 Excel 程序，然后参照图 5-1 在 Sheet1 工作表中输入相关数据，最后按要求保存工作簿文件。

启动 Excel 程序，单击 Excel 启动窗口右窗格中的“空白工作簿”按钮，系统会创建一个名为“工作簿 1”的工作簿文件，同时会新建一张名为 Sheet1 的工作表，用户可以直接在该工作表中输入数据。可以根据需要为工作表改名，然后将工作簿文件改名后存盘。存盘时注意文件的保存类型和存储位置。

表格中的每一列数据都具有相同的属性，其数据类型是相同的。一般要按列输入数据，相同或相似的数据可以通过复制或先复制后修改的手段输入，以提高输入数据的效率。

输入一个数据后，如何控制光标自动移动到下一个要输入数据的单元格，这是本任务需要掌握的技巧之一。

本任务涉及的主要知识技能点如下：

(1) 新建、打开、保存或另存、关闭工作簿。

(2) 在工作表中输入数据。

(3) 设置工作簿打开密码。

第 5 章任务一

【实施步骤】

本任务要求及操作要点如表 5-2 所示。

表 5-2　任务要求及操作要点

任 务 要 求	操 作 要 点
1. 建立工作簿	
(1) 启动 Excel，在 D 盘根文件夹中新建一个 Excel 工作簿文档	双击桌面上的 Excel 快捷方式，在 Excel 启动窗口右窗格中单击“空白工作簿”按钮，系统会创建一个名为“工作簿 1”的工作簿文件
(2) 以“学生信息-1.xlsx”为文件名保存工作簿文档	单击“文件”|“保存”或“另存为”命令，再单击“浏览”，在“另存为”对话框中选择“保存位置”为 D 盘根文件夹，“保存类型”为 Excel 工作簿，“文件名”为“学生信息-1.xlsx”。 **注意：**单击快速访问工具栏上的存盘按钮也可以保存文档
2. 输入文本	
参照样图 5-1，在 Sheet1 工作表中输入相关数据	① 单击工作表 Sheet1，激活该工作表。单击 A1 单元格，然后输入“学号”，再按 Tab 键(或向右的方向键)使光标移到右边的 A2，在单元格中接着输入“姓名”等信息，当输入“身高(m)”数据后再按回车键。 ② 输入“出生日期”时注意，年、月、日之间要以“-”或“/”分隔，例如：1995-1-5
3. 设置工作簿打开密码	
为工作簿设置打开密码(如 123)	单击“文件”|“信息”|“保护工作簿”命令，选择“用密码进行加密”选项，然后输入两次相同的密码，如 123
4. 保存工作簿、关闭工作簿、退出 Excel	
(1) 保存工作簿	单击“文件”|“保存”命令保存工作簿，也可以按 Ctrl + S 快捷键保存文件
(2) 关闭工作簿	单击“文件”|“关闭”命令关闭工作簿
(3) 退出 Excel 程序	单击 Excel 程序窗口右上角的“×”号按钮退出 Excel 程序
5. 打开工作簿	
重新启动 Excel 程序，打开 D 盘根文件夹中的“学生信息-1.xlsx”工作簿文件	重新启动 Excel 程序，单击“打开”|“浏览”命令，选择文件位置为 D 盘根文件夹、文件名为 “学生信息-1.xlsx”的文件，单击“打开”按钮。 或通过“文件”|“打开”|“最近”命令，选择“学生信息-1.xlsx”文件。 当提示输入打开密码时，正确输入密码(如 123)

小贴士

数据输入技巧：在输入数据时不要每输入一个数据就移动鼠标去定位，可以按行输入(使用 Tab 键、Shift + Tab 键或左、右光标键定位)，或按列输入(使用回车键定位)，或先选定区域再输入，以加快输入速度。学号、性别等都有规律性，将来可使用“填充”式输入。

【自主训练】

(1) 以不同的方式打开 D 盘根文件夹中的“学生信息-1.xlsx”工作簿文件。

(2) 将本任务中的“学生信息-1.xlsx”工作簿文件的打开密码(如 123)取消。

【问题思考】

(1) 本任务中，学生的学号很有规律，是逐一输入的，还是通过复制粘贴再修改的，或是使用了其他什么方法？

(2) 本任务中，每个学生的性别是怎么输入的？运用了什么技巧？

(3) 关闭工作簿和关闭(退出)Excel 是一回事吗？

5.1.2　相关知识与技能

5.1.2.1　Excel 2016 的界面组成

Excel 2016 的工作窗口与 Word 2016 的工作窗口很相似，很多组成部分的功能和用法也完全一样，所以这里不再赘述。下面针对 Excel 2016 特有的组成部分进行介绍，主要包括名称框和编辑框、全选按钮、行标与列标、工作表标签等，如图 5-2 所示。

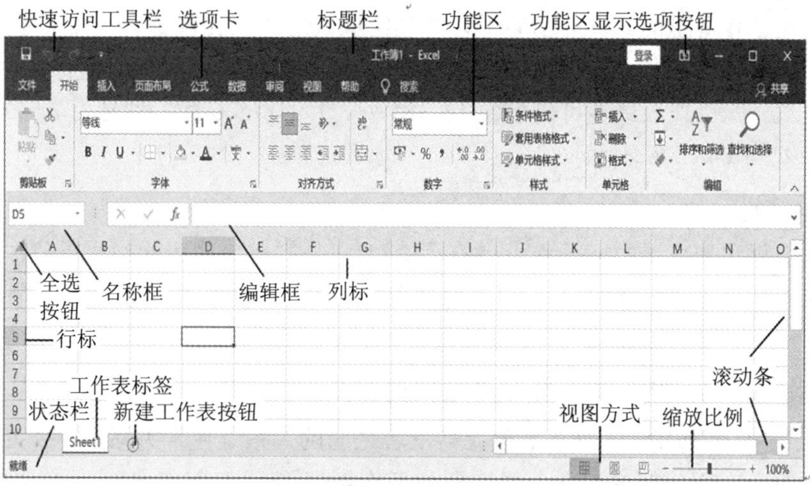

图 5-2　Excel 2016 的窗口组成

1. 名称框和编辑框

名称框用于显示当前单元格的名称或所选中的单元格范围(未松开鼠标前显示)，也用于定义单元格或区域的名称。

编辑框位于名称框的右侧，用于显示或编辑活动单元格中的数据和公式。当在单元格中输入或编辑数据时，编辑框中会同步显示单元格的内容。

当在单元格中编辑数据或者公式时，名称框和编辑框中间就会出现 × 、✓ 、f_x 三个按钮，分别是“取消”“输入”“插入函数”按钮。单击 × 按钮，可以取消输入的数据；单击 ✓ 按钮，可以确认输入的数据；单击 f_x 按钮，可以插入函数或弹出输入函数对话框。✓ 按钮的对应键是回车键，× 按钮的对应键是 Esc 键。

2．全选按钮

单击全选按钮，可以选定当前工作表中的所有单元格，相当于按 Ctrl + A 组合键。

3．行标与列标

行标与列标代表行/列的编号。单击行标/列标可选中一行或一列，也可以配合 Ctrl 键或 Shift 键选择不连续的或连续的行或列。按住 Ctrl 键的同时按下方向键↓，可以观察到工作表的最后一行；按住 Ctrl 键的同时按下方向键→，可以观察到工作表的最后一列。

4．工作表标签

工作表标签用于显示工作表的名称，单击它可以在不同的工作表之间进行切换。

5.1.2.2　Excel 的基本概念及术语

1．工作簿

工作簿是 Excel 建立和操作的文件，用来存储用户建立的工作表。工作簿文件的扩展名为.xlsx。一个工作簿由若干张工作表组成，最多 255 张工作表。

2．工作表

工作表是工作簿里的一页，由若干行和列组成。每张工作表都有一个名字，显示在工作表标签上，新建的工作表以“Sheet1”等命名，用户可以为工作表改名，也可以插入或删除工作表。一张工作表最多可以包含 16 384 列、1 048 576 行，列号用 A～XFD 表示，行号用数字 1～1 048 576 表示。

3．单元格

工作表中行和列交叉的格子称为“单元格”，它是构成工作表的基本单位，是 Excel 中的最小“存储单元”。用户输入的数据保存在单元格中，这些数据可以是字符串、数字、公式等内容。

4．工作簿、工作表、单元格三者之间的关系

在 Excel 中，工作簿、工作表、单元格三者之间的关系是包含关系。一个 Excel 文档就是一个工作簿，在工作簿中包含一张或多张工作表(不能没有工作表)，而单元格是组成工作表的最小单位，用于输入、显示和计算数据，用户操作 Excel 时，直接与单元格打交道。工作簿、工作表、单元格三者之间的关系如图 5-3 所示，它们之间的关系好比作文本、作文纸和每一个方格之间的关系。

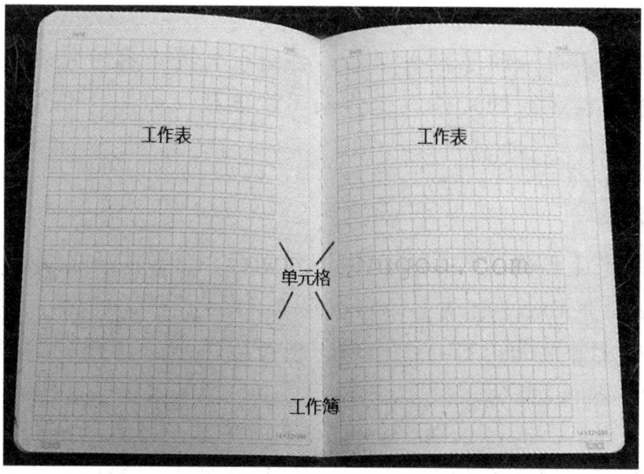

图 5-3 工作簿、工作表、单元格之间的关系

5．单元格地址与单元格名称

在工作表中，每个单元格都有一个固定的地址。单元格地址由“列号 + 行号”组成，列号在前、行号在后。例如，A5 表示第 A 列第 5 行的单元格。单元格名称即单元格的名字，也就是显示在名称框中的名称。通常情况下，单元格名称用单元格地址表示，也可以根据需要在单元格名称框中给单元格(或区域)重新起一个有意义的名称。

6．活动单元格

被选中的单元格称为活动单元格，也就是当前正在使用的单元格。外观上单元格的边框显示为粗黑框，其名称显示在名称框中。单击某个单元格，它便成为活动单元格，这时就可以向该单元格输入数据了。

如果选定了多个单元格，则反白显示的单元格为活动单元格。

7．单元格区域

单元格区域是指由多个相邻单元格组成的区域，常用左上角、右下角单元格的名称来标识，中间用“:”间隔，例如单元格区域“A1:B2”表示 A1、A2、B1、B2 四个单元格。

5.1.2.3 工作簿的基本操作

工作簿的操作主要包括工作簿的创建、保存、打开与保护等，下面分别进行介绍。

1．创建工作簿

创建工作簿的方法有多种。启动 Excel 程序，单击 Excel 启动窗口右窗格中的“空白工作簿”按钮，系统会创建一个名为“工作簿 1”的工作簿文件，其名称显示在标题栏中。

如果要继续创建新的工作簿，则单击“文件”|“新建”命令，再单击“空白工作簿”按钮。

2．保存工作簿

保存工作簿就是把内存中的工作簿文件各个工作表中的数据写入磁盘文件。可以单击“文件”|“保存”命令，或者按 Ctrl+S 组合键保存。如果是第一次保存，将弹出“另存为”对话框，在该对话框中指定保存文件的类型、位置和文件名。

小贴士

在原有的工作簿中修改了数据以后，再进行数据保存时将不会弹出对话框，而是直接保存，覆盖掉原来的文件。工作表不能单独以文件的形式存储，只能存储于一个工作簿中。

3．打开工作簿

打开工作簿就是把工作簿文件从外存中调入内存，以便显示或编辑其中的工作表数据。在用户启动 Excel 后，在 Excel 启动窗口右窗格中“最近”选项卡下面会显示出最近编辑过的工作簿文件，单击文件名即可打开工作簿。也可以单击“打开”|“浏览”命令，打开指定磁盘和文件夹中的某个工作簿文件。

在 Excel 正常启动后，通过单击“文件”|“打开”命令方法可以打开工作簿文件，也可以通过文件资源管理器进入存放工作簿的磁盘和文件夹，然后双击工作簿文件，这样会启动 Excel，同时打开该工作簿。

4．保护工作簿

1) 为工作簿设置打开密码

如果工作簿的内容很重要，不希望别人随便打开，可以为工作簿设置打开密码，方法是：

单击“文件”|“信息”|“保护工作簿”命令，选择“用密码进行加密”，然后输入两次相同的密码。为工作簿设置打开密码后，下次打开工作簿时就要求输入密码。取消密码的操作相似，只是将密码清空即可。

单击“文件”|“另存为”|“浏览”命令，在“另存为”对话框中单击“保存”按钮左侧的“工具”按钮旁边的三角形按钮，选择“常规选项”，可以为文件设置打开权限密码和修改权限密码。

2) 保护工作簿的结构和窗口

单击“审阅”|“保护”|“保护工作簿”按钮，可以设置密码保护工作簿结构或窗口，在打开的“保护结构和窗口”对话框中，根据需要勾选“结构”或“窗口”选项，并输入保护密码再按“确定”按钮即可。

保护工作簿的结构可以防止他人在工作簿中插入、移动或删除工作表，或者对工作表中的数据、图表等对象进行操作；保护工作簿的窗口可以防止对工作窗口进行最小化、最大化和还原操作。取消保护的操作与此相似，只需正确输入密码。

5.2 任务：编辑学生信息表

5.2.1 任务描述与实施

1．任务描述

本任务要对“学生信息-2.xlsx”工作簿素材文件 Sheet1 工作表中的学生信息进行编辑，

一是改造 Sheet1 工作表中学生信息表的结构，二是从“学生信息文档.docx”Word 文件中复制补充学生数据。完成后的效果如图 5-4 所示(注意，图中只给出了部分行数据)。

	A	B	C	D	E	F	G	H	I	J
1	学生信息表									
2	班级：	软件1701						制表日期：	2017/9/23	
3	序号	学号	组号	姓名	性别	出生日期	籍贯	民族	身高（m）	身份证号
4	01	170101	1	李春	男	1995/1/5	河北省	汉族	1.81	130302199410080933
5	02	170102	1	许伟嘉	女	1993/7/18	山东省	回族	1.65	37010119940713808X
6	03	170103	1	李泽佳	男	1994/5/31	河北省	土族	1.7	130201199407029092
7	04	170104	1	谢灏扬	女	1997/10/17	河北省	白族	1.62	130601199403018605
8	05	170105	1	黄绮琦	男	1996/12/26	陕西省	壮族	1.8	610101199412015014

图 5-4　编辑学生信息表后的效果图

2. 任务实施

【解决思路】

本任务涉及在 Excel 工作表中插入行列、删除行列、修改单元格内容等操作，对工作表的此类操作称为编辑工作表。

第 5 章任务二

本任务涉及的主要知识技能点如下：

(1) 工作表的编辑，包括切换、选定、重命名、删除、移动位置、建立副本等。

(2) 行与列的操作，包括选定行或列、插入/删除行或列、复制行或列数据、设置行高和列宽等。

(3) 单元格的编辑，包括单元格的选定、修改单元格内容、插入或删除单元格等。

(4) 从 Word 文档向 Excel 中复制数据。

(5) 自动填充单元格数据序列。

【实施步骤】

本任务要求及操作要点如表 5-3 所示。

表 5-3　任务要求及操作要点

任务要求	操作要点
1. 工作表的操作	
(1) 建立工作表副本。在“Sheet1”工作表左侧为“Sheet1”工作表建立副本	双击打开“学生信息-2.xlsx”工作簿文件，在“Sheet1”工作表标签上右击，在快捷菜单中选择“移动或复制”命令，在对话框中选中“建立副本”对话框，然后在工作表名称列表中选中“Sheet1”，再单击“确定”按钮，此时将建立副本“Sheet1(2)”
(2) 重命名工作表。将“Sheet1(2)”工作表重命名为“学生信息表”	双击“Sheet1(2)”工作表标签，输入名称“学生信息表”
(3) 添加一张新的工作表，并将其移动到工作表标签最右侧	单击工作表标签右侧的“新工作表”按钮⊕添加工作表。用鼠标拖动新建立的工作表标签，将其移动到工作表标签区最右侧时释放鼠标
(4) 删除 Sheet1 工作表	右击 Sheet1 工作表标签，在快捷菜单中选择“删除”命令
(5) 选定“学生信息表”工作表	单击“学生信息表”工作表标签， 使其高亮显示

续表一

任务要求	操作要点
	2. 行与列的操作
(1) 在表格上方插入 2 个空行	单击并拖动 1～2 行的行标选中第 1～2 行，右击“插入”命令，在第 1 行之前(之上)插入两行
(2) 在“学号”列左侧插入“序号”列，在“学号”列右侧插入“组号”列	① 右击“学号”列的列标，执行“插入”命令，然后输入列标题“序号”。 ② 右击“姓名”列的列标，执行“插入”命令，然后输入列标题“组号”
(3) 删除第 4～8 行	单击第 4 行的行标，向下滑动鼠标，选中第 4～8 行，右击，选择“删除”命令
(4) 设置行高。设置第 1 行表格名称的行高为 35 磅，调整其他行的行高为最合适值(即“自动调整行高”)	右击第 1 行的行标，输入行高值 35，单击第 2 行的行标，按住 Shift 键再单击第 33 行的行标选定第 2～33 行，单击“开始”|“单元格”|“格式”|“自动调整行高”命令。或者双击所选定行标的下边界线调整行高为最合适值
(5) 设置列宽。设置“序号”列的列宽为 6 磅，“身高”列的列宽为 12 磅	右击“序号”列，输入列宽值“6 磅”；右击“身高”列，输入列宽值“12 磅”
	3. 输入数据
参照样图输入前三行中的相关数据	① 在 A1、A2、B2、H2、I2 单元格中输入相应内容。 ② 在 J3 单元格中输入列标题“身份证号”
	4. 从 Word 文件复制数据(确保“身份证号”一列数据正常显示)
(1) 从“学生信息文档.docx”文件复制全部数据，粘贴到 D4 单元格开始的位置	双击打开“学生信息文档.docx”素材文件，选定从“李春”开始的所有行，按 Ctrl + C 键复制数据，在 Excel 工作表中单击 D4 单元格，按 Ctrl + V 键粘贴数据
(2) 删除 G4:G33 单元格区域(“籍贯”下方)	选定 G4:G33 单元格区域(“年龄”数据)，右击，选择“删除”“右侧单元格左移”命令
(3) 设置“身份证号”列的数据类型，重新粘贴数据	① 选定 J4:J33 单元格区域，右击，选择“设置单元格格式”命令，在“数字”选项卡的“分类”列表中选择“文本”。 ② 重新从 Word 文件复制“身份证号”列数据(按 Ctrl + C 键)，单击 J4 单元格，右击并选择“粘贴选项”中的“匹配目标格式”选项
	5. 填充数据
(1) 填充式输入“序号”，序号从“01”开始(文本型)	单击 A4 单元格，输入英文单引号“ ' ”，再输入 01 后按回车键，将光标放置于 A4 单元格的右下角，向下拖动填充柄到最后一行
(2) 填充式输入“学号”，学号从 170101 开始(数值型)，按差值为 1 递增	单击 B4 单元格，输入第一个学号(使用数值型)，将光标放置于 A4 单元格的右下角，按住 Ctrl 键不放，向下拖动填充柄到最后一行

续表二

任务要求	操作要点
(3) 填充式输入“组号”，第1～5位同学为1组，第6～10位同学为2组，依次类推，共6组	选定 C4:C8 单元格区域，输入 1，按 Ctrl + 回车键；选定 C9:C13 单元格区域，输入 2，按 Ctrl + 回车键，依次类推
6. 编辑数据	
编辑“民族”一列，将不含“族”字的全加上“族”字，如将“回”改为“回族”	双击 H9 单元格，拖动鼠标选中“族”字，然后按 Ctrl + C 键复制内容。双击 H4 单元格，将光标移动到单元格内已有汉字的最右边，按 Ctrl + V 键粘贴数据。用同样的方法修改其他行的民族数据。最后将工作簿“学生信息-2.xlsx”保存

【自主训练】

(1) 设置“学生信息表”中“出生日期”列的宽度为“自动调整列宽”。

(2) 在“学生信息表”中设置数据有效性，限定身高介于 1.5～2.5 米之间，要设置输入提示信息和错误警告信息。

(3) 设置“籍贯”一列为“自动换行”，确保当内容长度大于单元格宽度时能够自动换行。

提示：单击“开始”|“对齐方式”|“自动换行”命令，同时保证行高足够。

【问题思考】

(1) 输入身份证号等数字文本时，一般要先输入单引号，但输入后单元格的左上角会出现一个绿色小三角，怎么把它去掉？

(2) 当单元格中出现若干个“#”时，是什么意思？如何去掉这些“#”？

(3) 当输入一个较大的数字(数字长度超过 11 位，如身份证号)时，数字会以科学计数形式显示，使得数据发生错误，应如何解决？

(4) 复制单元格和复制单元格中的部分内容(如其中的几个字)到其他单元格，在操作上有何不同？

5.2.2　相关知识与技能

5.2.2.1　工作表的基本操作

Excel 中的数据处理主要在工作表中完成，因此对工作表的操作是必不可少的。相关操作包括切换与选定、重命名、插入、删除、移动和复制工作表等。

1. 切换与选定工作表

单击工作表标签，可以在不同的工作表之间进行切换。被单击的工作表称为当前工作表，即当前处于操作状态的工作表，其内容会显示在窗口区，标签以白色显示。

如果需要对多个工作表进行操作，可以同时选定多个工作表，这样就能够在多个工作表中同时进行插入、删除或者编辑工作。选定多个工作表的方法如下：

(1) 配合 Shift 键单击工作表标签可选定一组相邻的工作表。

(2) 配合 Ctrl 键单击工作表标签可选定若干个不相邻的工作表。

(3) 右击任一工作表标签，选择“选定全部工作表”命令，可选定全部工作表。

选定多个工作表后，工作簿标题栏中将出现“[组]”字样，此时在“工作组”中的任意一个工作表中输入文本或设置格式，将同时影响组中的所有工作表。

> **小贴士**
>
> 如果要取消多个工作表的选定状态，可以在任意一个工作表标签上单击鼠标右键，在弹出的快捷菜单中选择“取消组合工作表”命令，也可以直接单击任意工作表标签。注意，在任何情况下，至少会有一个工作表处于选定状态。

2. 重命名工作表

方法一：右键单击工作表标签，在快捷菜单中选择“重命名”命令。

方法二：双击工作表标签，当激活工作表以后，输入新的工作表名称后按回车键。

3. 插入工作表

方法一：单击工作表标签右侧的“新工作表”按钮，此时会在当前工作表的右侧插入新工作表。

方法二：在工作表标签上右击，选择“插入”命令，再选择“工作表”选项，然后单击“确定”按钮，此时在当前工作表的前面插入一张新的工作表。新插入的工作表一般在原工作表数目的基础上依次命名。

4. 删除工作表

右击要删除的工作表标签，在弹出的快捷菜单中选择“删除”命令即可删除工作表。如果工作表中含有数据，则删除时系统会提示是否要真正删除，此时需要确认。

5. 移动工作表

在同一工作簿中移动工作表，只需用鼠标横向拖动标签到所需位置即可。也可以右击工作表标签，在快捷菜单中选择“移动或复制”命令，再选择某张工作表，单击“确定”按钮。

在不同工作簿中移动工作表的方法是：右击工作表标签，在快捷菜单中选择“移动或复制”命令，选择某个工作簿，再选择某张工作表，单击“确定”按钮。

6. 复制工作表

在同一工作簿中复制工作表，先单击要复制的工作表，然后按住 Ctrl 键的同时拖动工作表标签到所需位置。也可以右击工作表标签，在快捷菜单中选择“移动或复制”命令完成。

在不同工作簿中复制工作表和在不同工作簿中移动工作表类似，需要勾选“建立副本”选项。

> **小贴士**
>
> 用户也可以直接使用鼠标拖动要移动的工作表标签到目标位置，进行工作表移动操作；如果按住 Ctrl 键的同时拖动工作表标签到目标位置，则可以复制工作表。

7. 显示与隐藏工作表

如果不想让他人看到工作表的内容，可以将工作表隐藏。隐藏的工作表仍处于打开状态，其他文档可以利用其中的信息。主要操作步骤如下：

右击工作表标签，在弹出的快捷菜单中选择“隐藏”命令即可隐藏工作表。右击任意一个工作表标签，在弹出的快捷菜单中选择“取消隐藏”命令，在弹出的对话框中选择需要显示的工作表，即可取消工作表隐藏。

通过“开始”|“单元格”|“格式”|“可见性”|“隐藏和取消隐藏”级联菜单也可以实现工作表的隐藏和取消隐藏。

8. 保护工作表

为防止他人对工作表格式或内容进行修改，可以设定工作表保护。

单击“审阅”|“保护”|“保护工作表”命令，在弹出的对话框中设置取消工作表保护时的密码(两次)，在“允许此工作表的所有用户进行”列表框中勾选“编辑对象”复选框，未勾选的内容将不允许操作。

单击“审阅”|“保护”|“撤销工作表保护”命令，输入密码即可撤销工作表保护。

9. 工作窗口控制

在“视图”选项卡的“窗口”组中单击相应命令按钮，可以对窗口进行控制。

“新建窗口”命令可以为一张工作表建立多个窗口，以方便操作；“切换窗口”命令用于在多个窗口间切换；“全部重排”命令可以将多张工作表以“平铺”“水平并排”“垂直并排”或“层叠”方式排列。

窗口冻结：在工作表中单击选定一个单元格，单击“视图”|“窗口”|“冻结窗格”按钮，再选择“冻结拆分窗格”命令，则保持所选定单元格上方的行和左侧的列始终可见，不会随窗口内容滚动而消失。取消冻结命令也在“冻结窗格”下拉按钮中。

窗口拆分：单击“视图”|“窗口”|“拆分”按钮，则以当前单元格为坐标，将窗口拆分为四个，每个窗口均可编辑。再次单击“拆分”按钮，将取消窗口拆分效果。

5.2.2.2　单元格及区域的选定

要想操作单元格，首先要选定单元格。可以一次选定一个单元格、多个连续的单元格或多个不连续的单元格。选定单元格及区域的常用方法如表 5-4 所示。

表 5-4　选定单元格及区域的常用方法

选定对象	操作方法
选定一个单元格	在单元格上单击鼠标
选定连续的单元格区域	(1) 从第一个单元格处拖动鼠标到最后一个单元格处。 (2) 单击区域的第一个单元格，按住 Shift 键再单击区域的最后一个单元格
选定不连续的单元格区域	先选定一个单元格或区域，按住 Ctrl 键的同时再选定其他单元格或区域
选定整行或整列	(1) 直接单击行标或列标。 (2) 在行标或列标上拖动鼠标，可以选定连续的多行或多列。 (3) 按住 Ctrl 键的同时单击行标或列标，可以选定不连续的多行或多列
选定所有单元格	单击全选按钮或者按下 Ctrl+A 组合键

【课堂练习 5.1】

(1) 查看 Excel 2016 共有多少行、多少列。

提示：启动 Excel 2016 后，光标置于一个空的工作表的任意单元格中，按 Ctrl + ↓ 组合键，即可定位到最大的行号；按 Ctrl + → 组合键，即可定位到最大的列号。

(2) 理解在 Excel 中保护工作簿的结构或窗口的含义，以及如何进行保护。

提示：在“审阅”选项卡中操作。

5.2.2.3　数据的输入与编辑

在单元格中可以输入文本、数字、日期、时间、逻辑值或公式等多种类型的数据。在单元格中输入数据时，数据会同时显示在单元格和编辑框中。不同类型的数据输入方法也不尽相同。

1. 输入文本

文本包括汉字、字母、数字型文本、空格和一些特殊字符，文本不能参与加、减、乘除等算术运算。

1) 文本输入

输入文本时，一般是先单击选定单元格，再输入内容，然后按回车键。当输入的内容超过默认的宽度时，如果其右侧的单元格中没有内容，则该单元格的内容将显示到其右侧的单元格中(这只是一种表象，事实上它仍然在本单元格中)；如果其右侧的单元格中有内容，则该单元格中的文字只能显示一部分，但其内容并无缺失，用户可以从编辑框中查看并修改。

如果要将输入的数字(例如序号、学号、区号、邮政编码等)作为文本对待，有两种方法：

方法一：先输入一个英文的单引号，再输入数字，然后按回车键。单引号不会显示出来。

方法二：先将单元格区域设置为文本类型，再输入数字并按回车键。设置方法是：选中区域，右击“设置单元格格式”|“数字”|“分类”|“文本”。

注意：数字有数值和文本两种类型。例如 311，如果把它作为数值型数据，它可以进行运算，如加 1、减 1 运算等，书写时直接书写；如果把它作为文本型数据，它就不能参与算术运算，书写时一般要加英文格式的双引号，如 "311"，以此区分。

数值型的数字不能加前缀“0”。例如，在单元格中直接输入 0311，系统会将前面的“0”忽略，因为 Excel 会默认为它是数值型数据。要想输入文本型的“0311”，需要在输入数字前添加英文单引号“'”，这样，它就成了文本型数据了。文本在单元格中左对齐显示。

2) 文本换行

(1) 文本自动换行。单击“开始”|“对齐方式”|“自动换行”命令按钮。

(2) 文本手动换行。双击单元格，将光标放置到需要换行的位置，然后按 Alt 键，再按回车键。

2. 输入数值

数值只能由下列字符组成：

0　1　2　3　4　5　6　7　8　9　+　-　(　)　/　¥　$　%　.　,　E　e

数值在单元格中默认右对齐。输入数据时要掌握以下原则：

(1) 数字中可以包含逗号，如“1,551,800”。

(2) 输入正数时，在数字前输入的正号(+)将被忽略。

(3) 输入负数时，在数字的前面加负号(-)或用圆括号将数字括起来，如 -35 或(35)。

(4) 输入分数时，应先输入一个 0，再输入一个空格，然后输入分数，否则，系统会将它视为日期型数据。如要得到 1/3，应输入 0␣1/3。

(5) 当数字的位数超过 11 位时，Excel 将自动使用科学计数法表示。如输入“13659875632589”时，Excel 会用“1.36599E+13”来表示该数字(E 或 e 表示 10 的方幂)。

3. 输入日期和时间

Excel 将日期和时间均按数字处理。日期和时间的显示取决于单元格的格式。默认情况下，日期和时间在单元格中右对齐。Excel 内置了一些日期和时间格式，当在单元格中输入的日期和时间数据与这些格式相匹配时，单元格的格式就会自动从“常规”转换为相应的“日期”或“时间”格式。

可识别的日期数据格式有年-月-日、年/月/日、年-月、年/月、月-日、月/日、日-月、日/月等。可以使用下列方法设置日期和时间格式：

(1) 输入系统当前日期，使用 Ctrl+;快捷键。

(2) 输入系统当前时间，使用 Ctrl+ Shift+;快捷键。

(3) 同时输入日期和时间时，在日期和时间之间要加空格。

(4) 时间按“时:分:秒”格式输入，系统默认使用 24 小时制。如使用 12 小时制，则在时间后加空格，并输入 AM/PM(上午/下午)。例如：5:00␣PM 表示下午 5:00。

4. 设置数据验证

设置数据验证是指对单元格中输入数据的类型和范围预先进行设置，以保证数据限定在有效范围内，同时还可以设置相关提示信息。如限定课程成绩的有效范围在 0～100 分之间，身份证号长度为 18 位等。设置数据验证的操作步骤如下：

选定单元格区域，单击“数据”|“数据工具”|“数据验证”按钮，再选择“数据验证”命令，打开“数据验证”对话框。

在“设置”选项卡中设置验证条件；在“输入信息”选项卡中设置选定单元格时显示的输入提示信息；在“出错警告”选项卡中设置输入无效数据时显示的警告信息。单击“确定”按钮即完成设置。当在设置了数据验证的单元格中输入不在指定范围的数据时，屏幕上会出现出错信息。

例如：选定“学生信息表”中的“身份证号”的数据区域，在“设置”选项卡的“允许”框内选择“文本长度”，在数据框内选择“等于”，在“长度”框内输入 18。

又如：选定“性别”列的数据区域，在“设置”选项卡的“允许”框内选择“系列”，在“来源”框内输入“男，女”，这样就为性别数据区域设置了下拉式输入选项。

取消数据验证的方法是：选定设置了数据验证的区域，在“设置”选项卡中选择“全部清除”按钮。

5. 合并单元格/取消合并

合并单元格就是把几个单元格合并为一个单元格使用。例如，表格的名称(表头)较长，而且要占用多个单元格并居中显示，这时就需要合并单元格。操作步骤如下：

选定要合并的多个单元格，单击“开始”|“对齐方式”组中的 合并后居中 按钮。

如果参与合并的单元格都有内容，则只保留左上角单元格的内容。单击 合并后居中 按钮旁边的箭头，可以选择合并方式。

单击已经合并后的单元格，再单击 合并后居中 按钮，可以取消合并(即拆分单元格)。

6. 快速填充数据

使用 Excel 的填充数据功能，可以快捷地复制原数据以及输入等差、等比、日期序列、预设序列(系统已定义的序列)和用户自定义序列，从而提高工作效率。

1) 拖动填充柄填充数据

先在单元格输入第一项数据(初值)，然后鼠标指向该单元格右下角的小黑块(称填充柄)，将鼠标指向它时，光标会变成一个细的黑十字形，沿着要填充的方向拖动填充柄至目标单元格后松开鼠标，数据会自动填入拖过的区域。填充效果有以下几种：

(1) 初值为数值时，如 1，拖过的区域全部填充为 1，这是复制填充；如果按 Ctrl 键拖动填充柄，则会生成步长为 1 的等差数列，拖过的区域将是 2、3、4 等。

(2) 初值为文本型数字时，如 01，拖过的区域将是 02、03、04 等；如果按 Ctrl 键拖动填充柄，则拖过的区域全部填充为 01(输入 01 要先输入一个英文单引号)。

(3) 初值为纯文本时，如“男”，无论是否按 Ctrl 键拖动填充柄，均为复制填充。

(4) 初值为字符与数字的混合文本时，如“第 1 组”，拖过的区域将是“第 2 组”“第 3 组”等；如果按 Ctrl 键拖动，则是复制填充。

(5) 初值为日期和时间时，则按日(或小时)生成步长为 1 的等差日期数列。

(6) 初值为 Excel 预设序列时，则按序列填充。如初值为“甲”，则会填充“乙”“丙”等；初值为“Mon”，则会填充“Tue”“Wed”等。

另外，拖动填充单元格后，单击右下角的“自动填充选项” 按钮，可以选择所需的填充方式，如图 5-5 所示；如果按住鼠标右键进行拖动，释放鼠标后将弹出一个快捷菜单，也可以选择填充方式，如图 5-6 所示。

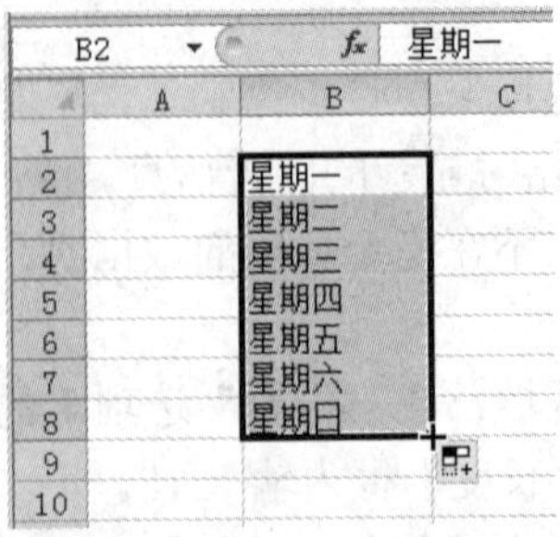

图 5-5　“自动填充选项”按钮

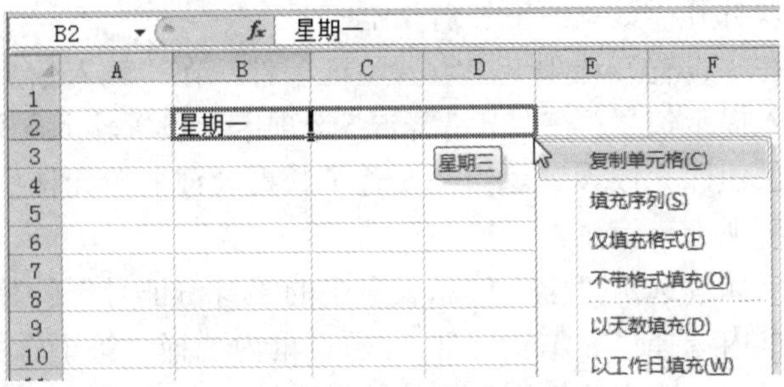

图 5-6　填充方式快捷菜单

2) 使用“序列”对话框填充

使用“序列”对话框填充，可以实现个性化填充。下面以向 B1:B7 单元格区域输入 1，3，5，…，13 为例，介绍“序列”填充的操作方法。

(1) 在 B1 单元格中输入初值“1”，如图 5-7 所示。将光标置于该单元格内。

(2) 单击“开始”|“编辑”|“填充” 按钮，选择“序列”选项。

(3) 在“序列”对话框中选择序列产生在“列”，类型为“等差序列”，并设置步长值为“2”、终止值为“13”，如图 5-8 所示。单击“确定”按钮，则在单元格中填充了等差序列。

注意：如果事先选定了数据范围，如 B1:B7，可以不必输入“终止值”。

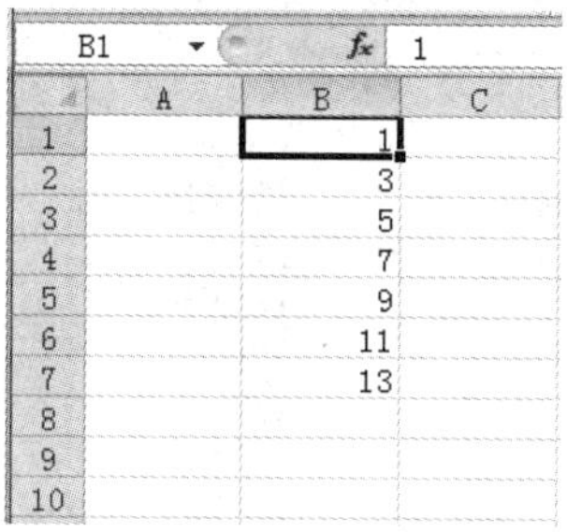

图 5-7　填充的等差序列

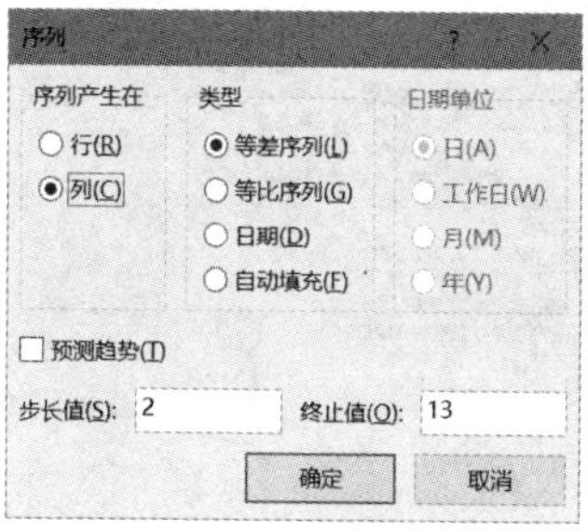

图 5-8　“序列”对话框

小贴士

(1) 填充等差序列时，可以先输入前两项，再选定这两个单元格，拖动填充柄进行填充。

(2) 填充等比序列时也需要先输入前两项，并确定比例因子，然后按住鼠标右键拖动填充柄，在弹出的快捷菜单中选择“等比序列”命令。

3) 自定义序列

用户可以将经常使用的部门名称、职务、职称等定义为固定的序列，之后就可以按序列填充式输入，还可以按序列实现排序。

下面要将某学院的系部名称“机电系”“化工系”“经管系”“政法系”“历史系”定义为序列，操作步骤如下：

(1) 单击“文件”|“选项”命令，打开“Excel 选项”对话框。

(2) 在左窗格选择“高级”，向下滚动右窗格，单击 编辑自定义列表(O)... 按钮，如图 5-9 所示。

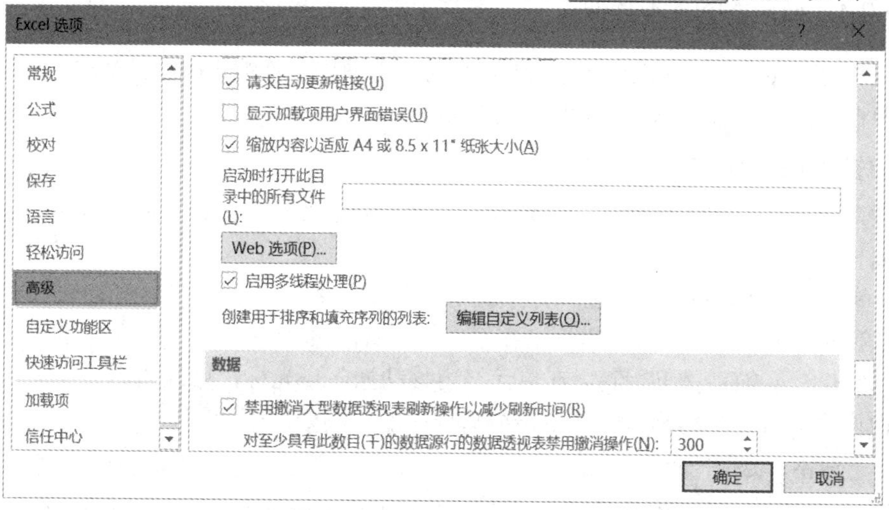

图 5-9　“Excel 选项”对话框

(3) 在“自定义序列”对话框中输入自定义的序列项，每一项输入完后按回车键分隔，然后单击“添加”按钮，即可将序列添加到“自定义序列”列表框中，如图 5-10 和图 5-11 所示。

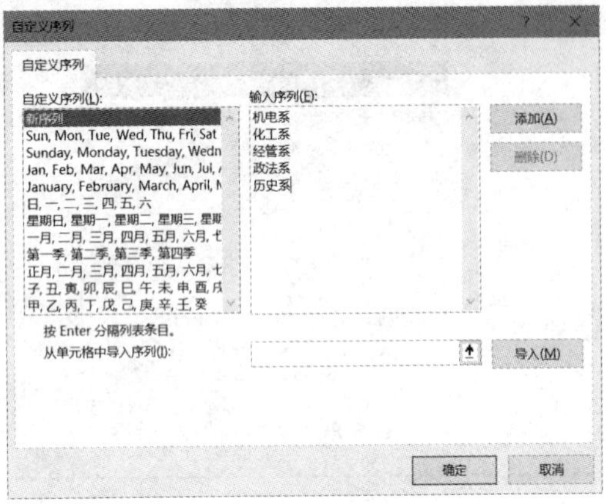

图 5-10　输入的序列

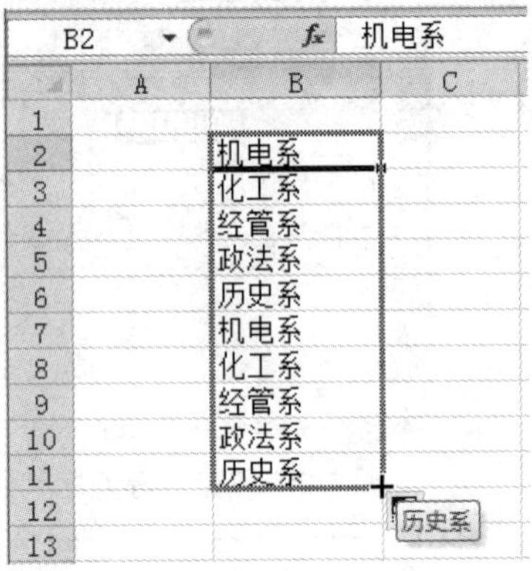

图 5-11　填充自定义的序列

如果工作表中已事先输入了序列内容，则可以选择“从单元格中导入序列”文本框，然后在工作表中选定要导入的单元格区域。

【课堂练习 5.2】

(1) 在 A1 单元格中输入“2”，按照 2、4、8 的规律，向下填充到“1024”。

(2) 在 B1 单元格中输入“2017-9-10”，以“年”为单位，按照步长为 3 递增的规律，向下填充到 B20 单元格。在 C1 单元格中输入“2017-9-10”，以“月”为单位，按照步长为 3 递增的规律，向下填充到 C20 单元格。

(3) 为社会主义核心价值观 24 字建立一个自定义序列：富强、民主、文明、和谐、自由、平等、公正、法治、爱国、敬业、诚信、友善。在 D1 单元格中输入“富强”，向下填充。

5.2.2.4　单元格的基本操作

单元格是 Excel 最小的操作单位，单元格的基本操作包括编辑(修改、清除)单元格内容、移动或复制单元格内容、插入或删除单元格等。

1. 修改单元格内容

需要对单元格内容进行编辑时，可通过以下方式进入编辑状态，在单元格内直接修改或在编辑框中进行修改。

(1) 单击单元格，输入新内容，用新内容替换旧内容。

(2) 单击单元格，再单击编辑框，在编辑框中移动插入点光标，修改内容。

(3) 双击单元格(或按 F2 键)，在单元格内移动插入点光标，修改内容。

修改内容后按回车键确认，或单击编辑框中的 ✓ 按钮确认操作。

2. 清除单元格内容

选定单元格或区域，然后按 Delete 键，可以清除单元格中的内容，但保留单元格具有的格式。

清除单元格的格式、批注等内容的操作步骤如下：

选定单元格，单击“开始”|“编辑”组中的“清除”按钮，在打开的下拉列表中选择清除选项，如图 5-12 所示。

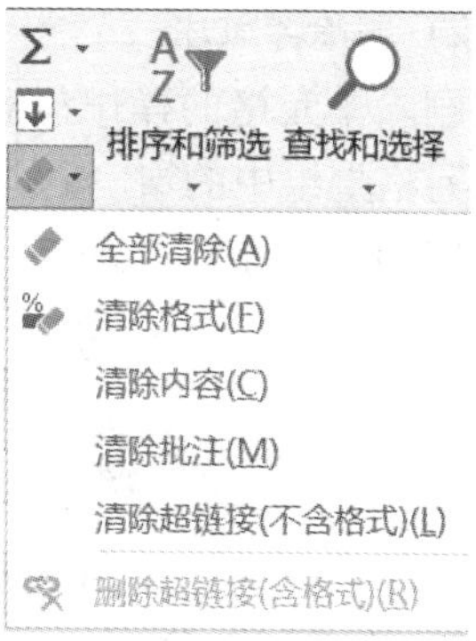

图 5-12　使用“清除”按钮

3. 移动或复制单元格内容

方法一：复制/粘贴法。

(1) 选定要移动或复制的单元格或区域，单击“开始”|“剪贴板”组中的按钮或按钮。

(2) 选定目标单元格或单元格区域，单击“开始”|“剪贴板”组中的按钮。

也可以通过快捷键(Ctrl + C、Ctrl + V 等)，或右击弹出的快捷菜单操作。

方法二：鼠标拖动法。

移动数据：选定要移动内容的单元格或区域，将光标指向所选单元格的边框上，当光标变成箭头形状时按住鼠标左键拖动到新位置。

复制单元格内容：与移动数据时的操作相似，只是需要按住 Ctrl 键拖动。

4. 插入与删除单元格

1) 插入单元格

用户可以根据需要在工作表中插入空的单元格，操作步骤如下：

(1) 选定单元格或单元格区域，要插入几个单元格就选定几个单元格。

(2) 单击“开始”|“单元格”组中的按钮下方的下拉列表，选择“插入单元格”选项，如图 5-13 所示。

(3) 在打开的“插入”对话框中选择一种插入方式，如图 5-14 所示。

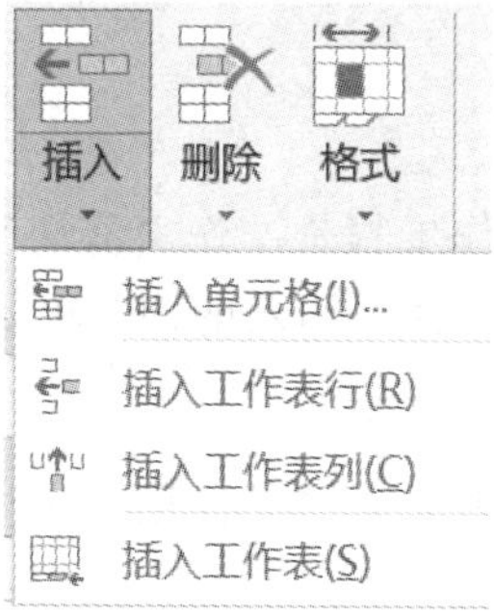

图 5-13　选择“插入单元格”选项

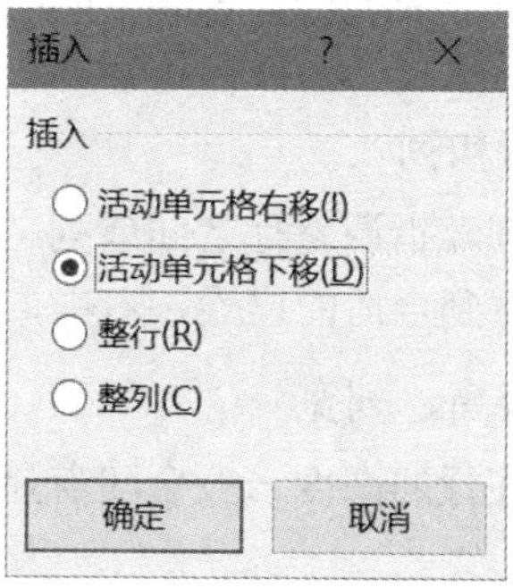

图 5-14　“插入”对话框

“插入”对话框中各选项的作用如下：

“活动单元格右移”：插入单元格后原单元格向右移动。

“活动单元格下移”：插入单元格后原单元格向下移动。

“整行”：将插入整行单元格。

“整列”：将插入整列单元格。

(4) 单击“确定”按钮，即可插入单元格。

2) 删除单元格

删除单元格的操作与插入单元格的操作类似，选择要删除的单元格，单击“开始”|“单元格”组中的按钮下方的下拉列表，选择“删除单元格”选项，如图 5-15 所示，在弹出的“删除”对话框中选择一种删除方式，单击“确定”按钮，如图 5-16 所示。

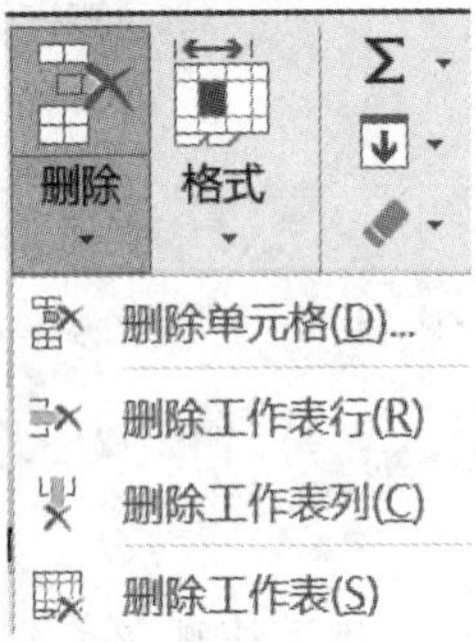

图 5-15　“删除单元格”选项

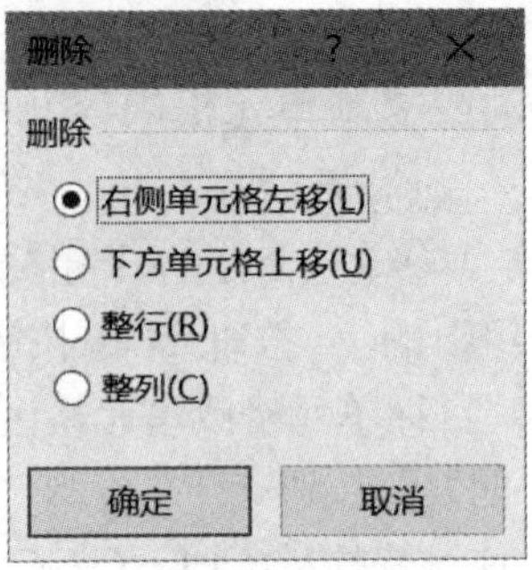

图 5-16　“删除”对话框

5.2.2.5　行与列的操作

1. 插入行和列

右击行标或列标，在弹出的快捷菜单中选择“插入”命令，即可在上方插入行或左侧插入列。如果选定了连续的多行或者多列，就可以插入相同个数的行或列。

另外，也可以先选定一个或多个行/列，然后在“开始”|“单元格”|“插入”按钮的下拉列表中选择相应命令。

2. 删除行和列

选定要删除的一个或多个行/列，右击，在快捷菜单中选择“删除”命令。

也可以先选定一个或多个行/列，在“开始”|“单元格”|“删除”按钮的下拉列表中选择相应命令。

3. 移动行和列

移动行和列，指调整行之间或列之间的顺序。操作步骤是：先“剪切”若干行或列，然后将光标定位到合适的位置，右击，在快捷菜单中选择“插入剪切的单元格”命令。

4. 调整行高、列宽

单元格所在行的高度一般会随着显示字体的大小变化而调整，用户也可以根据需要调整行高。

(1) 手动调整：将鼠标指针指向行标下面的分隔线上，当光标变成双向箭头时拖动鼠标，即可粗略地调整行高。

(2) 精确调整：右击行标，在快捷菜单中选择“行高”命令，输入行高磅值。

(3) 最适合行高：双击行标下边界即可；或者单击行标，在“开始”|“单元格”|“格式”下拉列表中选择“自动调整行高”选项。

如果单元格显示若干个“#”内容，则表明单元格的列宽不够，应向右拖动列标右边界加大列宽度或双击列标右边界线使用最适合的列宽度。

小贴士

如果要调整多行的高度或多列的宽度，需要首先选定多行或多列，然后拖动、双击行标或列标边界分隔线或通过选项卡操作。

5.3　任务：美化学生信息表

5.3.1　任务描述与实施

1. 任务描述

前两个任务，我们建立了某班的学生信息表。本任务要完成该表格的美化工作，目的是使表格清晰、数据格式规范统一，便于数据的查阅或存档。

本任务要对“学生信息-3.xlsx”文件中的工作表进行格式化处理，处理后的学生信息表如图 5-17 所示(注：样图中只显示了部分行数据)。

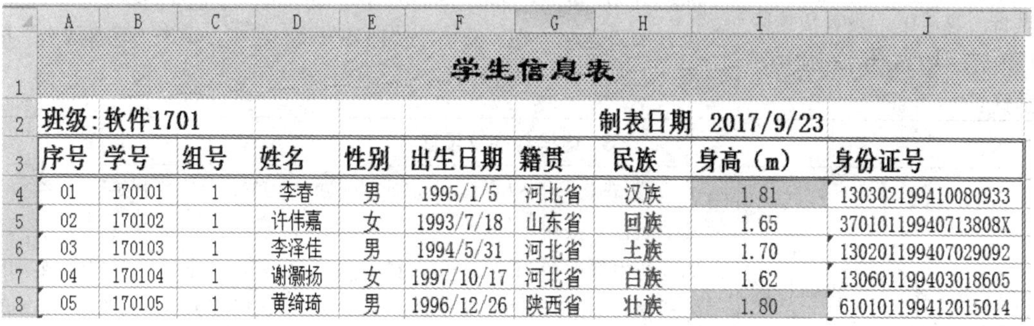

	A	B	C	D	E	F	G	H	I	J
1	学生信息表									
2	班级：软件1701							制表日期	2017/9/23	
3	序号	学号	组号	姓名	性别	出生日期	籍贯	民族	身高（m）	身份证号
4	01	170101	1	李春	男	1995/1/5	河北省	汉族	1.81	130302199410080933
5	02	170102	1	许伟嘉	女	1993/7/18	山东省	回族	1.65	37010119940713808X
6	03	170103	1	李泽佳	男	1994/5/31	河北省	土族	1.70	130201199407029092
7	04	170104	1	谢灏扬	女	1997/10/17	河北省	白族	1.62	130601199403018605
8	05	170105	1	黄绮琦	男	1996/12/26	陕西省	壮族	1.80	610101199412015014

图 5-17　美化处理后的学生信息表样图

2. 任务实施

【解决思路】

要完成工作表的美化任务，需要掌握工作表的格式化操作。本任务主要通过“设置单元格格式”对话框进行操作。

本任务涉及的主要知识技能点如下：

(1) 数据类型的设置。

(2) 对齐方式的设置。

(3) 单元格内容中字体、字号等的更改。

(4) 单元格或区域的边框和底纹效果的设置或更改。

(5) 条件格式的应用。

第 5 章任务三

【实施步骤】

本任务要求及操作要点如表 5-5 所示。

表 5-5　任务要求及操作要点

任务要求	操作要点
1. 设置数据类型	
(1) 设置“学号”列为文本类型数据	打开“学生信息-3.xlsx”工作簿文件，选定“学生信息表”工作表，选定“学号”列中的 B4:B33 区域，右击，在快捷菜单中选择“设置单元格格式”命令，在“数字”选项卡中选择“文本”类型
(2) 设置“身高”列为数值类型，2 位小数，负数显示为第四种形式	选定“身高”列中的 I4:I33 区域，右击，在快捷菜单中选择“设置单元格格式”命令，在“数字”选项卡中选择“数值”类型，“小数位数”选择“2”，“负数”选择第四种
2. 设置字体、字号和对齐方式	
(1) 设置表格标题(A1 单元格)为隶书，20 磅，加粗；第 2 行和表格列标题(A2:J3)为宋体，14 磅，加粗；表格内容(A4:J33)为宋体，12 磅	选定单元格或区域，在“开始”|“字体”组中，设置“字体”“字号”和“加粗”等格式。
(2) 合并 A1:J1 单元格，同时将内容居中；设置数据区域内容(A4:J33)为水平居中，垂直居中	选定 A1:J1 区域，单击“开始”|“对齐方式”| 合并后居中 按钮；选定 A4:J33 区域，在“开始”|“对齐方式”组中，单击“垂直居中”按钮和“水平居中”按钮
3. 边框与底纹设置	
(1) 设置外框线和列标题下框线为红色双线，内框线为浅绿单线	① 设置外框线和内框线。选定数据区域 A3:J33，单击“开始”|“字体”|“其他边框”按钮。 选择边框线颜色为“红色”，样式为“双线”，单击“预置”区域中的“外边框”按钮；选择边框线颜色为“浅绿”，样式为“单线”，单击“预置”区域中的“内部”按钮。 ② 设置列标题下框线。选定数据区域 A3:J3，单击“开始”|“字体”|“其他边框”按钮，选择边框线颜色为“红色”，样式为“双线”，单击“预置”区域的下边框按钮
(2) 为表格名称(A1 单元格)添加黄色背景、12.5%灰度的红色图案	选定数据区 A1，右击，在快捷菜单中选择“设置单元格格式”|“填充”选项卡，选择“背景色”为黄色(最后一行标准色的第四个)，“图案颜色”为标准色“红色”，“图案样式”为“12.5%灰色”
4. 设置条件格式	
(1) 标识身高。将身高高于 1.74 米的单元格用某种单元格填充色标识	选定数据区 I4:I33，单击“开始”|“样式”|“条件格式”|“突出显示单元格规则”，选择“大于”命令，输入“1.74”，选择某种格式，单击“确定”按钮
(2) 标识少数民族。将少数民族的单元格用蓝色、加粗字体标识	选定数据区 H4:H33，单击“开始”|“样式”|“条件格式”|“突出显示单元格规则”|“其他规则”命令，在对话框中选择第二种规则，规则说明设置为“特定文本”“不包含”“=$H$4”(或“汉族”)，单击“格式”按钮设置蓝色、加粗，单击“确定”按钮

【自主训练】

(1) 在“学生信息表”工作表中，将身高最高的前五名同学的身高单元格突出显示，将“李”姓同学的姓名单元格突出显示。

(2) 对出生日期用三种图标进行标识。

提示：选定数据区 F4:F33，单击“开始”|“样式”|“条件格式”|“图标集”，选择“方向”中的“3 个三角形”选项。

【问题思考】

(1) 能够为一个单元格区域设置多种条件格式吗？如果能，当条件格式规则发生冲突时，哪些规则优先生效？

(2) 为一个单元格区域通过条件格式设置了字体颜色或单元格颜色后，能否通过“开始”选项卡“字体”组中的相关工具按钮进行更改？能使用格式刷复制格式吗？

5.3.2　相关知识与技能

5.3.2.1　设置单元格格式

美化工作表就是要对工作表进行格式化处理，以获得更加美观的效果。设置单元格格式包括设置数字格式、字符格式、对齐方式、边框和底纹、自动套用格式等。大多数格式设置都可以通过选定单元格或区域，然后右击鼠标选择“设置单元格格式”命令，在弹出的对话框中完成，如图 5-18 所示。

图 5-18　“设置单元格格式”对话框之“数字”选项卡

1. 设置数字格式

在“数字”选项卡的“分类”列表框中选择所需格式，再对右侧的不同属性进行设置即可。通常情况下，输入到单元格中的内容默认为“常规”格式，其数字不包含任何特定的数字格式。用户应根据需要将数字设置为一定的数字格式，以方便识别与操作。

例如，可以设置小数位数，可以设置负数形式(是用括号括起来，还是用红色字体显示等)；如果选择“货币”选项，则可以在数字左侧显示人民币符号￥或美元符号 $。

小贴士

在“开始”选项卡中，单击“单元格”组中的“格式”下拉列表按钮，选择“设置单元格格式”命令，也可以打开“设置单元格格式”对话框。

2．设置字体格式

字体的格式主要包括字体、字号、字形、颜色等，这也是美化工作表外观的最基本方法。设置字体格式的基本操作步骤如下：

(1) 选择要设置字体格式的单元格区域。

(2) 在“开始”|“字体”组中设置字体、字形、字号、颜色及特殊效果等属性，具体方法与 Word 部分的操作相似。

如果要进行更多的设置，可以单击“字体”组右下角的按钮，打开“设置单元格格式”对话框，在“字体”选项卡(如图 5-19 所示)中可以设置字符格式，如“上标”或“下标”等。

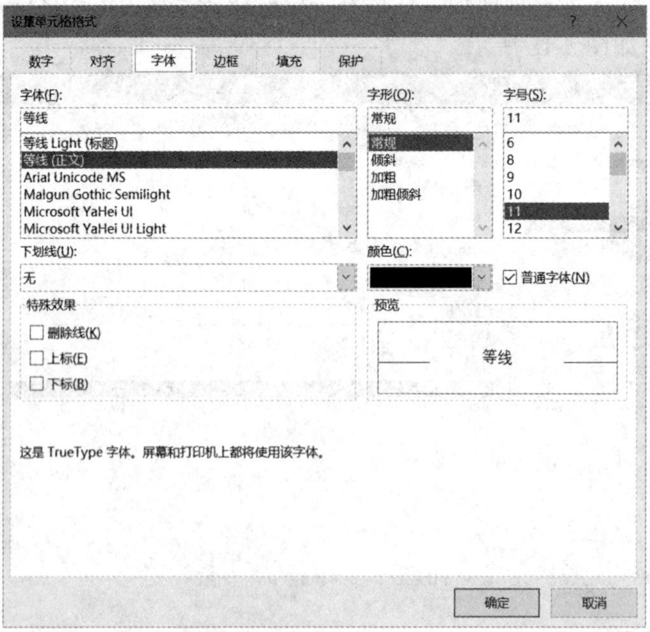

图 5-19　“设置单元格格式”对话框之“字体”选项卡

3．设置对齐方式

默认情况下，输入到单元格中的文本居左显示，而数字、日期和时间则居右显示。如果要改变单元格内容的对齐方式，可以先选定要设置对齐方式的单元格区域，然后在“开始”选项卡的“对齐方式”组中单击相应的对齐按钮进行设置。

例如，单击“方向”按钮，在打开的下拉列表中选择“顺时针角度”等选项，可以改变文字的方向。

右击选定的单元格或区域，在快捷菜单中选择“设置单元格对齐方式”命令，可以打开“设置单元格格式”对话框，可以在“对齐”选项卡中进行更加详细的对齐方式设置。

4．设置边框和底纹

1) 设置边框

选择要添加边框的单元格区域，单击“开始”|“字体”|按钮，在打开的下拉列表中选择“其他边框”选项，在“边框”选项卡(见图 5-20)中选择“样式”和“颜色”，然后单击相应按钮或预览区的表格边框进行设置。

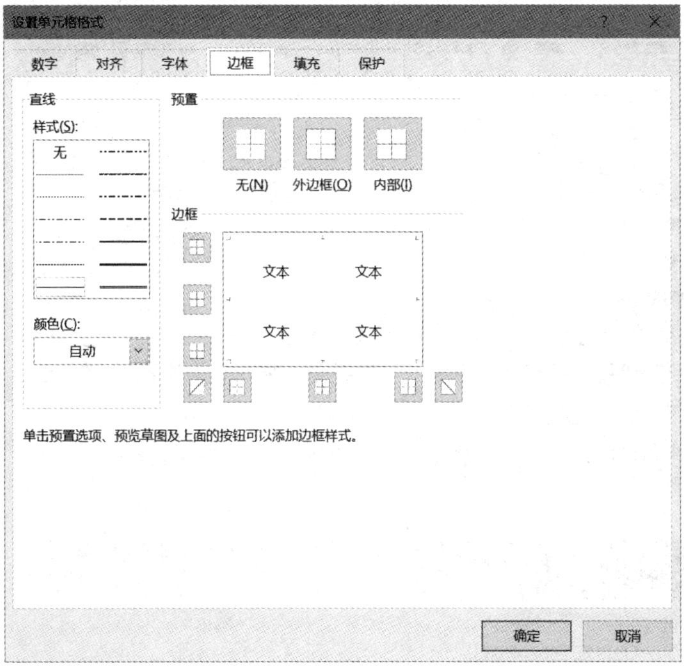

图 5-20　“设置单元格格式”对话框之“边框”选项卡

小贴士

添加边框前应该先选择线条的颜色和线型，然后再添加边框，否则设置的样式和颜色将不生效。另外，为表格添加边框时应该掌握一个原则——先整体后局部，即先添加整体边框，然后局部修改部分边框，这样可以减少工作量。

2) 设置底纹

底纹就是单元格区域的颜色、图案和阴影。

选择要添加底纹的单元格区域，右击并选择“设置单元格格式”命令，选择“填充”选项卡，设置背景色、填充效果(可设置渐变填充)、图案颜色、图案样式等。

也可以单击“开始”|“字体”|按钮，在打开的下拉列表中选择一种颜色，设置单元格区域的颜色。

5. 套用表格格式

Excel 提供了“表”功能，用于对工作表中的数据套用“表”格式，从而实现快速美化表格外观的目的。操作步骤如下：

(1) 选择要套用“表”格式的单元格区域，在“开始”|“样式”组中打开“套用表格格式”按钮，从弹出的下拉列表中选择一种表格格式，如图 5-21 所示。

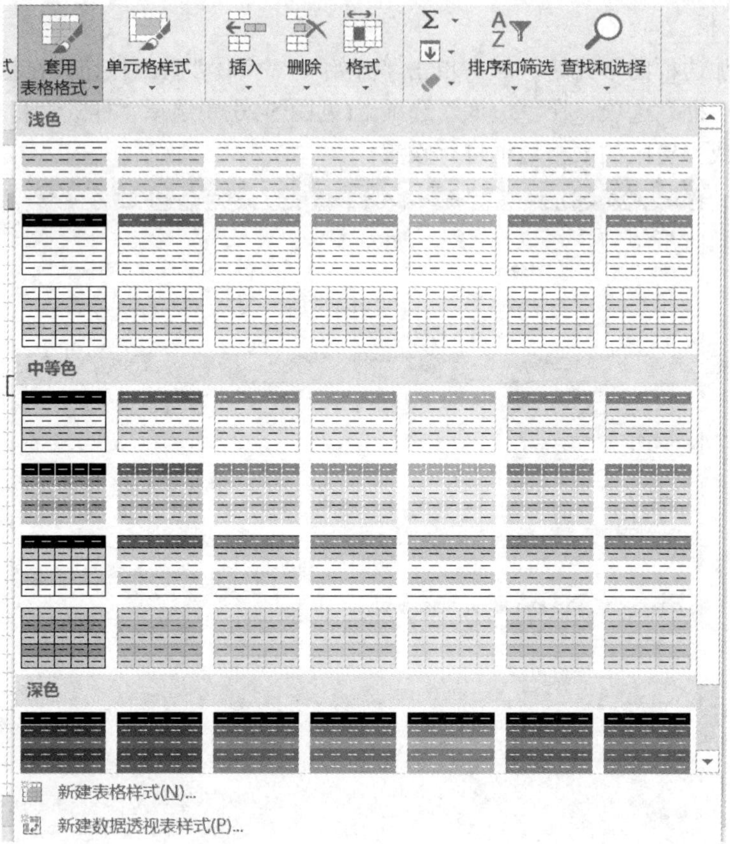

图 5-21　套用表格格式

(2) 在打开的“创建表”对话框中，确认表数据的来源区域是否正确。如果希望标题出现在套用格式的表中，则选中“表包含标题”复选框，最后单击“确定”按钮。

自动套用表格格式后，将出现“设计”选项卡，在该选项卡中可以修改表样式、清除表样式、新建表样式等。

如果要将表转换为普通区域，则切换到“设计”选项卡，单击“工具”组中的“转换为区域”按钮并确定。

6. 应用单元格样式

为了方便用户格式化单元格，Excel 设计了许多单元格样式，并将它们存放在“开始”|“样式”组中，可以方便地将这些样式应用于单元格或区域。具体步骤为：选择要应用单元格样式的单元格或区域，在“开始”|“样式”组中打开“单元格样式”按钮下方的下拉列表，选择一种单元格样式，如图 5-22 所示。

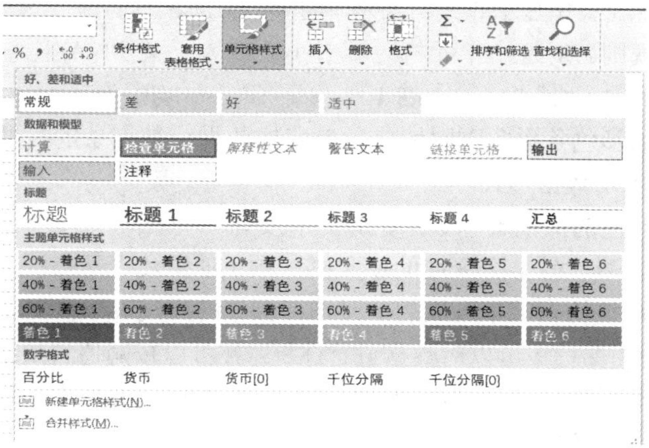

图 5-22　套用单元格样式

小贴士

在“页面布局”选项卡的“主题”组中有主题、颜色、字体和效果按钮，使用这些按钮也可以快速格式化工作表。

如要使用“自动套用格式”，需要将不在功能区的命令“自动套用格式”增加到功能区中，例如将其放置到“开始”选项卡的新建组中。方法是：单击“文件”|“选项”|“自定义功能区”，将“自动套用格式”命令加入功能区中。

5.3.2.2　设置条件格式

Excel 中的条件格式是指基于某种条件更改单元格区域中数据的表现形式，如果条件成立，就基于该条件设置格式，如突出显示所关注的单元格或区域、强调异常值，或用数据条、颜色刻度和图标集来直观地显示数据等；如果条件不成立，就不设置单元格区域的格式。当用户需要只对选定的单元格区域中满足条件的数据进行格式设置时，就需要用到条件格式。

如果要为区域设置默认的条件格式，则首先要选定数据区域，然后单击“开始”|“样式”|“条件格式”按钮，从弹出的菜单中选择设置条件和格式。

当默认的条件格式不能满足需求时，可以对条件格式进行自定义设置，方法是：单击“开始”|“样式”|“条件格式”|“新建规则”命令。

对同一单元格区域，可以多次应用不同的条件格式。例如，对一个已经应用了色阶的单元格区域，可以再次应用图标集、数据条等条件格式。

清除条件格式的方法是：选定要清除条件格式的单元格区域，选择“开始”|“样式”|“条件格式”|“清除规则”|“清除所选单元格的规则”或“清除整个工作表的规则”命令。

1．五种默认的条件格式

(1) 突出显示单元格规则。对单元格区域设置一定的条件(如值小于、大于或等于某个值)，将按指定的规则突出显示满足条件的单元格，如用某种色彩填充单元格区域等。

其中的“文本包含”规则可以对包括某个文本的单元格设置显示方式；“发生日期”是以

系统当前日期为参照，突出显示昨天、今天、明天、上周、本周、下周等单元格中的内容。

(2) 项目选取规则。对选中单元格区域中小于或大于某个给定阈值的单元格实施条件格式，如“值最大的 10 项”“值最大的 10%项”“高于平均值”等。

(3) 数据条。以彩色条形图直观地显示单元格数据。数据条的长度代表单元格中的数值，数据条越长，表示数据越大。

(4) 色阶。用颜色的深浅表示数据的分布和变化，包括双色阶和三色阶。双色刻度使用两种颜色的深浅程度比较某个区域的单元格，颜色的深浅表示值的高、低。三色刻度使用三种颜色的深浅程度比较某个区域的单元格，颜色的深浅表示值的高、中、低。

(5) 图标集。使用图标集可以对数据进行注释，并可以按阈值将数据分为 3～5 个类别。每个图标代表一个值的范围，其形状或颜色表示的是当前单元格中的值相对于使用了条件格式的单元格区域中的值的比例。

2. 六种条件格式规则

单击“开始”|“样式”|“条件格式”|“新建规则”命令，会弹出“新建格式规则”对话框，在“选择规则类型”列表框中列出了条件格式的六种规则，如图 5-23 所示。

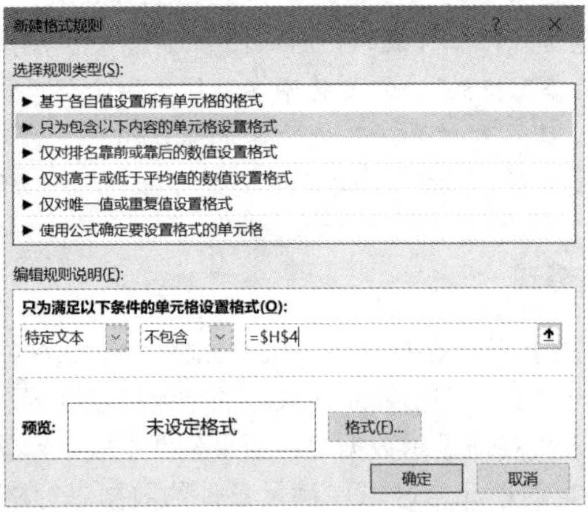

图 5-23 “新建格式规则”对话框

第一种规则类型“基于各自值设置所有单元格的格式”，包括用于创建数据条、色阶和图标集的所有控件。除第一种规则外，其他规则的名称均已明确表示出了该规则的条件格式意义。

3. 条件格式规则的管理

通过新建条件格式规则或者修改 Excel 条件格式的默认规则即可自定义条件格式。

单击“开始”|“样式”|“条件格式”|“管理规则”命令，会弹出“条件格式规则管理器”对话框，可以新建、编辑和删除规则。

当对相同单元格或区域设置多重条件时也可能会引起条件规则的冲突。可以在“条件格式规则管理器”对话框中设置条件格式规则的优先级。默认情况下，新规则具有较高的优先级，用户可以调整各规则的优先级。

【课堂练习 5.3】

(1) 在工作表 A2:H7 区域中输入一些内容，然后将该数据区域设置为套用表格格式“表样式浅色 16”。

提示：单击“开始”|“样式”|“套用表格格式”命令。

(2) 将某工作表中的某个单元格区域的格式设置为自动套用格式“彩色 2”。

提示：首先自定义功能区。单击“文件”|“选项”|“自定义功能区”命令，在左侧的“所有命令”列表中找到“自动套用格式”，在右侧的“开始”选项卡下选择“新建组”，然后将“自动套用格式”命令添加到新建组中。在工作表中选定区域，单击“开始”|“新建组”|“自动套用格式”命令，选择适当的格式进行套用。

5.4 任务：计算单科成绩

5.4.1 任务描述与实施

1. 任务描述

本任务要帮助“计算机文化基础”课程任课教师完成某班“计算机文化基础”课程的成绩计算任务，最终要产生出该课程的“成绩报告单”。

本任务可分为四个子任务，要使用的素材文件是“学生课程成绩.xlsx”工作簿文件。

本任务的主要工作是在各子任务相关工作表中的阴影部分输入公式，并完成公式的填充工作。

各子任务具体内容和相关素材说明如下(样图中只显示了部分行数据)：

1) 计算“小组成绩表”

如图 5-24 所示，要求计算各小组的“最后分数”和“小组成绩”列数据。每小组都有六个分数，“最后分数”为六项分数之和并去掉一个最高分和一个最低分，“小组成绩”为“最后分数”除以 4，并四舍五入取整数。

	A	B	C	D	E	F	G	H	I	J
1										
2		2017-2018（一）学生小组活动成绩表								
3		班级：软件1701			课程：计算机文化基础					
4–5		组号	分数1	分数2	分数3	分数4	分数5	分数6	最后分数	小组成绩
6		1	82	86	99	96	74	93	357	89
7		2	76	70	97	87	94	84	341	85
8		3	94	71	89	94	86	95	363	91
9		4	96	74	98	82	80	92	350	88
10		5	72	77	87	99	72	97	333	83
11		6	92	79	78	73	81	76	314	79

图 5-24 小组成绩表样图

2) 计算“考勤成绩表”

如图 5-25 所示，共进行了八次考勤统计，其中“C”表示迟到或早退，“BS”表示病假或事假，“K”表示旷课。规定每迟到或早退 1 次扣 1 分，每请病假或事假 1 次扣 3 分，每旷课 1 次扣 5 分。考勤成绩为 100 分减去全部扣除的分数。

要求用公式计算每位同学的“迟到次数”“请假次数”“旷课次数”和“考勤成绩”。

2017-2018(一)计算机文化基础考勤成绩表															
	班级：软件1701		课程：计算机文化基础						任课教师：高大平						
序号	组号	学号	姓名	考勤记录											考勤成绩
				第1次	第2次	第3次	第4次	第5次	第6次	第7次	第8次	迟到次数	请假次数	旷课次数	
01	1	170101	李春			C						1	0	0	99
02	1	170102	许伟嘉				C		C			2	0	0	98
03	1	170103	李泽佳				K					0	0	1	95
04	1	170104	谢灏扬									0	0	0	100
05	1	170105	黄绮琦		C	BS			K			1	1	1	91

图 5-25　考勤成绩表样图

3) 计算“平时成绩表”

如图 5-26 所示，要求完成“平时成绩表”工作表中的“合计成绩”的计算。其中：“平时成绩表”中的“考勤成绩”从“考勤成绩表”中获取；“小组成绩”从“小组成绩表”中的“小组成绩”列获取；“合计成绩”要按各项成绩的比例计算生成。

计算机文化基础平时成绩登记表									
		班级：	软件1701		学期：2017-2018（一）			任课教师：高大平	
序号	组号	学号	姓名	考勤成绩	小组成绩	MOOC成绩	项目成绩	模拟测试	合计成绩
				20%	15%	30%	15%	20%	100%
01	1	170101	李春	99	89	82	90	72	86
02	1	170102	许伟嘉	98	89	98	90	88	93
03	1	170103	李泽佳	95	89	66	90	56	77
04	1	170104	谢灏扬	100	89	90	90	80	90
05	1	170105	黄绮琦	91	89	96	90	86	91

图 5-26　平时成绩表样图

4) 计算“课程成绩表”

如图 5-27 所示，要求完成“课程成绩表”工作表中的成绩报告单。

成绩报告单						
2017-2018第一学期			课程：计算机文化基础			
班级：软件1701		平时：	50%	期末：	50%	
序号	学号	姓名	平时成绩	期末成绩	总评成绩	备注
01	170101	李春	86	85	86	
02	170102	许伟嘉	93	92	93	
03	170103	李泽佳	77	55	66	
04	170104	谢灏扬	90	60	75	
05	170105	黄绮琦	91	85	88	
29	170129	毛一伟	86	22	54	
30	170130	陈佩珊	76	37	57	
最高分	93	应考人数	30	及格人数	26	
最低分	26	缺考人数	2	不及格人数	4	
平均分	74.4	实考人数	28	及格率(%)	92.86%	

图 5-27　课程成绩表样图

(1) “总评成绩”的计算规则。

平时成绩和期末成绩所占的比例在 E3 和 G3 单元格中存放，其中，“平时成绩”来自“平时成绩表”的“合计成绩”。根据“平时成绩”和“期末成绩”及其占比计算每个同学的“总评成绩”，“总评成绩”四舍五入后保留整数。

(2) 表格下方各项目的说明。

“最高分”“最低分”和“平均分”均指总评成绩，“平均分”四舍五入后保留 2 位小数。所有学生成绩(包括缺考学生的成绩)一律参加最高分、最低分和平均分的计算。

“应考人数”指班级总人数(姓名的个数)。

“缺考人数”指期末未参加考试的学生人数(即“备注”中有“缺考”两字的单元格个数)。期末缺考的学生，其“期末成绩”记为 0 分。

“实考人数”指期末考试实际参加人数，即“应考人数”–“缺考人数”。

“及格人数”指“总评成绩”达到 60 分及以上的人数。

“及格率”为“及格人数”除以“应考人数”，“及格率”四舍五入后保留 4 位小数，显示为百分比。

2．任务实施

【解决思路】

本任务中的四个子任务要用到素材工作簿中的六张工作表。各工作表之间的主要数据关系是：

“平时成绩表”要引用“小组成绩表”中的“小组成绩”列、“考勤成绩表”中的“考勤成绩”列的数据。

“课程成绩表”要引用“平时成绩表”中的“合计成绩”列的数据。

一张工作表要引用其他工作表中的数据，其方式有多种，要根据具体情况进行选择。这是本任务的重点和难点。

本任务涉及的主要知识技能点如下：

(1) 公式的概念、输入与编辑。

(2) 单元格引用的三种方式，跨表引用数据的方法。

(3) 函数的概念与使用方法。

(4) 函数 SUM、AVERAGE、MAX、MIN、COUNT、COUNTA、COUNTIF、ROUND 等的应用。

第 5 章任务四

【实施步骤】

打开“学生课程成绩.xlsx”工作簿文件，根据需要选定“小组成绩表”等工作表，在每列阴影区第一个单元格中输入公式，然后双击公式单元格的填充柄或向下拖动填充柄完成公式的复制。

本任务要求及操作要点如表 5-6 所示。

表 5-6　任务要求及操作要点

任 务 要 求	操 作 要 点
1．计算小组成绩表	
I6 单元格的公式	=SUM(C6:H6)-MAX(C6:H6)-MIN(C6:H6)
J6 单元格的公式，要求四舍五入取整数	= ROUND(I6/4, 0) **注意：**ROUND 是四舍五入函数，0 表示保留 0 位小数，即四舍五入后取整数

续表

任 务 要 求	操 作 要 点
2. 计算考勤成绩表	
M5 单元格的公式(迟到次数)	=COUNTIF(E5:L5, "C") 技巧：使用公式“=COUNTIF($E5:$L5, "C")”，向右复制公式到N5、O5，然后修改“C”为“BS”或“K”
N5 单元格的公式(请假次数)	=COUNTIF(E5:L5, "BS")
O5 单元格的公式(旷课次数)	=COUNTIF(E5:L5, "K")
P5 单元格的公式(考勤成绩)	=100-M5*1-N5*3-O5*5
3. 计算平时成绩表	
计算“考勤成绩”(利用复制/粘贴方式，引用“考勤成绩表”中的“考勤成绩”)	① 在“考勤成绩表”中，选定“考勤成绩”数据区域(P5:P34)，按 Ctrl + C 键复制。 ② 切换到“平时成绩表”，单击第一位学生的考勤成绩(E5)单元格，右击，选择“选择性粘贴”|“粘贴数值”123按钮。 **注意**：要确保两个表中的学生数据的个数和顺序完全一致。当“考勤成绩表”中的“考勤成绩”更新时，“平时成绩表”中的“考勤成绩”不会自动更新，必须重新复制
计算“小组成绩”(引用“小组成绩表”中的“小组成绩”)	在“小组成绩表”中查询某小组(如第 1 组)的成绩，在“平时成绩表”中选定该小组学生的全部“小组成绩”列单元格(如 F5:F9)，输入成绩(如 89)，按 Ctrl + 回车键。用同样的方法输入其他小组学生的成绩
J5 单元格的公式(合计成绩)	=ROUND(E5*$E$4+F5*$F$4+G5*$G$4+H5*$H$4+I5*$I$4，0) 单击 J5 单元格的填充柄向下填充公式
4. 计算课程成绩表	
E5 单元格的公式(平时成绩)	=平时成绩表!J5 **注意**：这是跨工作表单元格引用方式，这种方式的好处是，当源数据改变后，目标数据能自动更新。同样要确保两个表中的学生数据的个数和顺序完全一致
G5 单元格的公式(总评成绩)	=ROUND(E5*$E$3+F5*$G$3, 0)
C35 单元格的公式(最高分)	=MAX(G5:G34)
C36 单元格的公式(最低分)	=MIN(G5:G34)
C37 单元格的公式(平均分)，要求保留 2 位小数	=ROUND (AVERAGE(G5:G34), 2)
E35 单元格的公式(应考人数)	=COUNTA(D5:D34)
E36 单元格的公式(缺考人数)	=COUNTA(H5:H34)
E37 单元格的公式(实考人数)	=E35-E36
G35 单元格的公式(及格人数)	=COUNTIF($G$5:$G$34, ">=60")
G36 单元格的公式(不及格人数)	=COUNTIF($G$5:$G$34, "<60") **注意**：先复制 G35 公式到 G36，然后修改公式
G37 单元格的公式(及格率)，要求保留 4 位小数，显示为百分比	=ROUND(G35/E37, 4) 单击 G37 单元格，在“开始”选项卡“数字”组中选择“百分比”格式

【自主训练】

(1) 修改“平时成绩表”中的“考勤成绩”公式，将其改为跨工作表引用“考勤成绩表”中的“考勤成绩”。

(2) 在“课程成绩表”中，如果不在“备注”列填写“缺考”信息，而是在“期末成绩”列和“总评成绩”列直接填写“缺考”字样，请修改“总评成绩”“实考人数”和“缺考人数”等公式。

【问题思考】

(1) 复制数据到剪贴板后，直接执行“粘贴”命令和执行“选择性粘贴”|“粘贴数值”命令有何不同?

(2) COUNT 和 COUNTA 函数的不同是什么？请举例说明。

5.4.2　相关知识与技能

5.4.2.1　公式

公式是指在单元格中输入的进行计算的式子。该式子以“=”号(或“+”号)开始，后面跟表达式，表达式是由运算符和参与运算的运算数组成的。公式中的运算数包括常量(数值、字符串等)、单元格引用及函数等。

1. 运算符与运算顺序

运算符是公式中必不可少的组成部分，每个运算符代表一种运算。Excel 主要包括四种类型的运算符，分别是引用运算符、算术运算符、文本运算符和比较运算符(也称关系运算符)。

(1) 引用运算符：是 Excel 特有的运算符，主要用于在工作表中进行单元格的引用。

(2) 算术运算符：主要用于加、减、乘、除、百分比以及乘幂等算术运算。

(3) 文本运算符：主要用于将文本字符或字符串进行连接和合并。

(4) 比较运算符：用于比较数据的大小，包括对文本或数值的比较，值为“TRUE”或“FALSE”，即“真”或“假”。

下面以表格的形式列出各类运算符(见表 5-7)。

表 5-7　Excel 的运算符

分类	运算符	运算功能	说　明	优先级
引用运算符	：(冒号)	定义一个区域	如 A1:B2，表示 A1、A2、B1、B2 四个单元格组成的矩形区域	1
	，(逗号)	将多个区域连续起来	如 A1:A2，C3 表示 A1、A2、C3 三个单元格	
	(空格)	交叉运算符	指各单元格区域互相重叠的部分。如 A1:A2␣A2:C3 表示 A2 单元格	

续表

分类	运算符	运算功能	说　明	优先级
算术运算符	－(负号)	取负	如 A1 的内容是 3，则公式“=–A1”，结果是 –3	2
	%(百分比)	求百分比	如公式“=2%”，结果是 0.02	3
	^(乘幂)	求乘方	如公式“=2^3”，结果是 8	4
	*、/(乘、除)	相乘、相除	如公式“=3*4”，结果是 12	5
	+、－(加、减)	求和、求差	如公式“=5+3”，结果是 8	6
文本运算符	&(连接符)	连接两个文本字符串	如公式“="你好"&"!"”，结果是你好！	7
比较运算符	=、<、>、<=、>=、<>	等于、小于、大于、小于等于、大于等于、不等于	如公式“=3=2”，结果是 FALSE 如公式“=3>2”，结果是 TRUE 如公式“=3<=2”，结果是 FALSE 如公式“=3<>2”，结果是 TRUE	8

当公式中同时使用了多个运算符时，Excel 会根据运算符的优先级进行运算，同级运算符按照从左到右的顺序运算。

四类运算符的优先级为：引用运算符、算术运算符、文本运算符、比较运算符。

另外，使用括号“(　)”可以改变运算符的优先级，Excel 中没有大括号、中括号，需要括号时一律使用小括号。在公式中使用多个括号的表达式，其运算顺序是由最内层括号逐层向外进行的。

2. 公式的输入与编辑

输入公式的操作类似于输入字符型数据，不同的是输入公式时要以等号“=”开头，指明后面的字符串是一个公式，然后才是公式的表达式。

输入公式时，既可以直接在单元格中输入，也可以在编辑框中输入。在单元格中输入公式后，单元格中显示公式的运算结果，在编辑框中显示公式。

公式的输入

单击“公式”|“公式审核”|“显示公式”命令，工作表中的所有公式都会显示出公式本身的内容。

【例 5.1】 公式的输入步骤。如图 5-28 所示，现在要在 C2～C4 单元格中输入公式，分别计算单元格左边的两个数据之和。

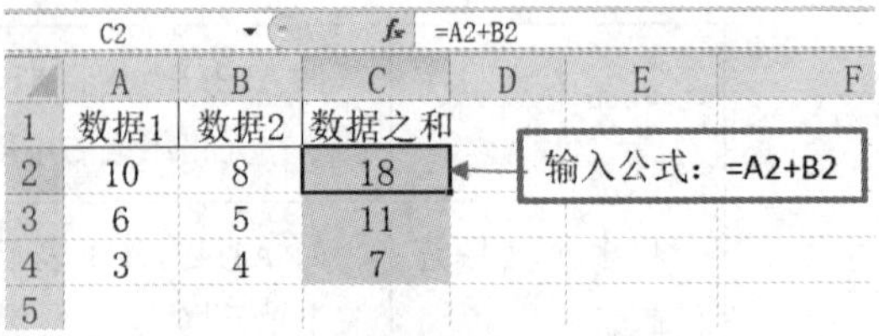

图 5-28　公式的输入步骤示例

由于三个公式具有相同的计算规律，因此只需要输入 C2 单元格中的第一个公式，然后向下复制公式到 C4 即可。

输入公式的步骤如下：

(1) 单击 C2 单元格，输入“=”。

(2) 单击 A2 单元格，输入“+”，再单击 B2 单元格，然后按下回车键，所输入的公式内容是“= A2+B2”。

(3) 输入公式后，C2 单元格中将显示计算结果 18，而编辑框中显示的是公式。

(4) 如果要修改公式，可以双击 C2 单元格，在单元格中或在编辑框中进行修改。

(5) 拖动 C2 单元格的填充柄一直到 C4，或者双击 C2 单元格的填充柄，C2 中的公式会一直向下复制，直到本列第一个空白单元格的上一行。C2 中的公式向下复制后，公式中的内容 A2 和 B2 会根据行号的增加自动调整。

注意：公式的复制和移动与普通单元格内容的复制和移动相似。不同的是，移动公式后，公式内的单元格引用不会更改，而复制公式后，公式内的单元格引用可能会自动改变。

小贴士

在输入公式的过程中，如果需要某些单元格或区域中的数据，应单击或选定单元格或区域，这时将在公式中出现该单元格或区域的地址。不建议手工录入单元格或区域的地址。

3. 公式中的错误与审核

1) 公式错误代码

在 Excel 中使用公式时，单元格中直接显示运算结果，一旦公式使用有误，就不会显示正确的结果，而是在单元格中给出错误提示。

错误提示和产生原因如下：

(1) #DIV /0!：除数引用了零值单元格或空单元格。

(2) #N/A：公式中没有可用数值，或缺少函数参数。

(3) #NAME?：公式中使用了不能识别的名称，或删除了公式正在使用的名称。

(4) #NULL!：使用了不正确的区域运算符或引用的单元格区域的交集为空。

(5) #NUM!：公式产生的结果数字太大或太小，Excel 无法显示出来。

(6) #REF!：引用的单元格被删除并且系统无法调整，或链接的数据不可用。

(7) #VALUE!：当公式需要数字或逻辑值时却输入了文本；为需要单个值(而不是区域)的运算符或函数提供了区域引用；输入数组公式后没有按 Ctrl + Shift + Enter 组合键确认。

(8) #####：运算结果太长，应增加单元格列宽。

2) 公式审核

Excel 提供了公式审核功能，在“公式”选项卡上的“公式审核”组中有一些按钮，可用于检查公式、分析数据流向和来源、纠正错误、分析公式和值的关联关系等。

4. 公式中单元格地址的引用

单元格引用通常是指单元格地址的引用。例如，要想在单元格 D1 中显示单元格 A1 中的内容(如为 8)，则 D1 中的公式应是“=A1”，这样 D1 中便显示 8。如果 A1 中的数据改成了 10，则 D1 中的计算结果会自动更新，立即会显示 10。

当一个公式中要用到某个单元格中的数据时，需要指明该单元格的地址(或名称)，这就是单元格引用，简称引用。实际上，引用是通过单元格的名称或地址去“取”到其中的内容。上面的 A1 之类就是引用，它类似于高级语言中的变量。

单元格的引用

一个单元格中的公式经常会被复制到其他单元格，根据公式复制后其中的单元格引用是否会自动调整，可将单元格引用分为相对地址引用、绝对地址引用和混合地址引用三种形式。

1) 相对地址引用

假如公式中要使用 A1 单元格，写成“A1”这样的方式，这就是相对引用。

当把这个含有“A1”单元格地址的公式复制到一个新位置时，公式中的“A1”会随着公式的相对位置而自动改变。比如向下复制公式，公式中的“A1”会变成“A2”“A3”等，向右复制公式，公式中的“A1”会变成“B1”“C1”等。默认地，Excel 一般使用相对地址来引用单元格位置。

假如有一张学生成绩表，共 30 个学生(占 30 行)，每个学生有三门课(占 3 列)，现在要计算每个学生各自三门课的总分数，我们只需要写出第一个学生的总分公式，然后向下复制公式即可。在这个总分公式中，三门课程所在单元格地址都应该使用相对引用。向下复制公式时，公式中的三门课程所在单元格地址都会自动根据公式的位置偏移而相应地调整，非常方便。

2) 绝对地址引用

假如公式中要使用 A1 单元格，写成“$A$1”这样的方式(列标和行标前面都加上“$”符号)，这就是绝对引用。

不论将公式复制到哪里，公式中的绝对引用都保持不变。例如第一个公式中有个单元格“$A$1”，公式向下或者向右复制后，公式中的“$A$1”还是“$A$1”，不会因公式位置的改变而变化。

如果许多公式都使用一个固定的单元格(或区域)中的数据，则这个单元格(或区域)应该使用绝对引用，格式如“$A$1”，或者“$A$1：$A$30”等。

3) 混合地址引用与跨工作表引用

(1) 混合地址引用。

假如公式中要使用 A1 单元格，写成“$A1”或者“A$1”这样的方式(列标和行标只有一个加“$”符号)，这就是混合引用。字母前加“$”号表示列绝对，公式复制后，这个列字母不会改变；数字前加“$”号表示行绝对，公式复制后，这个行号不会改变。

(2) 跨工作表引用。

如果需要使用同一工作簿其他工作表单元格中的数据，则使用如下引用格式：

工作表名称！单元格地址

例如：=考勤成绩表!B2。

如果需要使用其他工作簿某工作表单元格中的数据，则使用如下引用格式：

[工作簿名称]工作表名称！单元格地址

例如：=[学生课程成绩]考勤成绩表!B2。

引用其他工作簿中的工作表时，最好同时打开要引用的工作簿文件。当关闭所引用的工作簿文件时，公式中的引用将会以“盘符/目录/文件名称”格式显示。

【例 5.2】 单元格引用示例一。完成图 5-29 中阴影部分的公式填充。

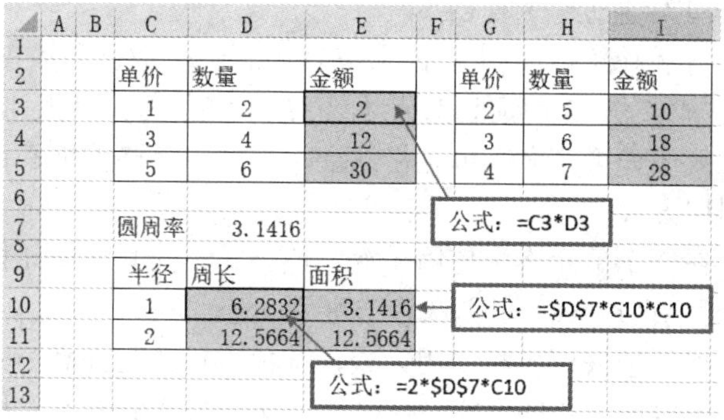

	A	B	C	D	E	F	G	H	I
1									
2			单价	数量	金额		单价	数量	金额
3			1	2	2		2	5	10
4			3	4	12		3	6	18
5			5	6	30		4	7	28
6									
7			圆周率	3.1416					
8									
9			半径	周长	面积				
10			1	6.2832	3.1416				
11			2	12.5664	12.5664				
12									
13									

图 5-29　单元格相对引用与绝对引用示例

要求：

(1) 在 E3 单元格中输入公式，然后向下填充到 E5，再将 E3 的公式复制到 I3，最后向下填充到 I5。

(2) 在 D10 和 E10 单元格中输入公式，然后选定 D10:E10 区域向下填充一行。

操作要点：

(1) E3 中的公式是“=C3*D3”，公式中的 C3 和 D3 都使用相对地址引用。

(2) D10 中的公式应为“=2*$D$7*C10”，E10 的公式应为“=$D$7*C10*C10”。

公式中的 D7 单元格内存放着圆周率数值，其他几个公式都要使用 D7 单元格中这个固定的数据，所以 D7 要使用绝对引用。公式中的 C10 表示半径，要使用相对引用。由于 D10 和 E10 两个公式仅向下复制，因此，两个公式中的 C10 使用“$C10”也是可以的。

D7 单元格类似于高级语言中的符号常量，具有“一改全改”的好处。在公式中使用 D7 单元格的绝对地址引用方式，比在四个公式中分别直接使用常数 3.1416 更为方便而且合理。

绝对地址引用中的美元符号不需手工输入，在输入公式的过程中单击单元格后，直接按 F4 键，每按一次就会改变一种引用方式，直到满意为止。如果是编辑公式，可以先选中其中的单元格引用再按 F4 键切换引用方式。

【例 5.3】 单元格引用示例二。完成图 5-30 中阴影部分的“九九表”。

	A	B	C	D	E	F	G	H	I	J	K
2						九 九 表					
3			1	2	3	4	5	6	7	8	9
4		1	1	2	3	4	5	6	7	8	9
5		2	2	4	6	8	10	12	14	16	18
6		3	3	6	9	12	15	18	21	24	27
7		4	4	8	12	16	20	24	28	32	36
8		5	5	10	15	20	25	30	35	40	45
9		6	6	12	18	24	30	36	42	48	54
10		7	7	14	21	28	35	42	49	56	63
11		8	8	16	24	32	40	48	56	64	72
12		9	9	18	27	36	45	54	63	72	81

图 5-30　单元格混合引用示例

要求：只在 C4 单元格中输入一个公式，然后按 Ctrl + C 键复制 C4 单元格，再选定单元格区域 C4:K12，按 Ctrl + V 键粘贴公式。

操作要点：C4 中的公式应为“=$B4*C$3”。

输入方法是：在 C4 中输入“=”号，然后单击 B4，按 F4 键直到变成 $B4，再输入“*”号，然后单击 C3，按 F4 键直到变成 C$3。

观察“九九表”，我们得知：每个数据都是第 3 行一个数据和第 B 列一个数据相乘的结果，因此 3 和 B 是固定的，3 前面和 B 前面需要加“$”号，从而“锁定”3 和 B。

注意：在一个公式中如果有多个单元格地址，每个单元格地址都可以采用相对引用、绝对引用或者混合引用方式。

如果一个公式只在一个单元格中使用一次，该公式不向其他单元格复制，其中的每个单元格地址使用哪一种引用方式，其效果没有区别。

在公式中对单元格地址采用多种引用方式，其根本目的是提高公式的通用性，是为了只输入较少的公式，用复制公式的方式完成其他单元格公式的输入，从而提高效率。

公式中每个单元格采用何种引用，要考虑公式将来要向什么方位(向下、向右等)复制而决定。如果希望公式复制后公式中某个单元格的行号不变，则在行号前加“$”号，如希望列号不变，则在字母前加“$”号。

5.4.2.2 函数

1. 函数的概念

函数是预先定义好的表达式，它必须包含在公式中。Excel 提供了大量的函数，如常用函数、统计函数、数学与三角函数、日期与时间函数等，利用这些函数可以帮助用户快速完成一些复杂的运算。例如，要计算 A2 至 E2 单元格中的数据之和，使用一般的公式为“=A2+B2+C2+D2+E2”，而使用包含函数的公式则为“=SUM(A2:E2)”。该公式简短、直观，而且如果在第 A 至 E 列之间增加几列数据后，公式会自动调整。

函数的结构如下：

函数名([参数 1]，[参数 2]，…)

其中：函数名说明函数的功能，表示将执行什么操作；函数中的参数是函数运算时要使用的量，可以是数字、文本、逻辑值、单元格引用或其他函数等。参数要使用括号“( )”括起来，如果函数有多个参数，参数之间要用逗号分开，当函数没有参数时，其圆括号也不能省略。

2. 输入函数的方法

输入函数的方法

【例 5.4】 输入函数的常用方法。在图 5-31 中，要在 F2 单元格中计算“数据和”，在 G2 单元格中计算“平均值”，下面给出几种函数的输入方法。

	A	B	C	D	E	F	G
1	数据1	数据2	数据3	数据4	数据5	数据和	平均值
2	1	2	3	4	5		

图 5-31 函数的使用方法示例

1) 使用“自动求和”按钮

计算“数据和”：选定 A2 至 F2 单元格(注意要包括放置结果的空单元格)，单击“开始”

选项卡“编辑”组中的“自动求和” Σ 按钮。

计算“平均值”：选定 G2 单元格，单击“开始”|“编辑”中的“自动求和” Σ 按钮右侧的下拉列表，选择“平均值”，再选定 A2 至 E2 单元格，按回车键确定。

自动求和按钮列表中提供了 Excel 最常用的五个函数，它们是求和、平均值、计数、最大值和最小值，单击“其他函数”打开“插入函数”对话框，可以输入 Excel 的所有函数。

2) 手工输入函数

(1) 全手工输入。

以计算“数据和”为例，将光标放在 F2 单元格中，逐个字符输入完整的公式“=SUM(A2:E2)”，然后按回车键。当用户对所使用的函数及其参数都非常熟悉时，可以使用这种方法。

(2) 半手工输入。

以计算“数据和”为例，将光标放在 F2 单元格中，先输入“=”号，再输入函数名的前几个字符，Excel 会列出以所输入字母开头的函数名(输入字母越少，列出的函数名越多)，按下箭头键找到函数(如 SUM)，按 Tab 键或双击函数名确定选择，然后用鼠标选定数据区域(如 A2:E2)，按回车键确定。函数中的左括号和右括号都会自动输入。函数中的单元格区域最好用鼠标选定进行自动输入，不需手工输入。

在上述输入过程中，当输入函数名及其左括号后，可以单击编辑栏中的“插入函数” *fx* 按钮，然后在“插入函数”对话框中输入参数。

3) 使用函数向导

如果用户记不住函数名称或参数，可以使用粘贴函数方法，即启动函数向导建立函数，步骤如下：

首先选定要使用函数公式的单元格，然后按下列任一方法打开“插入函数”对话框。

方法一：单击编辑栏中的“插入函数” *fx* 按钮，在“插入函数”对话框中选择函数类别，如不清楚类别，则选择“全部”，函数名称将按字母顺序排列，再从中选择所需要的函数。

方法二：输入“=”号，此时“名称”框将变成“函数”框，单击“函数”框右侧的下拉三角按钮，选择某个函数，或选择“其他函数”，在“插入函数”对话框中选择函数。

方法三：在“公式”选项卡的“函数库”组中，单击某类函数，从中选择所需要的函数，或单击本功能组最左侧的“插入函数” *fx* 按钮，在“插入函数”对话框中选择函数。

在“插入函数”对话框或者“函数参数”对话框中，单击对话框左下角的“有关该函数的帮助”链接，即可打开该函数的帮助窗口。在“函数参数”对话框中，将光标置于某个参数框中，可以查看该参数的说明信息。

5.4.2.3　常用函数

最为常用的函数及其参数说明如表 5-8 所示。

表 5-8　常用函数及其参数说明

序号	名称	含义	说　明
1	SUM	求和	一般格式是 SUM(计算区域)。功能是计算各参数之和，参数可以是数值或单元格区域(以下同)
2	AVERAGE	平均值	一般格式是 AVERAGE(计算区域)。功能是计算各参数的算术平均值
3	COUNT	计数	一般格式是 COUNT(计算区域)。功能是统计区域中包含数字的单元格的个数
4	MAX	最大值	一般格式是 MAX(计算区域)。功能是返回一组数值中的最大值
5	MIN	最小值	一般格式是 MIN(计算区域)。功能是返回一组数值中的最小值
6	COUNTA	求非空个数	一般格式是 COUNTA(计算区域)。功能是计算区域中不为空的单元格的个数
7	COUNTIF	条件计数	一般格式是 COUNTIF(计算区域, 条件)。功能是统计区域中符合指定条件的单元格的个数。空值和文本值将被忽略。条件可以表示为 32、">32"、B4、"男"等
8	ROUND	四舍五入	一般格式是 ROUND(x, n)。x 是要进行四舍五入的数据、单元格引用或单元格区域，n 是小数点后保留的位数。例如，ROUND(59.615, 2)的结果是 59.62，ROUND(59.6，0)的结果是 60

【例 5.5】 几个常用的计数函数。以图 5-32 为例，说明几个计数函数的使用方法以及它们的区别。

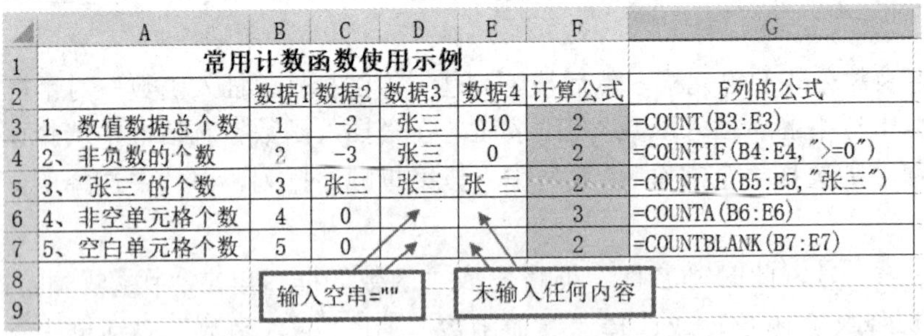

	A	B	C	D	E	F	G
1	常用计数函数使用示例						
2		数据1	数据2	数据3	数据4	计算公式	F列的公式
3	1、数值数据总个数	1	-2	张三	010	2	=COUNT(B3:E3)
4	2、非负数的个数	2	-3	张三	0	2	=COUNTIF(B4:E4,">=0")
5	3、"张三"的个数	3	张三	张三	张 三	2	=COUNTIF(B5:E5,"张三")
6	4、非空单元格个数	4	0			3	=COUNTA(B6:E6)
7	5、空白单元格个数	5	0			2	=COUNTBLANK(B7:E7)
8							
9							

图 5-32　常用计数函数示例

常用计数函数

说明：

(1) F3 单元格的函数 COUNT，统计的是区域中数值型数据的个数，不包括文本数据“010”和“张三”。

(2) F4 单元格的函数 COUNTIF，统计的是区域中数值大于或等于 0 的单元格个数。

(3) F5 单元格的函数 COUNTIF，统计的是区域中文本为“张三”的单元格个数，条件是“张三”或者“=张三”，而“张 三”和“张三”不同，不会被统计。

(4) F6 单元格的函数 COUNTA，统计的是区域中非空单元格的个数。空单元格是指单元格中没有任何内容(从来未输入过内容，或者已删除了内容)。用公式“=""”输入的空文本字符串不是空单元格。

(5) F7 单元格的函数 COUNTBLANK，统计的是区域中空白单元格的个数。“空白”单元格包括空单元格(单元格中没有内容)和空文本字符串单元格两种。

注意：空白单元格和空单元格不是一回事。如果单元格中输入了若干个空格，则该单元格不是空单元格，也不是空白单元格。

【例 5.6】 四舍五入函数 ROUND 的使用。

要求：如图 5-33 所示，将 B3 和 B4 单元格中的分数 59.6 四舍五入取为整数。

操作要点：

四舍五入函数

处理方式一：见 B7 单元格，通过设置单元格格式，使数据显示为 0 位小数，此时 B7 中显示数值是 60，但编辑框中的数值(单元格中真正的数据)仍然是 59.6，C7 单元格中判断 B7 单元格数值是否等于 60 的公式结果为假(FALSE)。这是一种“眼见不为实”的现象。

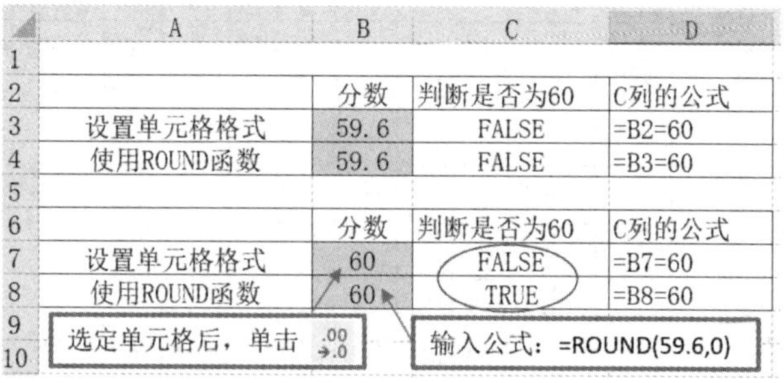

	A	B	C	D
1				
2		分数	判断是否为60	C列的公式
3	设置单元格格式	59.6	FALSE	=B2=60
4	使用ROUND函数	59.6	FALSE	=B3=60
5				
6		分数	判断是否为60	C列的公式
7	设置单元格格式	60	FALSE	=B7=60
8	使用ROUND函数	60	TRUE	=B8=60
9				
10				

图 5-33　四舍五入函数 ROUND 示例

处理方式二：见 B8 单元格，使用 ROUND 函数对数据进行四舍五入，C8 单元格中判断 B8 单元格数值是否等于 60 的公式结果为真(TRUE)。经过 ROUND 函数的处理，B8 单元格的数据真正地变成了 60。

提示：凡是遇到求平均数和做除法的运算并需要进行四舍五入保留小数时，应该使用四舍五入函数 ROUND 控制小数位数。不要使用设置单元格格式方法改变小数的显示位数。

5.5　任务：学生成绩统计

5.5.1　任务描述与实施

1．任务描述

本任务要帮助教师完成某班各门课程的成绩统计任务。本学期该班共有三门考试课程，各门课程的考试成绩均已产生并保存到“学生成绩统计.xlsx”工作簿的“成绩总表”中，如图 5-34 所示，现在要完成其中阴影部分的数据计算工作(注：样图中隐藏了部分行数据)。

表格内容的说明：

(1) “总分”指三门课程的总分。“平均分”是三门课程的平均分，四舍五入取整数。

(2) “名次”指每个学生三门课程的“平均分”在班内从高到低的排名，可以有并列名次。

(3) “级别”是按“平均分”划分的，用大写字母 A～E 表示，划分依据：90～100 分为“A”，80～89 分为“B”，70～79 分为“C”，60～69 分为“D”，60 分以下为“E”。

(4) “不及格门数”指“平均分”成绩低于 60 分的课程门数。

(5) “是否补考”指某学生只要有一门课程不及格，则在“是否补考”单元格中填入“补考”字样；如果全部课程均及格，则填写空文本(="")。

2017-2018(第一学期)学生成绩总表

班级：软件1701　　班主任:张华

序号	学号	姓名	性别	籍贯	高数	英语	文化基础	总分	平均分	名次	级别	不及格门	是否补考
01	170101	李春	男	河北省	82	72	85	239	80	15	B	0	
02	170102	许伟嘉	女	山东省	98	88	92	278	93	1	A	0	
03	170103	李泽佳	男	河北省	66	56	55	177	59	27	E	2	补考
04	170104	谢灏扬	女	河北省	90	80	60	230	77	18	C	0	
05	170105	黄绮琦	男	陕西省	96	86	85	267	89	3	B	0	
06	170106	刘嘉琪	女	湖南省	82	72	75	229	76	19	C	0	
07	170107	李明	男	河北省	96	86	84	266	89	3	B	0	
08	170108	陈思欣	女	河北省	97	87	83	267	89	3	B	0	
09	170109	蓝敏绮	女	上海市	99	87	85	271	90	2	A	0	
10	170110	钟宇铿	男	山东省	96	86	81	263	88	8	B	0	
11	170111	李振兴	男	河北省	80	70	50	200	67	25	D	1	补考
12	170112	张金峰	男	河北省	86	76	55	217	72	22	C	1	补考
30	170130	陈佩珊	男	河北省	98	88	63	249	83	12	B	0	
全班各科最高分数					99	89	92						

各科成绩分数段人数

分数段	高数	英语	文化基础
0-59	0	3	8
60-69	3	3	6
70-79	4	6	1
80-89	6	18	13
90-100	17	0	2

男女生单科成绩平均分

性别	高数	英语	文化基础
男	89.35	77.35	71.76
女	84.08	76.23	62.46

图 5-34　“学生成绩统计”工作簿“成绩总表”样图

本任务要求完成图 5-34 中阴影部分公式的输入与计算。每位学生的“平均分”四舍五入取整数。“男女生单科成绩平均分”四舍五入后保留 2 位小数。

2. 任务实施

【解决思路】

完成本任务要用到多个函数。计算“总分”“平均分”和“名次”要使用 SUM、AVERAGE、RANK 函数，为了使“平均分”保留指定小数位数，要用到四舍五入函数 ROUND。

“级别”需要使用嵌套的 IF 函数完成，要注意使用对话框输入嵌套函数参数的技巧。

COUNTIF、AVERAGEIF 是根据条件进行计数或求平均值的函数，由于公式要复制到其他单元格，要注意在公式中灵活使用单元格引用方式，力争只输入一个公式，然后复制到其他需要同样统计的单元格区域中，提高工作效率。

第 5 章任务五

本任务涉及的主要知识技能点如下：

(1) 逻辑函数 IF、AND 等的应用。

(2) 统计函数 COUNTIF、AVERAGEIF 的应用。

(3) 排名函数 RANK 的应用。

(4) 函数的嵌套使用。

【实施步骤】

打开“学生成绩统计.xlsx”工作簿文件，选择“成绩总表”工作表，在每列阴影区第一个单元格中输入公式，然后使用填充柄向下或向右填充公式。本任务要求及操作要点如表 5-9 所示。

表 5-9　任务要求及操作要点

任务要求	操作要点
1. 计算总分、平均分、名次、级别、不及格门数、是否补考等内容	
J5 单元格的公式(总分)	=SUM(G5:I5)
K5 单元格的公式(平均分，四舍五入取整数)	=ROUND(AVERAGE(G5:I5), 0)
L5 单元格的公式(名次)	=RANK(K5, $K$5:$K$34) 或者 =RANK(K5, K:K)
M5 单元格的公式(级别)	=IF(K5>=90, "A", IF(K5>=80, "B", IF(K5>=70, "C", IF(K5>=60, "D", "E"))))
N5 单元格的公式(不及格门数)	=COUNTIF(G5:I5, "<60")
O5 单元格的公式(是否补考)	=IF(N5>0, "补考", "")
2. 计算各科成绩分数段人数	
R6 单元格的公式	=COUNTIF(G$5:G$34, "<60")
R7 单元格的公式	=COUNTIF(G$5:G$34, "<70")-COUNTIF(G$5:G$34, "<60")
R8 单元格的公式	=COUNTIF(G$5:G$34, "<80")-COUNTIF(G$5:G$34, "<70")
R9 单元格的公式	=COUNTIF(G$5:G$34, "<90")-COUNTIF(G$5:G$34, "<80")
R10 单元格的公式	=COUNTIF(G$5:G$34, ">=90") 选定 R6: R10 区域，向右拖动 R10 单元格的填充柄到 T 列。 **注意**：这里使用混合地址引用的目的是方便公式的复制和修改
3. 计算男女生单科成绩平均分	
R14 单元格的公式，四舍五入后保留 2 位小数	=ROUND(AVERAGEIF($E$5:$E$34, $Q14, G$5: G$34), 2) 拖动 R14 单元格的填充柄向 R15 复制公式，然后选定 R14: R15 区域，拖动 R15 的填充柄向右复制公式到 T 列。公式中使用了绝对引用和混合引用，目的是方便公式的复制和修改
4. 计算全班学生各科成绩最高分	
G35 单元格的公式	=MAX(G5: G34) 向右拖动 G35 单元格的填充柄向 H35 和 I35 复制公式

说明：

(1) L5 中的 RANK 函数公式，第一个参数 K5 是第一位学生的分数，单击 K5 单元格即能输入参数，第二个参数是全班学生的分数，选定 K5:K34 区域，由于每个学生的排名都是相对于全班学生的分数，因此该区域应为绝对地址引用“$K$5:$K$34”，第三个参数是排序方式，为 0 或忽略表示降序，这里的排名是降序，因此第三个参数可以不填。

(2) N5 中的公式，用于统计第一位学生三门课程中成绩低于 60 分的课程门数，即“不及格门数”，如果三门课程都及格，则会显示 0。

【自主训练】

(1) 利用 Excel 的帮助功能，查询函数 COUNTIFS 的用法，将子任务二中按“平均分”统计各科课程各分数段人数公式中的函数 COUNTIF 改为 COUNTIFS。

(2) 改写 N5 单元格中的“不及格门数”公式，要求：当不及格门数大于 0 时显示不及格门数，否则显示空文本串。

提示：使用 IF 和 COUNTIF 函数。

(3) 改写 O5 单元格中的“是否补考”公式，要求：当不及格门数大于 0 而且不及格门数是非空白文本串时，显示“补考”两字，否则显示空文本串。

提示：使用 IF 和 AND 函数。

【问题思考】

(1) IF 函数有三个参数，当第三个参数省略不写时，如果第一个参数为逻辑假，函数返回什么值？

(2) D1 单元格中的 IF 函数公式是“=IF(A1, B1, C1)”，请解释该公式的意义和作用。

5.5.2　相关知识与技能

5.5.2.1　常用逻辑函数

常用的逻辑函数如表 5-10 所示。

表 5-10　常用的逻辑函数

序号	名称	含义	说　明
1	IF	条件函数	一般格式是 IF(条件, E1, E2)。当条件成立时返回 E1 的值，不成立时返回 E2 的值
2	OR	逻辑或	一般格式是 OR(L1, L2, …)。可以有 1～255 个参数，第 2～254 个参数可以省略。当所有参数均为逻辑值 FALSE 时，返回 FALSE，只要有一个值为 TRUE，则返回 TRUE
3	AND	逻辑与	一般格式是 AND(L1, L2, …)。可以有 1～255 个参数，第 2～254 个参数可以省略。当所有参数均为逻辑值 TRUE 时，返回 TRUE；只要有一个值为 FALSE，则返回 FALSE
4	NOT	逻辑非	一般格式是 NOT(L)。用于对参数值求反。当参数值 L 为 FALSE 时，返回 TRUE；当参数值 L 为 TRUE 时，返回 FALSE

【例 5.7】 逻辑函数的使用。以图 5-35 为例，说明常用逻辑函数的使用方法。

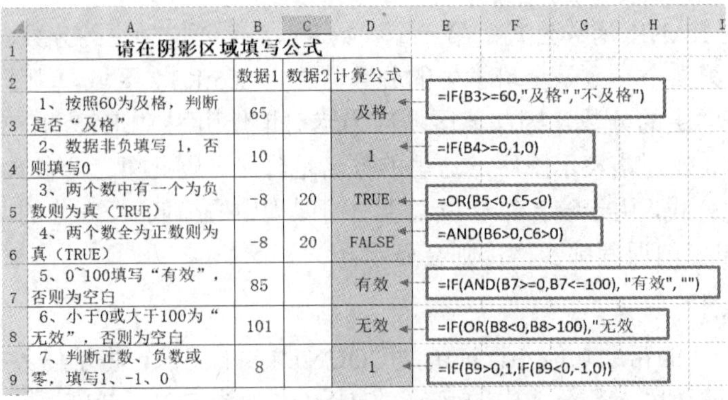

图 5-35　常用逻辑函数示例

说明：

(1) D3 单元格的公式为“=IF(B3>=60, "及格", "不及格")”。注意汉字“及格”和“不及格”要用英文半角双引号(")引起来，如果在对话框中输入这两个参数中的汉字，系统会自动加引号。

(2) D4 单元格的公式为“=IF(B4>=0, 1, 0)”，数值的 1 和 0 不能加双引号。

(3) OR 函数各参数用逗号分开，只要有一个参数为真，则结果为真；AND 函数各参数也要用逗号分开，所有参数为真时，结果才为真。

多个函数的嵌套方法如下(以 IF 和 AND 函数、两个 IF 函数嵌套为例)：

1) IF 函数和 AND 函数的嵌套

D7 单元格的公式为“=IF(AND(B7>=0, B7<=100), "有效", "")”，与数学中的 0≤B7≤100 有相同的意义，但是在 Excel 中必须用 AND 函数来实现。空白字符串用两个英文双引号表示，中间不能加入空格。

本公式的 IF 函数中用到了 AND 函数，这称为函数的嵌套。函数的嵌套有两种输入方法，如果对公式很熟练，可以直接在编辑框中输入。下面主要介绍利用“函数参数”对话框的半手工输入方法：

(1) 将光标定位到 D7 单元格，输入“=IF(”，然后单击“插入函数” 按钮，弹出“函数参数”对话框。由于第一个参数较复杂，因此先在第二个参数框内输入“"有效"”(可以不输入两个双引号)，在第三个参数框内输入“""”。

(2) 将光标放在第一个参数框内，输入“AND( )”，并将光标放在括号内，然后单击“插入函数” 按钮，此时“函数参数”对话框消失，光标会出现在编辑框中，再次单击 按钮，弹出 AND 函数的对话框。

(3) 在 AND 函数的对话框内，将光标放在第一个参数框内，单击 B7 单元格，输入“>=0”，将光标放在第二个参数框内，单击 B7 单元格，再输入“<=100”，最后单击“确定”按钮。

IF 函数和 OR 函数嵌套与 IF 函数和 AND 函数嵌套相似，这里不再赘述。

2) IF 函数的嵌套

D9 单元格的公式为“=IF(B9>0, 1, IF(B9<0, −1, 0))”。在这个公式中，IF 函数的参数也是 IF 函数，嵌套函数的输入方法如下：

(1) 将光标放在 D9 单元格中，输入“=IF(”，然后单击“插入函数” 按钮，弹出“函数参数”对话框，如图 5-36(a)所示。将光标放在第一个参数框内，输入条件表达式，单击 B9 单元格，然后输入“>0”。

(2) 输入第二个参数(条件为真时的返回值)。将光标放在第二个参数框内，输入“1”。

(3) 输入第三个参数(条件为假时的返回值)。由于还需要进行判断，因此此时不能直接输入某个值，而应该再次使用 IF 函数。将光标先放在第三个参数框内，单击名称框下拉列表中的 IF 函数，再次弹出 IF 函数输入对话框，如图 5-36(b)所示。输入参数的过程和前面类似，条件表达式是“B9<0”，条件为真时的值是“−1”，条件为假时的值是“0”，函数输入完毕。

如果嵌套判断不止两层，则将光标放在第三个参数框中再次单击名称框中的 IF 函数，重复上述过程，直到最后一层判断为止，再在第三个参数框中输入具体值。

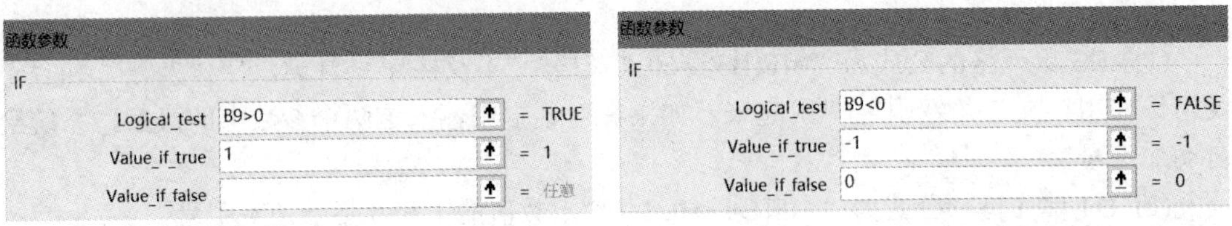

(a)　　　　(b)

图 5-36　IF 函数的嵌套输入过程

【课堂练习 5.4】

在 A3 单元格和 B3 单元格中分别输入两个整数，如果两个整数都大于或等于 90，则在 C3 单元格中输出“优秀”，否则输出空字符串。C3 单元格的公式如下：

=IF(A3>=90, IF(B3>=90, "优秀", ""), "")

请使用上述函数参数的输入方法输入该公式。

5.5.2.2　常用日期和时间函数

常用的日期和时间函数如表 5-11 所示。

表 5-11　常用的日期和时间函数

序号	名称	含义	说　明
1	DATE	日期	一般格式是 DATE(年，月，日)。功能是由年份数字、月份数字和天数数字生成一个日期。参数可以是数值或单元格区域(以下同)
2	YEAR	年份	一般格式是 YEAR(日期)。功能是计算给定日期的年份
3	MONTH	月份	一般格式是 MONTH(日期)。功能是计算给定日期的月份
4	DAY	天数	一般格式是 DAY(日期)。功能是计算给定日期的天数
5	TODAY	当前日期	一般格式是 TODAY(　)。功能是返回当前系统日期
6	NOW	当前日期和时间	一般格式是 NOW(　)。功能是返回当前系统日期和时间
7	DATEDIF	日期间隔	一般格式是 DATEDIF(开始日期，结束日期，unit 参数)。unit 参数可以是“y”“m”“d”，分别表示求两个日期间隔的整年数、月数和天数

【例 5.8】 常用日期和时间函数的使用。在图 5-37 中，说明常用日期和时间函数的使用方法，重点理解日期函数及其参数的特点。

说明：

(1) “计算存款到期日”中的到期日是个日期，因此要使用 DATE 函数。DATE 函数的三个参数分别是年、月、日，这三个数值需要从“存入日”日期拆分而得，要使用 YEAR、MONTH 和 DAY 三个函数。E3 单元格的公式是“=D3-TODAY( )”，即“到期日”和系统当前日期相减，得到的是两个日期相隔的天数。由于系统当前日期是动态变化的数据，因此在图中未给出具体数据。

(2) “根据出生日期计算年龄”中，C7 单元格的公式是“=YEAR(TODAY())-YEAR(B7)”，即先计算两个日期各自年份，然后相减，不考虑是否已到出生日，年龄比较“虚”；D7 单元格的公式是“=DATEDIF(B7, TODAY( ), "Y")”，即按整年计算，达到生日才算一岁。

图 5-37　常用日期和时间函数示例

注意：

(1) 由三个数字组成一个日期，要使用 DATE 函数，其参数是年、月、日三个数字。

(2) 由日期求年、月、日，要使用 YRAR、MONTH、DAY 函数，函数参数都是日期。

(3) 提取日期如 2021 年 3 月 8 日中的年份，可使用的公式为“= YEAR("2021-3-8")”。

(4) 求 10 年后是哪一年，可使用的公式为“=YEAR(TODAY( ))+10”，或者“= YEAR(NOW( ))+10”。

(5) 一个日期加或减一个数字，会得到另一个日期。如求 100 天后是哪一天，可使用的公式为“=TODAY( )+100”。

(6) 两个日期可以相减，但不能相加。如求到 2035 年元旦还有几天，可使用的公式为“=DATE(2035, 1, 1)-TODAY( )”。

5.5.2.3　其他函数

常用的其他函数如表 5-12 所示。

表 5-12　常用的其他函数

序号	名称	含义	说　明
1	RANK.EQ	排名	一般格式是 RANK(要排序的数字，排序数据区域，排序方式)。用于返回某数字在一组数字中相对其他数值的大小排名。当参数“排序方式”为 0 或者省略时，名次降序排列，非 0 则升序
2	RANK	排名	是较低 Excel 版本的排名函数。功能和格式同 RANK.EQ
3	LEN	求长度	一般格式是 LEN(文本串)。用于统计字符串中的字符个数。例如，LEN("hello! ")的结果是 6
4	LEFT	左取字符	一般格式是 LEFT(文本串, n)。功能是取出最左边 n 个字符。例如，LEFT("hello! ", 2)的结果是"he"
5	MID	中取字符	一般格式是 MID(文本串, m, n)。功能是从第 *m* 个位置开始取 *n* 个字符。例如，RIGHT("hello! ", 2, 3)的结果是 "ell"
6	RIGHT	右取字符	一般格式是 RIGHT(文本串，截取长度)。功能是取出最右边 *n* 个字符。例如，RIGHT("hello! ", 2)的结果是 "o!"
7	AVERAGEIF	条件平均	一般格式是 AVERAGEIF(条件判断区域，条件，求平均值区域)。用于根据指定条件对若干单元格计算算术平均值

续表

序号	名称	含义	说　明
8	SUMIF	条件求和	一般格式是 SUMIF(条件判断区域, 条件, 求和区域)。功能是用于根据指定条件对若干单元格求和
9	VLOOKUP	垂直查找	一般格式是 VLOOKUP(x, table, n, f)。功能是在 table 区域中的第 1 列查找值 x，如果查到就返回区域中第 n 列单元格中的数据。f=0 时表示精确查找，找不到则返回“#N/A”；f=1 时表示模糊查找，找不到则返回小于或等于 x 的最大值

1．排名函数

RANK.EQ 函数用于排名，当有相同结果(并列名次)时均取相同的名次。例如，有两个第 3 名，则没有第 4 名，下一名次为第 5 名。RANK 函数是 Excel 较低版本的排名函数，其功能同 RANK.EQ。

一般情况下，排名函数的第二个参数都是同一个数据区域，因此，一般要使用绝对地址引用，这样当排名公式复制到其他单元格时结果才会正确。

2．文本处理函数

文本处理操作经常需要多个函数配合使用。

例如，J4 单元格中的“身份证号”是 18 位文本数据“130302199410080933”，现在要取出其中的出生日期(7～14 位)，则需要使用公式“=MID(J4, 7, 8)”。

如果想得到“1994 年 10 月 08 日”字样，则可以使用以下公式：

=MID(J4, 7, 4)&"年"&MID(J4, 11, 2)&"月"&MID(J4, 13, 2)&"日"

我们知道，身份证号倒数第 2 位，如果是奇数，则此人性别为“男”，否则性别为“女”，可以用以下公式判断性别：

=IF(MOD(MID(J4, 17, 1), 2)=1, "男", "女")

这里的 MOD 函数是求余数函数。例如，MOD(X, 2)是求 X 除以 2 的余数。

3．条件求和函数与条件平均函数

条件求和函数 SUMIF 和条件平均函数 AVERAGEIF 用法相似，一般格式是 SUMIF(条件判断区域，条件，求和区域)，用于根据指定条件对若干单元格求和。例如：在图 5-34 学生成绩总表中，E 列是“性别”，E5:E34 区域是性别区域；G 列是“高数”，G5:G34 区域是学生的“高数”成绩，计算“男”生“高数”成绩之和的公式如下：

= SUMIF(E5:E34, "男", G5:G34)

如果公式要复制填充，还需要修改其中的单元格引用方式，一般要使用绝对地址引用。

类似的统计函数还有 SUMIFS、COUNTIFS 等，请读者参考 Excel 的帮助系统自学。

4．垂直查找函数 VLOOKUP

【例 5.9】 以图 5-38 为例，说明 VLOOKUP 函数的使用方法。

说明：

VLOOKUP 函数是使用频率非常高的查询函数之一，函数语法可理解为：

VLOOKUP(要查找的值，要查找的区域，返回查找区域中第几列的内容，精确/近似匹配)

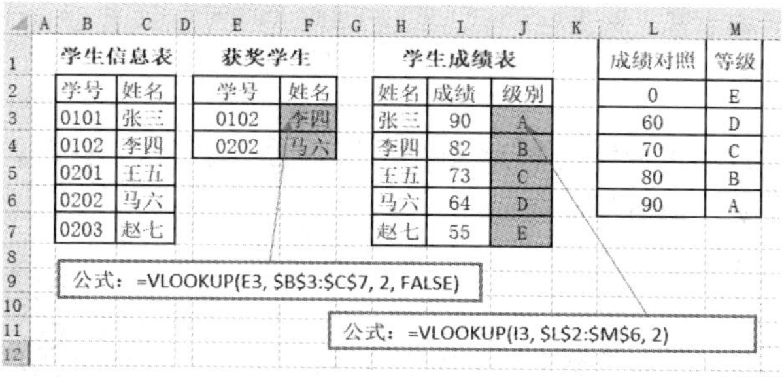

图 5-38 VLOOKUP 函数示例

VLOOKUP 函数

(1) 精确查找。

图 5-38 中最左侧的表格是学生信息表，已知获奖学生的学号，要查找学生的姓名，应该使用 VLOOKUP 函数精确查找。以 F3 中的公式为例，该函数从 B3 单元格开始向下一直到 B7 单元格，查找值为 E3 的行，当找到 B4 后，将 C4 的值(区域中第 2 列)返回到公式所在单元格中。

函数第四个参数如为 0 或 FALSE，则表示要精确查找。

(2) 近似查找。

函数第四个参数如为 1、TRUE 或省略，则表示要近似查找。近似查找时需要构造一个辅助对照表，如图 5-38 中最右侧的表格，表格中的首列数据要升序排序。

注意：

(1) 查找区域的首列必须包含要查询的值，当查找不到时会返回错误值“#N/A”。

(2) 查找后返回的数据列要在要查找数据列的右侧。

(3) 如果有多条满足条件的记录，则 VLOOKUP 函数只能返回第一个查找到的记录。

5.6 任务：学生成绩处理

5.6.1 任务描述与实施

1. 任务描述

本任务要求对某班的学生成绩进行数据处理和分析，从而从多个角度了解学生的总体学习情况。学生成绩已保存在“学生成绩处理.xlsx”工作簿的“成绩总表”工作表中，如图 5-39 所示。“排序”等其他工作表用于保存数据处理结果。

图 5-39 “学生成绩处理”工作簿的“成绩总表”样图

2．任务实施

【解决思路】

本任务要对“成绩总表”中的学生成绩进行排序、筛选、分类汇总和透视分析操作。这些操作大都需要在“数据”选项卡中进行。

本任务涉及的主要知识技能点如下：

(1) 数据清单的概念。

(2) 数据排序，包括单个关键字排序、多关键字排序和自定义排序。

(3) 数据筛选，包括自动筛选和高级筛选。

(4) 分类汇总，包括简单分类汇总、多重分类汇总和嵌套分类汇总。

(5) 数据透视表。

第 5 章任务六

【实施步骤】

打开“学生成绩处理.xlsx”工作簿，在“成绩总表”工作表中操作。本任务要求及操作要点如表 5-13 所示。

表 5-13　任务要求及操作要点

任 务 要 求	操 作 要 点
	1. 数据排序
(1) 在“成绩总表”中，按“总分”降序排序，总分相同时再按“文化基础”降序排序	选定“成绩总表”，选定 B4:L34 单元格区域，单击“数据”选项卡“排序和筛选”组中的“排序”按钮，在“排序”对话框中，设置“主要关键字”为“总分”，“次序”为“降序”。 单击 添加条件(A) 按钮，并在“次要关键字”下拉列表中选择“文化基础”，设置“次序”为“降序”，单击“确定”按钮
(2) 将排序结果复制到“排序”工作表 A2 开始的单元格处	选定“成绩总表”，选定排序后的数据区域(B4:L34)，按 Ctrl + C 组合键复制内容，单击选定“排序”工作表，单击 A2 单元格，按 Ctrl + V 组合键粘贴内容
(3) 在“成绩总表”中，按“序号”升序排序，恢复到排序前状态	选定“成绩总表”，选定排序数据区域(B4:L34)，单击“数据”|“排序和筛选”组中的“排序”按钮，设置“主要关键字”为“序号”，“次序”为“升序”，选定“次要关键字”排序条件一行，单击“删除条件”按钮删除排序条件，再单击“确定”按钮。如果出现“排序提醒”对话框，则选择默认选项
	2. 自动筛选
(1) 筛选出“总分”介于 250～300 之间(含)且“文化基础”大于或等于 80 分的“男”学生	选定“成绩总表”，选定 B4:L34 区域，单击“数据”选项卡中的“筛选”按钮，此时在每个字段名右侧将出现一个下拉按钮，进入数据筛选状态。 单击“总分”右侧的下拉按钮，在列表中选择“数字筛选”|“介于”命令，在“自定义自动筛选方式”对话框中设置“大于或等于”为“250”，选择“与”选项，“小于或等于”为“300”。 单击“文化基础”右侧的下拉按钮，在列表中选择“数字筛选”，在对话框中选择“大于或等于”并输入“80”。 单击“性别”右侧的下拉按钮，在“搜索”框下方取消勾选“全选”复选框，勾选“男”复选框

续表一

<table>
<tr><th>任 务 要 求</th><th>操 作 要 点</th></tr>
<tr><td>(2) 复制结果到“筛选”工作表 A2 单元格开始的区域</td><td>选定“成绩总表”，选定从 B4 开始的筛选结果区，按 Ctrl + C 组合键复制内容，切换到“筛选”工作表中，单击 A2 单元格，按 Ctrl + V 组合键粘贴内容</td></tr>
<tr><td>(3) 退出“自动筛选”状态</td><td>将光标置于“成绩总表”工作表中，单击“数据”|“排序筛选”|“筛选”命令，取消筛选状态</td></tr>
<tr><td colspan="2">3. 高级筛选</td></tr>
<tr><td>筛选出需要补考的学生，即有任意一门课不及格(低于 60 分)的学生，要求条件区域起始单元格从 P4 开始，筛选结果复制到“高级筛选”工作表中的 A2 单元格开始处</td><td>① 构造条件区。在“成绩总表”中从 P4 单元格开始建立条件区域。其中的字段标题“高数”“英语”“文化基础”要单独占一行，可以从数据区域直接复制；字段下方的“<60”分别要写在不同行上，如右图所示，条件区的结构可以有多种形式，只要逻辑意义相同即可。
<table><tr><td>高数</td><td>英语</td><td>文化基础</td></tr><tr><td><60</td><td></td><td></td></tr><tr><td></td><td><60</td><td></td></tr><tr><td></td><td></td><td><60</td></tr></table>
② 高级筛选操作。将光标置于“高级筛选”工作表中任意位置，单击“数据”选项卡|“排序和筛选”|“高级” 高级 按钮，在“高级筛选”对话框中选择或输入相关内容。
筛选方式为第二种“将筛选结果复制到其他位置”；列表区域为“成绩总表！$B$4:$L$34”；条件区域为“成绩总表！$P$4:$R$7”；复制到为“高级筛选！$A$2”</td></tr>
<tr><td colspan="2">4. 分类汇总</td></tr>
<tr><td>(1) 在“成绩总表”中，分类汇总各级别的学生人数</td><td>① 选定“成绩总表”，选定 B4:L34 区域，然后单击“数据”|“排序和筛选”|“排序”按钮，对“级别”一列进行排序(如升序)，将同一级别的记录排列在一起。
② 选定 B4:L34 区域，单击“数据”|“分级显示”|“分类汇总” 按钮，打开“分类汇总”对话框，设置“分类字段”为“级别”，“汇总方式”为“计数”，“汇总项”为“姓名”，单击“确定”按钮</td></tr>
<tr><td>(2) 将各级别人数结果复制到“分类汇总”工作表 A2 单元格开始的区域</td><td>① 单击 2 按钮，只显示各级别人数，选中可见的数据区域(B4:L40)。
② 按 F5 键，在“定位”对话框中单击“定位条件”按钮，选择“可见单元格”，按 Ctrl + C 键复制数据。
③ 切换到“分类汇总”工作表，单击 A2 单元格，按 Ctrl + V 键粘贴结果</td></tr>
<tr><td>(3) 删除“成绩总表”中的分类汇总结果</td><td>切换到“成绩总表”，选定 B4 开始的右下方单元格区域，单击“数据”|“分级显示”|“分类汇总”按钮，在对话框中单击“全部删除”按钮</td></tr>
</table>

续表二

任务要求	操作要点
5. 数据透视表	
(1) 在新工作表中创建数据透视表，按男女生统计各成绩级别人数及平均分的平均值(设置为 2 位小数)	① 在“成绩总表”工作表中，选定 B4:L34 区域，单击“插入”|“表格”|“数据透视表”按钮，在下拉列表中选择“数据透视表”选项。 ② 在“创建数据透视表”对话框中，单击“表/区域”右侧的按钮折叠对话框，用鼠标选定工作表中除前两行表头外的数据区域并按回车键确定。 ③ 在“选择放置数据透视表的位置”中选择“新工作表”并单击“确定”按钮。 ④ 在“数据透视表字段列表”任务窗格中，拖动“性别”到“行标签”，拖动“姓名”和“平均分”到“数值”区域。 ⑤ 单击“求和项平均分”右侧的下三角按钮，选择“值字段设置”，在“值汇总方式”选项卡的“计算类型”中选择“平均值”，在“值显示方式”选项卡中单击“数字格式”按钮，然后在“设置单元格格式”对话框中的“数字”选项卡中的“分类”列表中选择“数值”，设置 2 位小数
(2) 将新建的透视表工作表改名为“透视表”，并移动其到“分类汇总”工作表之后	右击上述建立的新工作表，选择“重命名”，将其改名为“透视表”，拖动“透视表”工作表标签到“分类汇总”工作表标签右侧，释放鼠标

【自主训练】

对“成绩总表”工作表进行以下操作：

(1) 排序。先按“姓名”拼音字母升序排序，再按“姓名”笔画升序排序。

(2) 自动筛选。筛选出“总分”前五名的学生；筛选出“男”生且级别为“A”或“B”的学生；筛选出“张”姓的学生。

(3) 高级筛选。筛选出“总分”介于 250～300 之间(含)且级别为“A”或“B”的学生。

(4) 分类汇总。分别计算男生、女生“高数”“英语”“文化基础”课程的平均分。

【问题思考】

(1) 高级筛选和自动筛选的主要区别是什么？什么情况下既可以使用高级筛选，也可以使用自动筛选完成筛选工作？什么情况下只能使用高级筛选而无法使用自动筛选完成筛选工作?

(2) 如何对 A 工作表中的数据进行高级筛选，并将筛选结果复制到 B 工作表?

5.6.2　相关知识与技能

5.6.2.1　数据清单的概念

数据清单是指在工作表中包含相关数据的单元格区域的数据列表，也称工作表数据库。其数据由若干行和列组成，具有关系数据库的特点。工作表中的数据清单必须符合以下规则：

(1) 一个工作表一般只包含一个数据清单，如包含多个，则它们之间至少间隔一行或一列。

(2) 数据清单的顶部是列标题，而且只占用一行。列相当于数据库中的字段，描述对象的一种属性，列标题相当于数据库中的字段名，每列数据必须具有相同的数据类型，各列标题不能重名。

(3) 数据清单的每一行视为数据库中的一条记录，描述一个实体对象。不能存在空白行和空白列。不能有各字段值完全相同的重复行。

5.6.2.2　数据排序

工作表中的数据是按照录入时的先后次序排列的。为了方便查看数据，经常需要对数据区域进行重新排序。

排序就是按指定的字段值重新调整记录的顺序，这个指定的字段称为排序关键字。排序关键字可以有一个或多个。

通常，数字由小到大、文本按照首写拼音顺序、日期从最早的日期到最晚的日期、逻辑值从 FALSE 到 TRUE 进行排序称为升序，反之称为降序。另外，若排序的字段中含有空白单元格，则该行数据总是排在最后。

1. 单个关键字的排序

单个关键字的排序也称简单排序，是指按某一列(一个字段)的值进行排序。操作步骤是：在工作表中选定数据区域，然后单击“数据”选项卡“排序和筛选”组中的按钮或按钮，前者为升序，后者为降序。

小贴士

如果工作表中的数据区域是规范的行和列(符合数据清单规则)，则在进行单列排序时，只需单击该列任意一个单元格，无需选定数据区域，然后单击或按钮即可；如要进行多字段复杂排序，只需单击数据区域中任意一个单元格，无需选定数据区域，然后单击按钮进行排序。仅当表格不规范时，才需要手工选定表格中要参与排序的数据区域。

数据区域是否需要手工选择的规律也适用于“数据”选项卡中的其他操作，如数据筛选、分类汇总等。

2. 多个关键字的排序

多个关键字的排序指按两个或两个以上的关键字段进行排序；主要关键字有一个，次要关键字可以有多个。在主要关键字完全相同的情况下，会根据第一个次要关键字进行排序，若第一个次要关键字完全相同，则会根据第二个次要关键字进行排序，依次类推。操作步骤如下：

(1) 在数据清单中，单击任意一个单元格，或选定工作表中要排序的单元格区域。

(2) 单击“数据”|“排序和筛选”|“排序”按钮，打开“排序”对话框，如图 5-40 所示。

(3) 在“列”选项中“主要关键字”下拉列表框里选择第一个关键字，然后选择“排序依据”(可以是单元格值、单元格颜色、字体颜色和单元格图标中的一种)和“次序”(升序、降序或自定义序列)。

(4) 如果需要按更多的关键字排序，可以单击对话框中的“添加条件”按钮，以同样方法设置多个“次要关键字”；也可以单击对话框中的“复制条件”按钮，产生一个与现有条件相同的“次要关键字”，在此基础上再进行修改。单击“删除条件”按钮可删除排序条件。

如果数据区域有标题行，为防止列标题所在行参与排序，应选中“数据包含标题”复选框。单击对话框中的“选项”按钮，可以设置“区分大小写”、排序方向(按行或按列)和排序方法(按笔画或按字母)等选项。

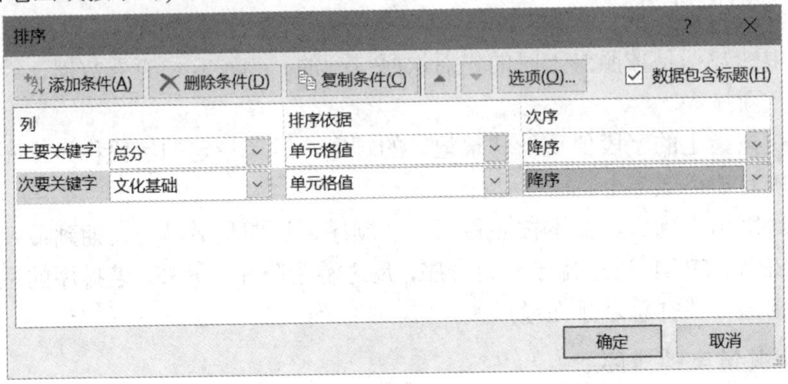

图 5-40　多个关键字的“排序”对话框

3. 自定义排序

自定义排序就是按照用户自己规定的次序排序。如按“职称”“职务”或者“系部名称”等排序。首先需要创建自定义排序的次序，详见 5.2.2.3“数据的输入与编辑”部分。然后在“排序”对话框中选择排序关键字，再在“次序”下拉列表中选择“自定义序列”，在弹出的“自定义序列”对话框中选择作为排序次序的自定义序列。如果事先没有自定义序列，在该对话框中单击“添加”按钮也可以自定义序列。

小贴士

数据间的顺序只有两种：升序与降序。不同类型的数据在参与排序时，它们的优先级也是不同的。如果降序排列，依次是符号、数值、文本。对于数值，Excel 按数值大小排序；对于文本，Excel 将根据字母顺序、首写拼音顺序或笔划顺序来排序，空格将始终被排在最后。

5.6.2.3　数据筛选

数据筛选是从工作表中选出符合条件的记录，把不符合条件的记录暂时隐藏起来。这是一种查找数据的快速方法。Excel 提供了自动筛选和高级筛选两种筛选方式。

数据筛选

1. 自动筛选

自动筛选是按照选定的内容进行筛选，适用于简单地筛选数据的场合。例如，要筛选“男”生，或者要筛选“A”或“B”级别的学生，就可以使用自动筛选。操作步骤如下：

(1) 在工作表中选定数据区域。

(2) 在“数据”选项卡的“排序和筛选”组中单击“筛选”按钮，此时工作表中每个字段名称的右侧都将出现一个筛选按钮。

(3) 单击某个字段右侧的筛选按钮，在下拉列表中选择一个或多个值。

> **小贴士**
>
> 使用自动筛选方式筛选数据时，一次只能对一个字段进行筛选，如果要对多个字段进行筛选，可以分次筛选，即在前一次的筛选结果中再进行筛选。另外，如果要关闭自动筛选，再次在“数据”选项卡的“排序和筛选”组中单击按钮即可。

如果筛选条件比较独特，在下拉列表中没有相应的选项，可以使用“自定义筛选”方式。操作方法是：单击某个字段(如数值型字段)右侧的下拉按钮，在下拉列表中选择“数字筛选”，再选择“等于”“大于”“小于”“介于”等选项，或者选择“自定义筛选”，在“自定义自动筛选方式”对话框(如图 5-41 所示)中进行操作。

图 5-41　“自定义自动筛选方式”对话框

可以在多个字段中选择值，同一个字段中的两个条件可以是“与”或者“或”的关系，多个字段的条件之间总是相“与”关系。

2. 高级筛选

高级筛选可以指定比较复杂的筛选条件对数据进行筛选。使用高级筛选功能前必须首先设置一个条件区域，用于指定筛选条件。条件区域至少要与数据区域隔开一行和一列的距离。条件区域至少要有两行，第一行作为筛选条件的字段名(即列名)，第二行及以下行用于输入筛选条件。同一行中的条件为“与”的关系，不同行中的条件为“或”的关系。

构造高级筛选的条件区域是高级筛选能否成功的关键，有以下几点建议供参考：

(1) 筛选条件中的列标题名和取值要分别写在不同行上，不能写成“性别="男"”，或者写成“高数<60”之类。建议筛选条件中的列标题名直接从数据区域的列标题复制，有无列边框格式并无关系，不要手工输入列标题，以免造成不一致。筛选条件中涉及的列名都要写在条件区的列标题行上。列名称次序任意。

(2) 列标题写好后，在第二行以及下面的行开始写条件的取值要求，每个条件值与它上面第一行的列标题对应。文本型数据一般不必输入“=”号和引号，如要求性别为“男”，只需在“性别”标题下方的单元格中输入“男”。数值型数据要使用比较运算符(>、>= 等)，数值不能加引号。如要求“高数>=60”，就在“高数”标题下方的单元格中输入“>=60”。

(3) 条件区域应该写几列？一般涉及几个列名就写几列，如果列的取值是一个范围，则该列名可以写两次。例如："总分"介于 250 和 300 之间，列名"总分"需要书写两列。

(4) 条件区域中除列标题外应该写几行？总的说来，需要筛选出几大类数据就需要写几行。观察条件区域时要先看行、后看列。先"上下看"，除标题行外共几行就是要筛选出几大类数据；然后"左右看"，某一行有几列，就表示这个大类条件中有几个相"与"的条件项。

条件区域构造好后，按以下步骤执行高级筛选：将光标置于要放置筛选结果的工作表中，单击"数据"|"排序和筛选"| 高级 按钮，在打开的"高级筛选"对话框(如图 5-42 所示)中设置选项。

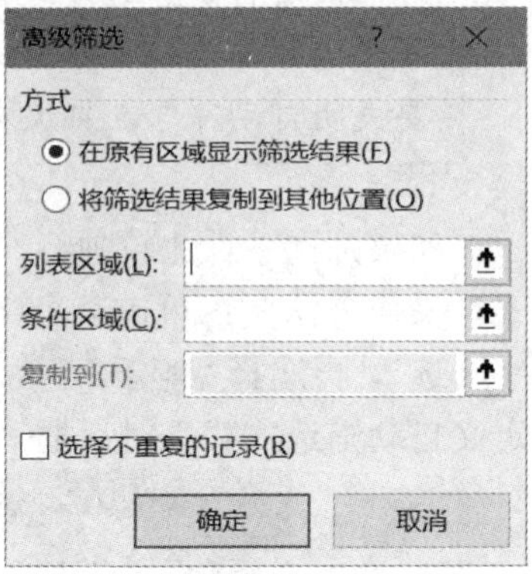

图 5-42　"高级筛选"对话框

① 方式：指定筛选结果的显示位置。可以在原有数据区域中显示结果，或者复制筛选结果到本工作表其他位置。

② 列表区域：指明要筛选哪个区域中的数据，如果表格比较规范，而且之前光标已经放在数据区域中，一般无需选择。单击右侧的按钮，可以通过鼠标拖动选择要筛选的数据区域(要选取列标题及以下的规则区域)。

③ 条件区域：单击右侧的按钮，通过鼠标拖动选择条件区域。条件区域是由条件列标题及以下各条件组成的矩形区域。

④ 复制到：如果选择了"将筛选结果复制到其他位置"筛选方式，可以输入或单击结果区的开始位置。如果要将筛选结果复制到其他工作表，则执行高级筛选前应选定存放筛选结果的工作表，然后执行高级筛选操作。

5.6.2.4　数据分类汇总

分类汇总

使用工作表时，经常需要从大量的数据中概括出某种汇总信息，以便做出分析、判断，这称为分类汇总。例如在学生成绩管理工作中，需要查看各成绩级别学生的人数等。

1. 创建分类汇总

先分类，后汇总。分类就是按要"分类"的字段排序，将同类别的数据排列在一起；汇总就是对同一类别的数据进行汇总计算，使一类数据汇总成一条记录。创建分类汇总的操作步骤如下：

(1) 选定数据区域，单击"数据"|"分级显示"|"分类汇总"按钮。

(2) 在如图 5-43 所示的"分类汇总"对话框中设置相应的选项。

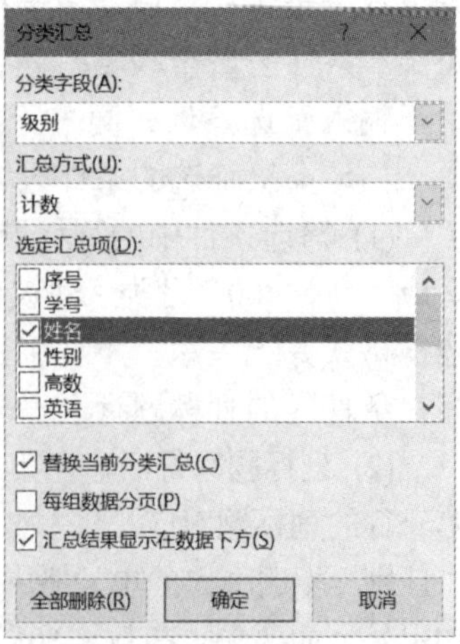

图 5-43　"分类汇总"对话框

该对话框中各选项的作用如下：

① 分类字段：说明按哪个字段分类，事先应按该字段排序。

② 汇总方式：说明同一类别的数据如何汇总，如求和、

计数等。

③ 选定汇总项：对于同一类别的数据，选择对哪些字段进行汇总。

④ 替换当前分类汇总：默认勾选。当需要在已经分类汇总的结果上继续进行分类汇总时，不要勾选此项。

⑤ 每组数据分页：每类汇总结果单独为一页。如 A 级别 1 页，B 级别 1 页等。

⑥ 汇总结果显示在数据下方：如勾选，则汇总结果在数据下方显示，否则在数据上方显示。

⑦ 全部删除：取消分类汇总效果时单击此按钮。

对工作表数据进行分类汇总以后，在显示分类汇总结果的同时，分类汇总表的左侧出现了分类层次的选择按钮和概要线。分类汇总的结果包含细节数据，可以用分级符号来隐藏或显示细节数据，分级符号有“+”“-”按钮和级别按钮 1 2 3，默认显示 3 级别，单击符号 2 将隐藏分类汇总表中的明细数据行。

① 单击 + 按钮，可以显示细节数据。

② 单击 - 按钮，可以隐藏细节数据。

③ 单击 1 按钮，将只显示总的汇总结果。

④ 单击 2 按钮，将显示第二级数据。

⑤ 单击 3 按钮，将显示第三级数据。

⑥ 单击“数据”|“分级显示”组中的“显示明细数据” 按钮，可以展开一组折叠的单元格；单击“隐藏明细数据” 按钮，可以隐藏一组展开的单元格。

2. 多重分类汇总和嵌套分类汇总

1) 多重分类汇总

对工作表中的某列数据进行两种或以上的汇总方式或汇总项汇总称为多重分类汇总。如按“级别”分类汇总学生人数，以及各级别学生的“高数”“英语”“文化基础”课程的平均分。这需要进行两次分类汇总，分类字段都是“级别”。第一次汇总，汇总方式是“计数”，汇总项是“姓名”；第二次汇总，汇总方式是“平均值”，汇总项是“高数”“英语”“文化基础”。在做第二次分类汇总时，要取消“替换当前分类汇总”选项。

2) 嵌套分类汇总

嵌套分类汇总也需要多次分类汇总，而且分类字段不同，汇总方式和汇总项可以相同，也可以不相同。如按“级别”分类汇总学生人数，再汇总各级别下男生、女生人数。

嵌套分类汇总时，要先对工作表中的数据按多关键字排序，主要关键字是第一次分类汇总的字段(如“级别”)，次要关键字是第二次分类汇总的字段(如“性别”)，依次类推。除第一次分类汇总外，都要取消“替换当前分类汇总”选项。

3. 删除分类汇总

删除工作表中的分类汇总并不会删除工作表中的数据，其操作步骤如下：

(1) 单击含有分类汇总工作表的任意单元格。

(2) 单击“数据”|“分级显示”|“分类汇总” 按钮，在对话框中单击“全部删除”按钮。

5.6.2.5　数据透视表

数据透视表是 Excel 中功能非常强大的数据分析工具。它是一种交互式报表，综合了数据排序、筛选、分类汇总等多项数据分析功能。利用它可以按多个字段分类汇总，方便地调整分类字段、汇总方式，灵活地以多种方式展现数据。

1. 建立数据透视表

建立数据透视表的操作步骤如下：

(1) 选定数据区。选定工作表中的数据区，单击“插入”|“表格”|“数据透视表”命令，在“创建数据透视表”对话框(如图 5-44 所示)的“表/区域”框中选定数据区(可以是一个区域或整列数据)。

创建与编辑数据透视表

(2) 选择放置数据透视表的位置。在“创建数据透视表”对话框中，选择“新工作表”或“现有工作表”并指定位置。如果数据源较小、维度较少，则建议选择“现有工作表”。在确定数据源和数据表位置后，即可在工作表指定位置处创建一个空白的数据透视表布局框架，同时在其右侧显示一个“数据透视表字段”任务窗格(如图 5-45 所示)，通过该任务窗格可以设置和调整数据透视表的内容。可以单击字段列表框中字段左侧的复选框选中或取消选中字段，选中的字段将会出现在数据透视表中，也可以将字段拖入或拖出任务窗格右下方的标签框以改变数据透视表的内容。

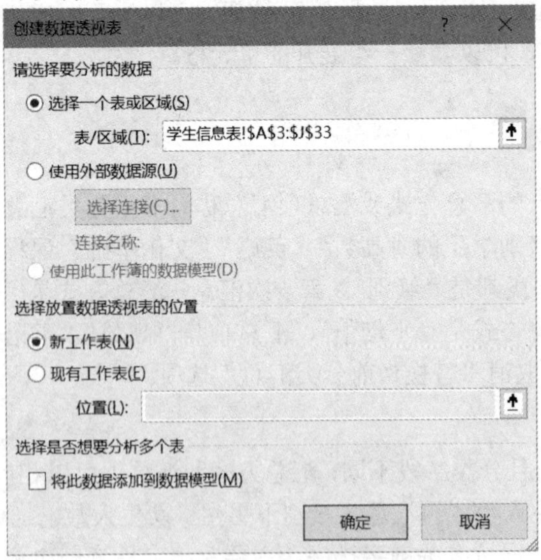

图 5-44　“创建数据透视表”对话框

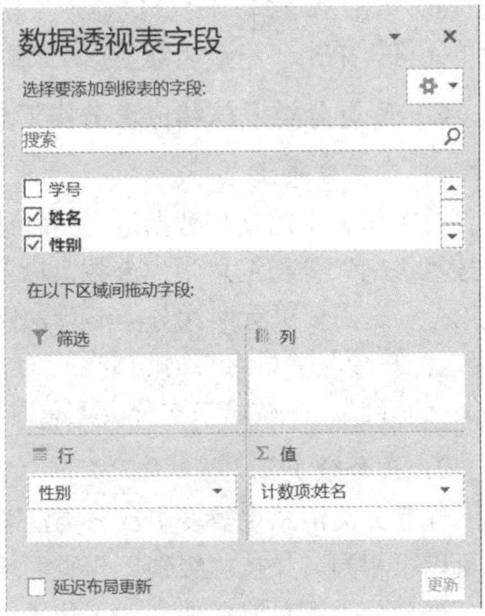

图 5-45　“数据透视表字段”窗格

图 5-45 右下方四个标签框的说明：

“行”标签：横向分类的依据。拖入行标签的字段，该字段的每一个数据项占一行。

“列”标签：纵向分类的依据。拖入列标签的字段，该字段的每一个数据项占一列。

“筛选”标签：分类显示(筛选)的依据。行和列相当于 X 轴和 Y 轴，由它们确定了一个二维表格，报表筛选标签(也称页标签)相当于 Z 轴。Excel 将按该字段的数据项对透视表分页。

“值”标签：此处的字段是要进行统计汇总的字段。汇总方式有计数、求和、平均值、最大值、最小值等。

注意：每个标签框中都可以拖入多个字段，字段之间的顺序会影响透视表的效果。

(3) 设置透视表的布局。通过拖动字段的位置可以得到不同方式的透视表。如需删除某个标签中的字段，只需取消选择字段窗格中字段旁边的复选框，或将字段拖出标签区。

2. 修改数据透视表

(1) 更新数据透视表数据。当修改数据源中的数据后，数据透视表并不会自动随之改变。右击数据透视表中的任意单元格，在快捷菜单中选择“刷新”命令即可更新数据透视表。

(2) 修改数据的汇总方式和显示方式。单击数据透视表中任一单元格，在“数据透视表字段”窗格中，单击“值”标签组中汇总项右侧的下三角按钮，选择“值字段设置”，在对话框中选择“计算类型”可以改变汇总方式；单击“值显示方式”按钮，可以在下拉列表中选择汇总值的显示方式(如“总计的百分比”等)；单击“数字格式”按钮，可以设置数字显示格式(如小数位数等)。

(3) 查看数据透视表中的明细数据。如果要查看透视表中的数据的具体来源，可以双击某个数据所在的单元格，Excel 会在一个新工作表中显示数据来源。

(4) 为数据透视表自动套用格式。单击数据透视表中的任一单元格，在“数据透视表工具-设计”选项卡中，单击“数据透视表样式”组中样式列表框右下角的“其他”按钮，从弹出菜单中选择表格样式。也可以通过单击“数据透视表样式选项”组中的相关按钮设置透视表的外观。

(5) 删除数据透视表。单击选中数据透视表，在“数据透视表工具-分析”选项卡中，单击“操作”组中的“选择”按钮，在下拉列表中选择“整个数据透视表”，按 Delete 键即可。

3. 基于透视表创建数据透视图

单击数据透视表中的任一单元格，在“数据透视表工具-分析”选项卡中，单击“工具”组中的“数据透视图”按钮，打开“插入图表”对话框，从中选择图表类型即可。单击数据透视图时，将会出现“数据透视图工具”选项卡，可以选择相应命令设置图表布局和样式。

4. 在透视表中使用切片器

在一个数据透视表中可以建立一个或多个切片器，然后使用切片器来筛选数据。建立切片器的方法是：首先单击透视表中任意一个单元格，然后单击“数据透视表工具-分析”|“插入切片器”命令，在弹出的对话框中选中某个字段的复选框。

用类似的方法可以建立多个切片器。建立切片器后，Excel 会以当前各个切片器中选中数据项为依据对透视表进行筛选，然后在透视表中显示筛选结果。

单击切片器名称右边的命令按钮 ，就会取消切片器当前的筛选功能。可以右击切片器窗口，在快捷菜单中选择“删除 XX”功能删除 XX 切片器。

5.6.2.6　合并计算

合并计算是指对多个数据区域进行数据汇总计算。如图 5-46 所示，要汇总“一店”“二店”的销售数据到“汇总”工作表，就需要用到合并计算，其操作步骤如下：

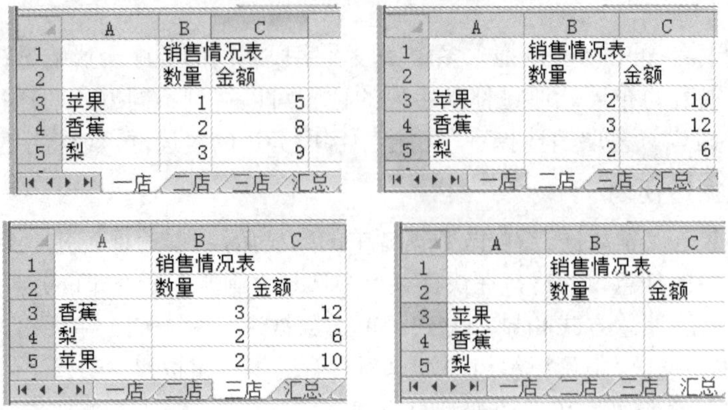

图 5-46　合并计算示例

(1) 将光标定位于“汇总”工作表的 B3 单元格，单击“数据”|“数据工具”|“合并计算”命令，弹出“合并计算”对话框，如图 5-47 所示。

(2) 在对话框的“函数”下拉列表中选择汇总方式“求和”(也可以是平均、计数、最大等)，将光标放在“引用位置”文本框中，用鼠标选定“一店”的数据区域 B3:C5，再单击“添加”按钮，同样，选定“二店”的数据区域 B3:C5，并单击“添加”按钮，最后单击“确定”按钮即完成汇总。

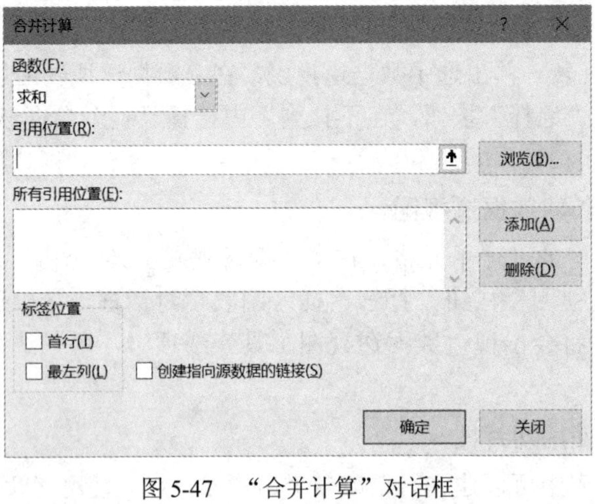

图 5-47　“合并计算”对话框

注意：

(1) 参与汇总的数据区域可以在同一个工作表、同一工作簿的不同工作表或不同工作簿的工作表中。本例中两个店的数据起始区域不要求是同一位置(B3)。

(2) 本例中，由于参与汇总的工作表数据布局相同，因此可称为“通过位置合并”。汇总时也可以在“汇总”工作表中将光标放在 A2 单元格，然后选定“一店”“二店”的 B2 开始的数据区域，同时在“合并计算”对话框中选择“首行”和“最左列”选项。

(3) 假如要汇总三个店的数据，由于“三店”的商品数据行与另两个店的数据区域顺序不一致(称布局不相同)，因此在“汇总”工作表中光标要放在 A2 单元格中，三个店的数据区域都要从 A2 开始选取，同时要选择“首行”和“最左列”选项。这种数据区域布局不同的汇总称为“通过分类合并”。

(4) 如果汇总过程中勾选了“创建指向源数据的链接”选项，则汇总后可以查看合并计算的明细数据。单击“+”或“–”按钮，可以显示或不显示合并数据的明细数据。

5.7　任务：制作成绩图表

5.7.1　任务描述与实施

1. 任务描述

“好图胜千言”，图表是一种重要的数据统计和分析手段。利用图表可以直观、生动地表现数据，使数据可视化。尤其在表达数据之间的关系以及数据趋势方面，图表的作用远胜于普通文字数据的效果。

本任务要使用“学生成绩图表.xlsx”工作簿中的“成绩总表”数据，用柱形图展示各门课程各分数段人数对比，用饼图展示文化基础课程各分数段人数占比，根据各科成绩制作迷你图。柱形图见图 5-48，饼图见图 5-49。

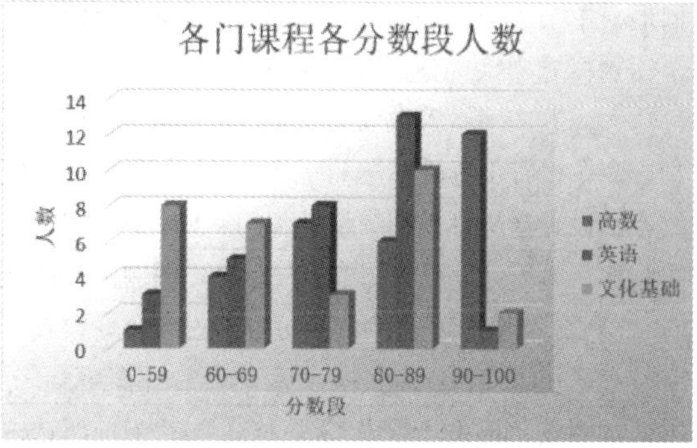

图 5-48　学生成绩图表

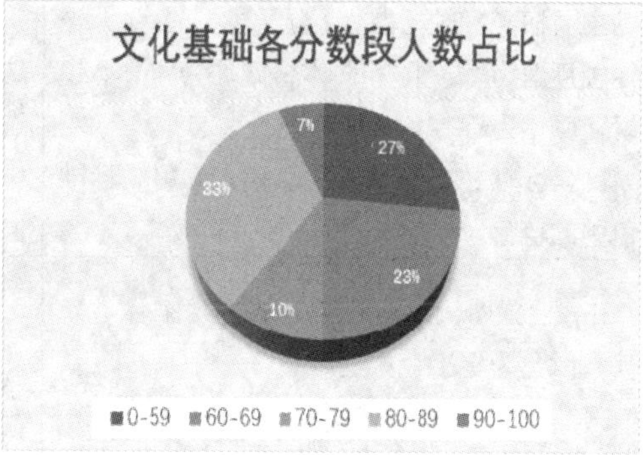

图 5-49　文化基础各分数段人数占比饼图

2. 任务实施

【解决思路】

根据样图制作图表时，首先要认真观察图表中的信息，找出图表元素在工作表中的对应数据(包括标题文字)。然后正确选定数据区域，利用图表向导制作图表，这样就能很容易地制作出图表。创建图表后，更多的工作是编辑图表元素，对图表进行美化。根据不同的数据展示需求选择合适的图表类型，并通过修饰图表元素突出所反映的内容是运用图表的重点。

要输出打印工作表和图表，需要掌握工作表分页、页面设置、设置打印区域等内容。

本任务涉及的主要知识技能点如下：

(1) 图表的概念，包括图表的类型、组成元素，创建图表的一般过程等。

第 5 章任务七

(2) 图表的创建与编辑。

(3) 迷你图的制作与编辑。

【实施步骤】

本任务要求及操作要点如表 5-14 所示。

表 5-14　任务要求及操作要点

任 务 要 求	操 作 要 点
1. 创建并编辑柱形图	
(1) 创建“三维簇状柱形图”图表，并调整位置和大小。 参照样图，在“学生成绩图表.xlsx”工作簿的“成绩总表”工作表中创建“三维簇状柱形图”，调整图表位置及大小	选定 O5:R10 区域，单击“插入”|“图表”|“插入柱形图或条形图”|“三维簇状柱形图”命令创建图表。 将鼠标指针移至图表的边框上，当鼠标指针变成十字形箭头时，拖动鼠标到合适的位置。 将鼠标指针移至图表边框的控制点上，当鼠标指针变成双向箭头时，拖动鼠标调整图表大小
(2) 插入标题并设置字体。图表标题为“各门课程各分数段人数”，宋体、20 磅，颜色为标准色中的红色。 主要横坐标轴标题为“分数段”；主要纵坐标轴标题为“人数”；文本格式均为宋体、12 磅，颜色为标准色中的红色。 两坐标轴文字为宋体、12 磅，颜色为标准色中的蓝色	选定图表，单击“图表工具-设计”|“图表布局”|“添加图表元素”下拉按钮，选择“图表标题”|“图表上方”，然后输入标题文字。 类似地，单击“坐标轴标题”，选择“主要横坐标轴”选项，输入标题文字“分数段”；选择“主要纵坐标轴”选项，输入标题文字“人数”。利用“开始”|“字体”组中的相应命令设置坐标轴标题的字体、字号和颜色。使用同样的方法设置横坐标轴和纵坐标轴的字体、字号和颜色
(3) 设置图例显示在图表右方，宋体、12 磅，颜色为标准色中的红色	右击图例，选择“设置图例格式”命令，图例位置选择“靠右”，利用“开始”|“字体”组中的相应命令设置字体、字号和颜色
(4) 设置图表外观样式。 设置图表区填充方式为“渐变填充”，预设渐变为“顶部聚光灯-个性色 3”；类型为线性；方向为线性对角、左上到右下	单击选定图表，单击“图表工具-格式”|“当前所选内容”功能组，在最上方的“图表元素”下拉框中选择“图表区”以选定图表区。 单击“设置所选内容格式”命令，在右侧的窗格中选择“渐变填充”，在预设渐变类型中选择“顶部聚光灯-个性色 3”；类型为线性；方向为线性对角、左上到右下
(5) 移动图表。将工作表中的图表移动到名为“柱形图”的图表工作表中	右击图表，在快捷菜单中勾选“移动图表”，在“移动图表”对话框中选择“新工作表”，输入图表工作表的名称如“柱形图”
2. 制作分离型饼图	
(1) 创建三维饼图图表，用以显示“文化基础”课程各分数段人数，将图表插入“成绩总表”工作表中的 O12:V25 单元格区域内	配合 Ctrl 键，选定 O5:O10 和 R5:R10 区域，单击“插入”|“图表”|“插入饼图或圆环图”|“三维饼图”命令插入图表。 用鼠标拖动图表到合适位置。拖动图表四周的控制点，调整其大小至指定区域

续表

任 务 要 求	操 作 要 点
(2) 设置图表标题文字为"文化基础各分数段人数占比"，宋体，20 磅，红色；图例为宋体，12 磅，蓝色	单击图表标题，输入标题文字，利用"开始"|"字体"组中的相应命令设置字体、字号和颜色
(3) 设置图表样式为"样式 9"	选定图表，单击"图表工具-设计"选项卡，在"图表样式"组中选择"样式 9"
(4) 设置图表区外观样式。 设置图表区填充方式为"羊皮纸"纹理填充	单击图表区，在"图表工具-格式"|"当前所选内容"组中单击"设置所选内容格式"命令，在右窗格的"填充"方式中选择"图片或纹理填充"方式，选择"羊皮纸"纹理
3. 制作迷你图	
在"成绩总表"工作表的 M5:M34 区域中，根据四科成绩制作迷你折线图	选定 M5 : M34 区域，单击"插入"|"迷你图"|"折线迷你图"命令，在弹出的"创建迷你图"对话框中，将光标置于"数据范围"后面的框中，选定 F5 : I34 区域，单击"确定"按钮

【自主训练】

(1) 修改本任务中的柱形图的垂直(值)轴的最大刻度为 16。

提示：选定垂直(值)轴，在"设置坐标轴格式"窗格中选择"坐标轴选项"标签，在"边界"栏的"最大值"框内输入 16。

(2) 设置饼图绘图区"三维旋转"Y 值为 40 度。

提示：在设置绘图区格式窗格中的"效果"标签中设置。

(3) 删除"成绩总表"工作表中的迷你折线图。

提示：选定 M5:M34 区域，单击"迷你图工具-设计"|"分组"|"清除"，选择"清除所选的迷你图组"命令。

【问题思考】

(1) 如果要求将图表标题、分类轴标题、数值轴标题都设置成同样的字体、字号和颜色格式，如何做比较高效？能将这些图表元素一并选中一次操作完成吗？

(2) 请观察并分析本任务中的两张图表样图，找出图表中所有数字、文本、数据系列图形和工作表的单元格区域的对应关系。

(3) 在柱形图中，水平(类别)轴标题和水平(类别)轴是同一个图表元素吗？

5.7.2 相关知识与技能

5.7.2.1 创建图表

创建与编辑图表

图表是 Excel 中最常用的对象之一，它能够很方便地根据选定区域中的数据生成，是对工作表数据的可视化表示方法。图表使抽象的数据变得形象化，当工作表中的数据发生变化时，图表中的数据也会自动更新。

Excel 提供了多种图表类型，在每一种类型中还提供了多种不同的子类型，因此，可以根据实际工作需要选择不同的图表类型。

1. 图表的组成元素

图表由许多部分组成，每一部分就是一个图表项或称图表元素。不同类型的图表所包含的图表元素也不尽相同。可以根据需要调整图表元素的位置、大小或格式，也可以删除不希望显示的图表元素。下面以图 5-50 为例说明主要的图表元素。图中的柱形图是利用“各科成绩分数段人数”表中的“高数”“英语”“文化基础”三门课的数据所制作的。

图表区：最大的元素，包含整个图表和全部图表元素。

绘图区：由坐标轴界定的区域。

数据系列：一组有关联的数据，来自工作表中的一行或一列。如图 5-50 中的“文化基础”就是一个数据系列，它来自工作表中的 R6:R10 一列(共 5 个)数据。同一数据系列(如“文化基础”)用同一种形式表示。数据系列可以产生于“行”或者产生于“列”。在图 5-50 中，数据系列产生于列，如“文化基础”系列的各数据来自一列(R 列)。

数据点：某个数据系列中的一个独立数据，通常源自一个单元格。一个数据系列由许多数据点组成。如图 5-50 中“文化基础”课程“0–59”分数段的人数，就是 R6 单元格中的数据 8，它就是一个数据点。

	N	O	P	Q	R	S
4		各科成绩分数段人数				
5		分数段	高数	英语	文化基础	思修
6		0-59	1	3	8	1
7		60-69	4	5	7	5
8		70-79	7	8	3	7
9		80-89	6	13	10	14
10		90-100	12	1	2	3

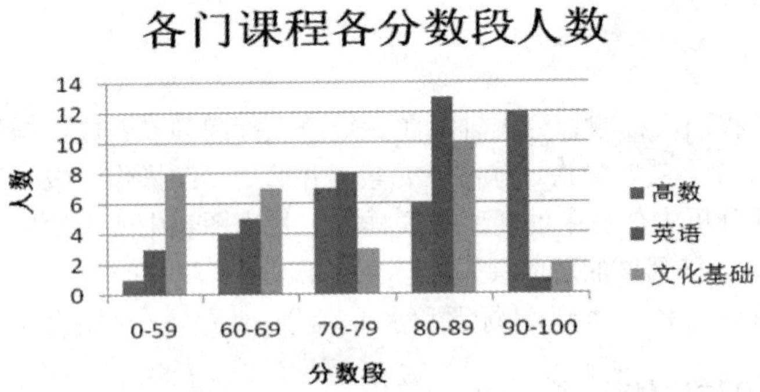

图 5-50　图表的组成

2. 图表的类型

Excel 提供了多种类型的图表，每一类图表又分为若干子类。一般柱形图用于各个项目之间的数据比较；折线图用于强调数值随时间的变化趋势；饼图用于显示整体中各部分之间的比例关系；条形图是柱形图的水平表示，分类项放在垂直轴上，而数据项则放在水平轴上，突出数据的比较。

3．创建图表的一般流程

创建图表的一般流程如下：

(1) 选定要创建为图表的数据区域(称数据源)，在“插入”选项卡的“图表”组中，单击所需的图表类型按钮，在弹出的下拉列表中选择具体的类型，即可在工作表中创建图表。

(2) 根据需要编辑图表，如更改图表类型、切换数据系列产生于行或列、移动图表、为图表应用系统内置的样式等。

(3) 根据需要设置图表布局，如添加或取消图表的标题、坐标轴和网格线等。

(4) 根据需要美化图表，如对图表区、绘图区、坐标轴等图表元素进行格式化等。

5.7.2.2　编辑图表

如果新创建的图表不能满足需要，用户可以对图表进行修改和编辑，如更改图表类型、移动或删除图表元素等，以达到满意的效果。

单击图表区任意位置可选定图表，单击工作表中的其他位置可取消图表的选择。当选定图表时，会出现“图表工具-设计”和“图表工具-格式”两个选项卡，通过其中的命令，可以对图表进行编辑处理。

1．更改图表类型

选定图表，单击“图表工具”|“设计”|“更改图表类型”命令按钮，选择图表类型和子类型。

2．添加或编辑图表标题及坐标轴标题

图表标题说明图表要表达的内容，一般在图表的顶部居中位置。坐标轴标题包括水平(类别)轴标题和垂直(值)轴标题，说明水平轴和垂直轴代表的内容。坐标轴和坐标轴标题是两个不同的对象，坐标轴是界定绘图区的线条，而坐标轴标题是坐标轴旁边的说明性文字。

选定图表，单击“图表工具-设计”|“图表布局”|“添加图表元素”下拉按钮，可以添加图表标题和坐标轴标题等图表元素。右击图表元素，在快捷菜单中选择相应命令，可以设置图表元素的字体等格式。

3．添加或编辑图例、数据标签

图例用于标识图表中的数据系列或分类。数据标签是显示在数据系列上的数据标记。可以为某个数据系列添加统一的数据标签，也可以只为一个或几个数据点添加不同的数据标签。

添加图例和数据标签的方法与添加图表标题的方法相同。单击一个数据点，Excel 会选定整个系列，此时可以为该系列的每个数据点添加统一的数据标签；先单击一个数据点，再单击某一个数据点，可以只选中一个数据点，从而单独为一个数据点添加不一样的数据标签。

4．调整图表大小和位置

将鼠标置于图表区边框的控制点上，当鼠标形状变成双向箭头时拖动即可改变图表的

大小，也可以使用“图表工具-格式”选项卡中的相关命令精确设置图表的高度和宽度。

图表可以放置在相关数据所在的工作表中(称嵌入式图表)，也可以以一个工作表的形式插入工作簿中(称图表工作表，打印输出时占一个页面)。改变图表的位置，可以先选中图表，然后单击“图表工具”|“设计”|“位置”|“移动图表”命令。

用户可以在当前工作表中直接拖动图表移动其位置，也可以将图表移动到其他工作表中，具体操作步骤如下：

(1) 将嵌入式图表移动到某个工作表的操作：右击图表，在快捷菜单中勾选“移动图表”选项，在“移动图表”对话框中选择“新工作表”，先使用默认的名称(如 Chart1)新建一个工作表(以后可以改名)，或者输入一个已经存在的工作表，将图表插入到已有的工作表中。

(2) 将某个图表工作表变成嵌入式图表的操作：右击图表，在快捷菜单中勾选“移动图表”选项，在“移动图表”对话框的“对象位于”下拉框中选择一个工作表，即可将图表嵌入到一个已经存在的工作表中。

5．增加或删除图表数据

(1) 向图表中添加源数据。

例如，要向图 5-50 的图表中添加“思修”列的数据。方法是：单击绘图区，选择“图表工具-设计”|“数据”|“选择数据”命令，在弹出的“选择数据源”对话框的“图例项(系列)”列表框中单击“添加”按钮，在弹出的“编辑数据系列”对话框的“系列名称”栏中输入(或选定)要添加的系列名称(输入“思修”或选定 S5 单元格)，在“系列”栏中选定单元格区域(=成绩总表!$S$6:$S$10)，然后单击“确定”按钮。

另外，选定要添加到图表中的单元格区域(如：成绩总表!S5:S10，要包括标题)，按 Ctrl + C 键复制，选定图表后按 Ctrl + V 键粘贴，也可以向图表中添加数据。

(2) 删除图表中的数据。

当在工作表中删除图表数据源数据后，图表会自动更新。如果只想删除图表中的数据(系列)而不想删除工作表中的数据，则在图表中单击要删除的图表序列，再按 Delete 键。

利用“选择数据源”对话框“图例项(系列)”标签选项卡中的“删除”按钮也可以删除图表数据。

6．美化图表

对于一个已经创建好的图表，可以设置图表中各种元素的格式。在设置格式时可以直接套用预设的图表样式，也可以选择图表元素，手动设置其填充色、边框样式和形状效果等。

1) 更改图表样式

如果创建的图表并不能达到用户的实际需求，通常还需要对图表的样式进行设置。Excel 提供了多种预设的图表样式，这些具有专业水平的图表样式可以充分满足用户的需求，用户不需要手动逐项对图表进行设置，直接选择喜欢的样式套用即可。具体操作步骤如下：

(1) 选定图表，单击“图表工具-设计”选项卡。

(2) 在“图表样式”组中单击右下角的“其他”按钮，在打开的下拉列表中选择要使用的样式(如“样式 26”)。

2) 设置图表的布局

图表的布局决定了图表的实质外观，例如，是否包括图例、图表标题、坐标轴等。Excel 预设了多种图表布局，用户可以选择某种图表布局来设置图表，也可以单独设置图表的标题、坐标轴标题、图例等。具体操作步骤如下：

(1) 选定图表，单击“图表工具-设计”选项卡。

(2) 在“图表布局”组中单击“快速布局”下方的按钮，在打开的下拉列表中选择要使用的图表布局(如“布局 3”)。

3) 设置图表元素的形状格式

与应用预设的图表样式相似，用户可以选定某个图表元素，为其设置系统预设的形状样式。具体操作步骤如下：

(1) 选定图表元素，如绘图区。

(2) 在“图表工具-格式”选项卡的“形状样式”组中单击右下角的“其他”按钮，在打开的下拉列表中选择要使用的样式(如“细微效果-紫色，强调颜色 4”)。

用户也可以单击“形状填充”“形状轮廓”或“形状效果”按钮设置图表元素的格式。

4) 手动设置图表元素的格式

图表元素可以通过“设置...格式”窗格设置格式。打开“设置...格式”窗格有以下几种方式：

(1) 右击图表元素，在弹出的快捷菜单中选择最下边的一项“设置...格式”命令。

(2) 单击图表元素，在“图表工具-格式”选项卡的“当前所选内容”组中单击“设置所选内容格式”按钮。

5) 设置图表元素中文本的格式

图表元素(如图表标题)中的文本，可以使用常规文本格式选项，或者应用艺术字格式，主要有以下几种方法：

(1) 选定图表元素，在“开始”选项卡的“字体”组中设置。

(2) 右击图表元素，在快捷菜单中选择“字体”命令设置。

(3) 选定图表元素，单击“图表工具-格式”|“艺术字样式”组中的命令进行格式套用或手动设置。

小贴士

实际上，设置图表格式与设置形状或文本框格式完全一致，很多内容的设置方法是相同的，如样式、填充、轮廓、效果等。除此之外，还包括艺术字的样式。也就是说，图表中的文字可以设置为艺术字。

5.7.2.3　迷你图

迷你图是工作表单元格中的一个微型图表，可以提供数据的直观表示。

迷你图有折线图、柱形图和盈亏图三种类型。以柱形图为例，创建迷你图的过程如下：

选定要显示迷你图的某个单元格(空白的单元格)，在“插入”选项卡的“迷你图”组中单击“柱形图”按钮，在对话框中选定迷你图的数据区域，按“确定”按钮即可。

可以先在一个单元格中创建一个迷你图，然后通过复制/粘贴或拖动填充柄的方式在其他单元格中快速创建迷你图。

单击包含迷你图的单元格，会出现“迷你图工具-设计”选项卡，可以单击功能区中的相应命令编辑迷你图，如更改迷你图的类型、数据源区域、图表样式，改变迷你图的颜色，标记颜色，清除迷你图等。

迷你图不是真正存在于单元格的“内容”，可以看成是覆盖在单元格上的图层，所以不能通过直接引用方式引用它。如果想引用它，可以将迷你图转换为图片。具体操作为：选定迷你图单元格或区域，执行复制命令，然后单击其他单元格，执行“选择性粘贴”中的“图片”或“链接的图片”命令。

5.7.2.4　页面设置与打印输出

打印工作表之前一般需要设置纸张大小和方向、页边距、页眉和页脚、打印区域等。通常在“页面布局”|“页面设置”组中单击相应按钮进行页面设置。也可以单击“页面设置”组右下角的对话框启动器按钮，在“页面设置”对话框中进行设置。

1. 工作表分页

当工作表中的数据区域大于设置的页面区域时，系统会自动设置分页符，将工作表分页(用虚线表示)，也可以人工插入分页符。

(1) 插入分页符。选定要开始分页的单元格，在“页面布局”|“页面设置”|“分隔符”下拉列表中单击“插入分页符”按钮。

(2) 删除分页符。选定水平分页符下方或垂直分页符右方的单元格，在“页面布局”|“页面设置”|“分隔符”下拉列表中，单击“删除分页符”按钮可删除分页符，单击“重设所有分页符”按钮可删除全部分页符。

2. 页面设置

单击“页面布局”|“页面设置”组中的相应按钮可以设置诸如纸张大小、页边距等内容。

1) 设置打印区域

在工作表中选定需要打印的单元格区域，在“页面设置”组中单击“打印区域”按钮，在弹出的下拉列表中选择“设置打印区域”命令，即可将选定的区域设置为打印区域。用户可以配合 Ctrl 键选定多个区域，多个打印区域的内容将被打印在不同的页面上。单击“打印区域”下拉列表中的“取消打印区域”按钮可取消打印区域的设置。

2) 设置页眉和页脚

单击“页面布局”选项卡，再单击“页面设置”对话框启动器按钮，弹出“页面设置”对话框，然后在“页眉/页脚”选项卡中设置。可以从“页眉”或“页脚”下拉列表中选择内置的页眉和页脚(选择“无”则不使用页眉或页脚)，也可以单击“自定义页眉”或“自定义页脚”按钮自行定义页眉和页脚内容。

还可以通过“视图”|“工作簿视图”组，单击“页面布局”按钮设置页眉和页脚。

退出设置页眉和页脚设置状态的方法是：单击任意一个单元格，再单击状态栏右侧的“普通”视图按钮。

3) 设置打印标题

当工作表内容很多、需要多页打印时，可以在每页的顶部或左侧重复打印标题，以方便阅读。单击“页面布局”|“页面设置”|“打印标题”按钮，在弹出的对话框中的“工作表”选项卡中设置打印标题。可以在“顶端标题行”框或“左端标题列”框中输入标题内容，也可以用鼠标选定作为标题的单元格区域。

3. 打印预览和打印

打印工作表前一般要通过打印预览在屏幕上观察效果，以便进行必要的调整。

1) 打印预览

单击“文件”选项卡中的“打印”命令，即可在右侧预览打印效果。单击预览区右下角的“缩放到页面”按钮，可以放大或缩小预览比例；单击预览区右下角的“显示边距”按钮，可以显示边距虚线，可用鼠标拖动虚线调整表格到四周的距离；如果有多页，可以单击“上一页”或“下一页”按钮，或在“当前页面”数字框中输入页码预览其他页；单击“页面设置”按钮，可显示“页面设置”对话框。

2) 打印输出

打印预览窗口的左侧就是打印设置区域。选择打印机、输入打印份数、指定打印范围(打印活动工作表还是打印选定区域等)后单击“打印”按钮，则开始打印。

如果只打印工作表中的图表，则要先选定图表将其激活。

【课堂练习 5.5】

在“学生成绩图表.xlsx”工作簿的“成绩总表”工作表中进行页面设置、预览与打印输出操作。

要求：

(1) 单独一页打印(或预览)“文化基础各分数段人数占比”饼图，页眉从左到右三个区域分别输入“班级”“学号”和“姓名”信息。

(2) 单独一页打印(或预览)“各科成绩各分数段人数”统计表，表格要水平居中。

(3) 使用 B5 纸张，通过手工设置分页符，分两页打印(或预览)“成绩总表”(不包括“各分数段人数”统计表和图表)，表格要水平居中，重复顶行标题。

习　题　5

一、单选题

1. 在 Excel 的单元格中要实现手工强制换行，需要按(　　)键。

   A. Ctrl + 回车　　　　B. Alt + 回车

C. Ctrl + Shift　　D. Alt + Shift

2. 在 Excel 中，一个单元格中的公式引用了一个无效的单元格，则会产生的公式错误信息是(　　)。

A. #NAME?　　B. ####

C. #DIV/0!　　D. #N/A

3. 在 Excel 中，假设 D1 单元格中有一个公式为“=A1+B$1+$C$1”，将公式复制到 E2 单元格后，公式将变为(　　)。

A. =A1+B$1+$C$1　　B. =B2+C$1+$C$1

C. =A2+C$1+$D$2　　D. =A1+B$2+$C$1

4. 在 Excel 中输入公式时，切换单元格地址引用方式(加$号)的快捷键是(　　)。

A. F3　　B. F4

C. F5　　D. F9

5. 在 Excel 中，假设 A1～C1 单元格中的数据分别是 100、中国、="", D1 单元格中从未输入过数据。下列三个公式=COUNT(A1:D1)、=COUNTA(A1:D1)、=COUNTBLANK(A1:D1)的结果分别是(　　)。

A. 1,1, 2　　B. 1, 2, 1

C. 1, 3, 2　　D. 1, 1, 3

6. 在 Excel 中，A1 单元格中有个数字，它可能是正数、负数或零，求 A1 绝对值的公式错误的是(　　)。

A. =IF(A1<0, -A1, A1)　　B. =IF(A1>=0, A1, -A1)

C. =IF(A1<0, A1, -A1)　　D. =ABS(A1)

7. 在 Excel 中，假设 B1～D1 单元格中的数据分别是 3、8、5，A2 中的数据是 0，B2 中的公式是“=max(A2，B1)”，将 B2 中的公式填充到 C2～D2 后，B2～D2 中的数据分别是(　　)。

A. 5, 3, 8　　B. 3, 5, 8

C. 3, 5, 5　　D. 3, 8, 8

8. 在 Excel 中，假设 A1～D1 单元格中的数据分别是 5、3、9、8，A2 中的公式是“=max($A$1:A1)”，将 A2 中的公式填充到 B2～D2 后，A2～D2 中的数据分别是 (　　)。

A. 5, 3, 9, 8　　B. 5, 5, 9, 9

C. 8, 3, 5, 9　　D. 3, 5, 8, 9

9. 在 Excel 中，假设 A1～D1 单元格中的数据分别是 1、2、1、3，A2 中的公式是“= COUNTIF($A$1:A$1, A1)”，将 A2 中的公式填充到 B2～D2 后，A2～D2 中的数据分别是 (　　)。

A. 1, 2, 1, 3　　B. 1, 3, 1, 2

C. 1, 1, 2, 1　　D. 1, 1, 2, 2

10. 在 Excel 中，AA 工作表中的 A1 单元格的数据为 B1 单元格数据与 BB 工作表中 C1 单元格数据之和, AA 工作表中的 A1 单元格的正确的公式是(　　)。

A. =B1+C1　　B. =B1+BB!C1

C. =AA!B1+C1　　D. =B1+[BB]C1

二、简答题

1．假设要将 A1～D1 中的数据分别移动到 A2～A5 单元格区域，应如何操作比较快捷？

2．要求在 A1～A20 单元格中输入 20 个数据，结果输入完第 20 个数据时发现漏输了第 10 个数据，请写出至少两种修改数据的方法。

3．某个单元格中有个日期数据，删除其内容重新输入一个整数如 28，结果又显示为日期，如果确实想显示这个 28，应怎么做？如何做才能不删除单元格内容，而只删除其中的格式？

4．在一个单元格中输入一个公式如“=sum(1, 3, 5)”，结果在单元格中显示了公式本身而不显示结果 9，应该怎么处理？

5．在单元格中按 Ctrl + ; 键可以输入系统当前日期，使用 TODAY 函数也能输入当前日期，这两种方式有何区别？

三、操作题

电影《厉害了，我的国》全面展示了近年来祖国科技和建设发展所取得的新成就。影片中展示的我们“大国重器”形象，再一次以实际行动证明了中国的大国责任和大国担当。

以铁路建设为例，近年来，我国铁路、高铁运营里程不断增加，通车里程为世界第一。请参照图 5-51，设计 Excel 表格并完成图表的制作与编辑。

图 5-51　我国铁路和高铁运营里程发展图

四、模拟测试典型题

打开 Excelkt 文件夹下的 YgdaC.xlsx 工作簿文件，按下列要求操作。

1. 基本编辑

(1) 编辑 Sheet1 工作表。

A. 在最左端插入 1 列，并在 A4 单元格内输入文本“部门编号”，设置字体为宋体、12 磅、加粗。

B. 设置第 1 行的行高为 40 磅，合并后居中 A1:J1 单元格，并输入文本“员工档案记录”，设置字体为宋体、20 磅、标准色中的蓝色，添加黄色(标准色)底纹。

第 5 章模测典型题

(2) 数据填充。

A. 根据“部门”列填充“部门编号”列，财务部、采购部、工程部、营运部的部门编号分别为 HS010、HS011、HS012、HS013，文本型，水平居中。

B. 用公式计算“实收工资”列，实收工资 = 基本工资 + 奖金 + 加班补助 – 各项扣除。

(3) 编辑 Sheet2 工作表。

A. 根据 Sheet1 工作表中的“学历”列数据，分别统计出不同学历的人数，结果放在 Sheet2 工作表 F4:F7 相应单元格中。

B. 用公式计算“百分比”列数据，百分比 = 各学历人数/总人数，“百分比”型，1 位小数。

(4) 在 Sheet3 中建立 Sheet1 工作表的副本，并重命名 Sheet3 为“筛选”。

(5) 将该文件以 Excel14C.xlsx 为文件名另存到 Excelkt 文件夹中。

2. 数据处理

利用“筛选”工作表中的数据，进行高级筛选：

(1) 筛选条件：财务部和工程部，性别为男，具有博士和硕士学历的记录。

(2) 条件区域：将起始单元格定位在 L5。

(3) 复制到：将起始单元格定位在 L16。

最后保存 Excel14C.xlsx 文件。

第 5 章其他资源

第 5 章习题答案

第 6 章　PowerPoint 2016 的应用——我的大一生活

教学课件

演示文稿是电子版的幻灯片，广泛应用于公开演讲、教育培训、学术交流、商务沟通、婚礼庆典、文化宣传等很多领域，是人们交流信息的重要工具。

PowerPoint 是办公软件 Office“家族”中的组件之一，是目前流行的制作演示文稿的工具软件。通过对幻灯片各类对象的使用、格式编排、动画效果的设计等能够更加形象地展示演示内容，使演示文稿极具感染力。

本章以“我的大一生活”的演示文稿制作为例，讲解如何利用 PowerPoint 软件完成演示文稿的创建、幻灯片的编辑、幻灯片的美化、演示文稿的播放等内容。

【项目介绍】

大学是人生的重要阶段，认真总结自己在大学一年级第一学期的学习和生活，总结收获、找出不足，可以为之后的大学生活打下良好的基础。本项目要求学生制作介绍个人大一生活的演示文稿。其目的是使学生熟悉 PowerPoint 工具，掌握 PowerPoint 演示文稿的设计、创建、美化等实用技能。

本项目由三个任务组成，各任务的素材文件和效果示例文件都保存在“第 6 章 PPT”文件夹中。各任务的主要内容和所涉及的知识点如表 6-1 所示。

表 6-1　各任务的主要内容和知识点

节次	任务名称	主 要 内 容	主要知识点
6.1	编辑“我的大一生活”演示文稿	① 创建演示文稿； ② 新建幻灯片； ③ 编辑各张幻灯片； ④ 保存并放映演示文稿	演示文稿创建；幻灯片基本操作；在幻灯片上插入文本、图片、表格、图表、SmartArt 图形、声音等对象
6.2	修饰“我的大一生活”演示文稿	① 设置幻灯片切换效果； ② 设置对象动画效果； ③ 设置超链接； ④ 使用幻灯片母版	设置幻灯片切换效果；设置动画效果；设置超链接；使用幻灯片母版
6.3	放映“我的大一生活”演示文稿	① 设置幻灯片页面； ② 设置放映方式； ③ 打印讲义； ④ 将演示文稿打包； ⑤ 放映幻灯片	页面设置；设置放映方式；打印演示文稿讲义；打包演示文稿；放映演示文稿

6.1 任务：编辑“我的大一生活”演示文稿

6.1.1 任务描述与实施

1．任务描述

大学第一学期即将结束，某班要组织一次班会，要求每位同学总结自己一个学期的学习、生活等各项内容并在班内交流，为此每位同学要制作一个关于“我的大一生活”主题的演示文稿。

本任务要求创建一个演示文稿，在幻灯片上添加文字、图片等对象并设置对象格式。完成后的效果如图 6-1 所示。

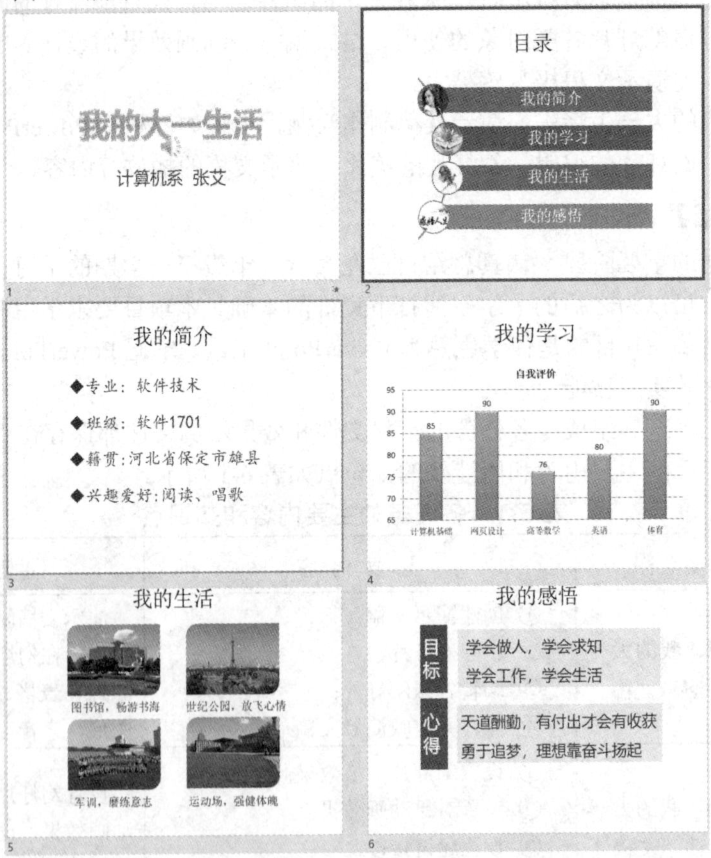

图 6-1 “我的大一生活”演示文稿样图

2．任务实施

【解决思路】

创建演示文稿需要先启动 PowerPoint 程序，然后新建若干张幻灯片，在幻灯片上添加各种对象，最后保存演示文稿。

本任务涉及的主要知识技能点如下：

(1) 演示文稿的新建、打开、保存或另存、关闭等。

(2) 幻灯片的增加、删除、移动和复制。

(3) 在幻灯片上插入文本、图片、艺术字、自选图形、表格、图表、音频等对象。

第 6 章任务一

【实施步骤】

本任务要求及操作要点如表 6-2 所示。参照图 6-1 并使用相关素材。

表 6-2　任务要求及操作要点

任 务 要 求	操 作 要 点
1. 创建演示文稿	
在 D 盘根文件夹中新建一个名为“我的大一生活(1).pptx”的演示文稿文档	启动 PowerPoint 2016 应用程序，在 PowerPoint 的启动窗口右窗格中单击“空白演示文稿”按钮，系统会建立一个名为“演示文稿 1”的文件，单击“文件”|“另存为”|“浏览”命令，设置保存位置，输入文件名“我的大一生活(1)”，使用默认文件类型保存文件
2. 新建幻灯片	
使用普通视图的“大纲视图”窗格，通过输入每张幻灯片的标题新建六张幻灯片。第 2～6 张幻灯片均为“标题和内容”版式	单击“视图”|“大纲视图”命令，在第 1 张幻灯片图标右侧输入“我的大一生活”并按回车键，系统自动插入第 2 张幻灯片，同时光标停留在第 2 张幻灯片上，以相同方法依次输入每张幻灯片的标题，共添加六张幻灯片。各张幻灯片的标题分别为我的大一生活、目录、我的简介、我的学习、我的生活、我的感悟。
3. 编辑第 1 张幻灯片——封面	
(1) 设置标题字体为微软雅黑，字号 66 磅	选定第 1 张幻灯片，选定“标题”占位符，利用“开始”|“字体”组中的相应命令按钮设置格式(微软雅黑，66 磅)
(2) 将标题文字设置为艺术字，样式为“填充-橙色”	单击“标题”占位符，单击“绘图工具-格式”|“艺术字样式”列表的“其他”箭头按钮，在下拉列表中选择一种样式
(3) 添加副标题文字“计算机系　张艾”，设置字体为微软雅黑，字号 36 磅，红色	单击“副标题”占位符，输入“计算机系　张艾”。利用“开始”|“字体”组中的相应命令按钮设置格式(微软雅黑，36 磅，红色)
(4) 插入音频。插入“那些年.mp3”音乐作为背景音乐	单击“插入”|“媒体”|“音频”|“PC 上的音频”命令，在打开的对话框中选择音频素材文件(如“那些年.mp3”)插入
(5) 设置音频跨幻灯片播放和循环播放，直到停止	单击“音频工具”|“播放”|“音频选项”命令，勾选“跨幻灯片播放”“放映时隐藏”“循环播放，直到停止”复选框
4. 编辑第 2 张幻灯片——目录	
(1) 插入布局为“垂直曲形列表”的 SmartArt 图形，在后面添加一个形状	选定幻灯片，单击“内容”占位符中的“插入 SmartArt 图形”按钮，双击“列表”中的“垂直曲形列表”形状插入圆形；单击“SmartArt 工具-设计”|“添加形状”|“在后面添加形状”命令添加一个形状
(2) 输入 SmartArt 图形中的文字	依次单击每个文本占位符，输入文字“我的简介”“我的学习”“我的生活”“我的感悟”
(3) 设置 SmarArt 图形中的文本居中显示	单击 SmartArt 图形占位符边框，选中整个图形，单击“开始”|“段落”|“居中”按钮，使文本居中显示

续表

任 务 要 求	操 作 要 点
(4) 添加图片。在每个形状左侧的圆形中插入图片(图片相同或不同均可)	选中 SmartArt 图形中的一个圆形，单击“开始”|“绘图”|“形状填充”|“图片”|“浏览”命令，在对话框中选择素材文件夹中的图片如“个人头像.jpg”等插入图片
(5) 设置 SmartArt 图形颜色为“彩色”，图形高 12 厘米、宽 18 厘米，设置圆形居中显示	单击“SmartArt 工具-设计”|“更改颜色”，在下拉列表中选择“彩色”中的一种。单击“SmartArt 工具-格式”|“大小”，调整高度和宽度，单击“SmartArt 工具-格式”|“排列”|“对齐”|“水平居中”命令，设置居中对齐
5. 编辑第 3 张幻灯片——“我的简介”	
(1) 输入文字并设置字体为楷体，字号 36 磅，行距 1.5 倍	选定幻灯片，单击“内容”占位符中的“单击此处添加文本”按钮，在文本占位符中输入各项内容，在“开始”|“字体”组中设置字体和段落格式
(2) 为文本框中各行内容添加项目符号	选定文本占位符，单击“开始”|“段落”|“项目符号”，在下拉列表中选择一种项目符号
6. 编辑第 4 张幻灯片——“我的学习”	
(1) 插入簇状柱形图表。图表中包括计算机基础、网页设计、高等数学、英语、体育五科成绩，成绩分别是 85、90、76、80、90，图表标题为“自我评价”	选定幻灯片，单击 “内容”占位符中的“插入图表”按钮，在对话框中选择“柱形图”|“簇状柱形图”。Excel 中的初始数据如图 6-2 左面部分，参照图 6-2 右面部分修改工作表中的数据并拖曳区域右下角调整数据区域，然后关闭 Excel 程序窗口
(2) 设置图表样式为“样式 14”，无图例，数据标签为外侧	选定图表，在“图表工具-设计”选项卡中设置图表样式(样式 14)，单击图表右侧“加号”图标，设置图表元素，单击取消“图例”选项，然后单击“数据标签”右侧的三角形，选择“居中”
7. 编辑第 5 张幻灯片——“我的生活”	
(1) 修改幻灯片版式为“仅标题”	选定第 6 张幻灯片，单击“开始”|“幻灯片”|“版式”，在下拉列表中选择“仅标题”版式
(2) 插入素材文件夹中的“图书馆.jpg”“世纪公园.jpg”“军训.jpg”“运动场.jpg”四张图片；设置各图片大小和位置	① 单击“插入”|“图像”|“图片”|“此设备”按钮，在对话框中定位图片位置，选中四张图片文件一并插入。 ② 同时选定四张图片，单击“图片工具-格式”|“大小”|“大小和位置”按钮；在打开的对话框中取消“锁定纵横比”复选框，调整高度为 5 厘米，宽度为 7 厘米；用鼠标拖动调整图片位置
(3) 在各图片下方插入文本框并设置格式	① 依次插入四个文本框并在文本框中输入文字“图书馆，畅游书海”“世纪公园，放飞心情”“军训，磨练意志”“运动场，强健体魄”。 ② 依次选定文本框，在“绘图工具-格式”选项卡中为文本框设置适合的大小和位置
8. 编辑第 6 张幻灯片——“我的感悟”	
插入文本框并输入文字，设置适当的格式	插入两个竖排文本框、两个横排文本框并输入文字，使用“微软雅黑”字体，字号为 36 磅和 32 磅

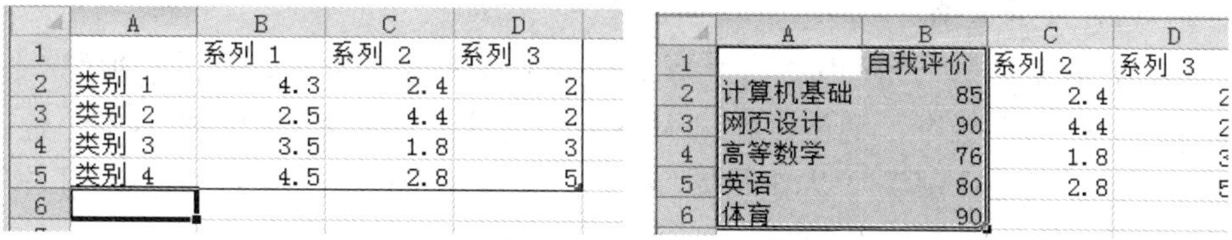

	A	B	C	D
1		系列 1	系列 2	系列 3
2	类别 1	4.3	2.4	2
3	类别 2	2.5	4.4	2
4	类别 3	3.5	1.8	3
5	类别 4	4.5	2.8	5
6				

	A	B	C	D
1		自我评价	系列 2	系列 3
2	计算机基础	85	2.4	2
3	网页设计	90	4.4	2
4	高等数学	76	1.8	3
5	英语	80	2.8	5
6	体育	90		

图 6-2　插入图表

【自主训练】

(1) 在第 5 张幻灯片中，更改图表，将“计算机基础”课程成绩修改为 87 分。

(2) 设置第 5 张幻灯片四张图片对齐排列，上面两张图片“顶端对齐”，下面两张图片“底端对齐”，左面两张图片“左对齐”，右面两张图片“右对齐”。设置图片外观样式为“圆形对角，白色”。

(3) 在第 6 张幻灯片之后插入 1 张空白版式幻灯片。在幻灯片中插入图片“背景.jpg”，调整图片大小使之适合幻灯片大小，然后插入一个横排文本框，输入文字“感谢聆听！”，设置适当的字体和字号格式。最后保存演示文稿，并从第 1 张幻灯片开始放映演示文稿。

【问题思考】

(1) 如何查看某张幻灯片应用了什么版式？

(2) 要在第 1 张幻灯片上面插入一张新的幻灯片，应如何操作？

6.1.2　相关知识与技能

6.1.2.1　PowerPoint 2016 的工作界面

PowerPoint 2016 窗口是用户创建和编辑演示文稿的平台，与微软公司的其他 Office 办公软件拥有统一的风格，包含标题栏、功能区、状态栏等组成部分，只是多了些特定的窗格，包括幻灯片/大纲窗格、幻灯片窗格、备注窗格等，如图 6-3 所示。

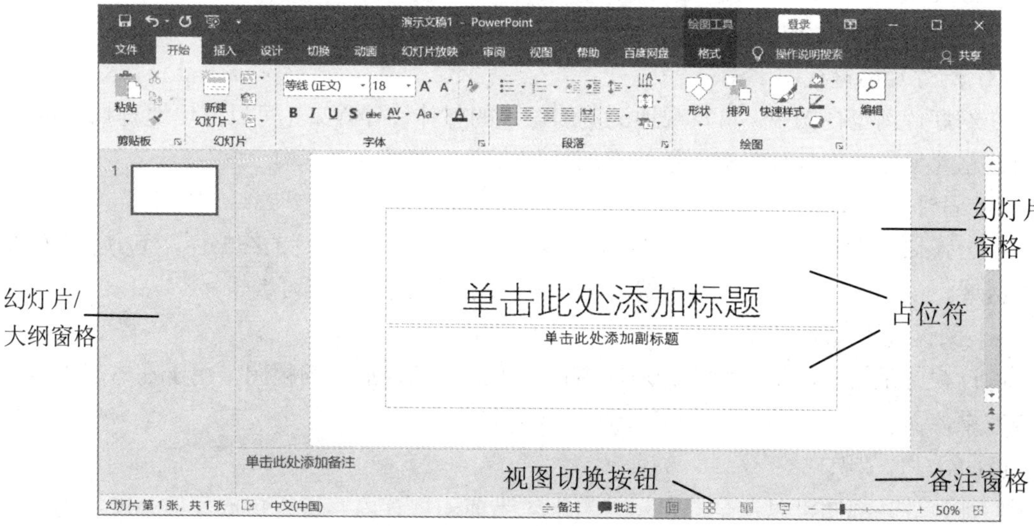

图 6-3　PowerPoint 2016 的窗口

1. 幻灯片/大纲窗格

幻灯片/大纲窗格位于功能区左下方，该区域有两种显示方式。单击“视图”|“演示文稿视图”|“普通”命令，则窗格中以缩略图形式显示演示文稿中的所有幻灯片；单击“视图”|“演示文稿视图”|“大纲视图”命令，则窗格中以大纲形式显示幻灯片的文字标题。

2. 幻灯片窗格

幻灯片窗格位于功能区右下方，占据着工作窗口的最大区域，显示当前正在编辑的幻灯片的全部内容，是对每一张幻灯片进行制作、编辑等各种操作的场所。

3. 备注窗格

备注窗格位于幻灯片窗格下方，可供制作者对幻灯片添加说明和注释信息，给演讲和查阅幻灯片信息带来便利。

4. 状态栏

状态栏位于窗口底部，显示的信息包括当前演示文稿中的幻灯片的张数、主题名称、视图模式切换按钮、幻灯片显示比例和幻灯片显示比例调节按钮。

5. 演示文稿的视图模式

视图是演示文稿的显示方式，PowerPoint 2016 提供了普通视图、幻灯片浏览视图、备注页视图、阅读视图和幻灯片放映视图等五种视图模式。

单击状态栏中的视图模式切换按钮可以切换视图。

(1) 普通视图。

普通视图是制作编辑 PPT 正文内容的视图方式，是系统默认的视图。该视图由窗口左侧的幻灯片/大纲窗格、右上方的幻灯片窗格和右下方的备注窗格三个区域组成。将鼠标指向任意两个相邻窗格的边框线时拖动鼠标，可调整窗格的大小。

普通视图模式下，在窗口左侧窗格中有两种显示方式。“普通”模式时，窗格中显示幻灯片缩略图；“大纲视图”模式时，窗格中显示幻灯片的文字标题。

(2) 幻灯片浏览视图。

在幻灯片浏览视图中，可直观地浏览幻灯片的整体设计效果，可以方便地查找、移动、复制、删除或隐藏幻灯片，但不能编辑幻灯片内容。

(3) 备注页视图。

每一张幻灯片都可以有相应的备注，视图上方显示当前幻灯片的缩略图，下方是编辑备注的区域。备注页视图是专门用于编辑备注内容的，正文内容不可编辑。

(4) 阅读视图。

阅读视图是指将演示文稿作为适应窗口大小的幻灯片放映的视图，用于在本机上查看放映效果，而不是大屏幕放映。

(5) 幻灯片放映视图。

幻灯片放映视图可以在全屏显示效果下对当前幻灯片内容进行播放，但不能对幻灯片内容进行编辑。

6.1.2.2　演示文稿的基本操作

1. 演示文稿的创建

演示文稿的创建有创建空白演示文稿、根据模板创建演示文稿等多种创建方法。

1) 创建空白演示文稿

启动 PowerPoint 2016 后，在启动窗口右窗格中单击“空白演示文稿”按钮，系统会创建一个空白演示文稿，默认的文件名为“演示文稿 1.pptx”。如果还要创建新的演示文稿，可单击“文件”|“新建”|“空白演示文稿”命令。

2) 根据模板创建演示文稿

用户可利用模板制作演示文稿。模板提供了演示文稿的范例，是一个包含幻灯片的基本结构、格式方案或初始内容的文件。利用“模板”创建演示文稿可以使演示文稿具有统一的风格。

PowerPoint 提供了联机搜索模板和主题功能，用户可以在“搜索联机模板和主题”搜索框中输入要搜索的关键字，在互联网上搜索符合需求的模板。

单击“文件”|“新建”命令，在窗口右侧选择所需要的主题模板，再单击“创建”命令按钮即可创建一个带模板的演示文稿。

2. 打开演示文稿

在用户启动 PowerPoint 后，在启动窗口右窗格的“最近”选项卡中会显示出最近编辑过的演示文稿文件，单击文件名即可打开文档。也可以单击“打开”|“浏览”命令，打开指定磁盘和文件夹中的某个演示文稿文件。

在 PowerPoint 正常启动后，通过单击“文件”|“打开”命令的方法也可以打开演示文稿文件。或者在文件资源管理器双击演示文稿文件，启动 PowerPoint 程序并打开演示文稿文档。

3. 保存演示文稿

单击“文件”|“保存”或“另存为”命令可保存演示文稿文件。默认的文件类型扩展名是.pptx，模板文件的扩展名是 .potx。用户可以根据需要选择其他文件类型保存文件。

6.1.2.3　幻灯片的基本操作

幻灯片的基本操作包括幻灯片的选定、插入、删除、复制、移动等，通常在“普通视图”和“幻灯片浏览视图”中进行操作。

1. 选定幻灯片

(1) 选定单张幻灯片。单击要选定的幻灯片的序号或缩略图，被选定的幻灯片以高亮的形式显示。

(2) 选定多张连续幻灯片。先单击需要选择的第一张幻灯片，按住 Shift 键，再单击需要选择的最后一张幻灯片。

(3) 选定多张不连续幻灯片。按住 Ctrl 键的同时，依次单击要选定的每张幻灯片。

(4) 选定所有幻灯片。按 Ctrl + A 组合键即可选定所有幻灯片。

2. 插入幻灯片

(1) 在“幻灯片/大纲窗格”中单击一张幻灯片缩略图前/后空白处，以确定新幻灯片的插入位置。

(2) 单击“开始”|“幻灯片”|“新建幻灯片”按钮，选择一种幻灯片版式，则在当前幻灯片的后面插入一张新幻灯片。

在“幻灯片/大纲窗格”中右击幻灯片缩略图，从弹出的快捷菜单中选择“新建幻灯片”命令，也可以插入幻灯片。

3. 删除幻灯片

选定要删除的一张或多张幻灯片，直接按键盘上的 Delete 键，或右击鼠标，从弹出的快捷菜单中选择“删除幻灯片”命令，即可删除幻灯片。

4. 复制幻灯片

选定要复制的一张或多张幻灯片，按 Ctrl + C 快捷键复制，将光标定位到演示文稿中的适当位置，按 Ctrl + V 键粘贴。

5. 移动幻灯片

使用 Ctrl + X 快捷键剪切，再使用 Ctrl + V 键粘贴幻灯片，或直接拖动鼠标实现移动操作。交换两张幻灯片的位置实际上就是移动幻灯片。单击后面的一张幻灯片，将其拖动到前面一张幻灯片的前面，释放鼠标。或将前面的一张拖动到后面一张的后面。

6. 查看或更改幻灯片版式

幻灯片版式指幻灯片内容在幻灯片上的排列方式，即幻灯片上放置什么内容(标题、文本、内容等占位符)，以及这些内容如何排列。

查看或更改幻灯片版式的方法是：选定幻灯片，单击“开始”|“幻灯片”|“版式”按钮，在下拉列表中高亮显示的版式即当前幻灯片的版式。单击列表中其他版式，则可以更改当前幻灯片的版式。或者在“幻灯片/大纲窗格”中右击幻灯片缩略图，在弹出的快捷菜单中选择“版式”命令查看或更改版式。

幻灯片版式

6.1.2.4　幻灯片对象的插入

一个演示文稿由多页幻灯片组成。每张幻灯片一般由标题、文本、图片、表格和图表等元素组成，这些元素称为幻灯片对象。在幻灯片上插入这些对象是幻灯片最基本的操作。

1. 插入文本

可以在文本占位符中输入文本，也可以利用文本框输入文本。单击文本占位符，虚线框中的提示性文字将自动消失，然后输入文本即可，单击占位符以外的区域退出编辑状态。单击占位符，然后拖动占位符边框上的控制点，可以调整占位符的大小。

在文本占位符之外插入文本，应先插入一个文本框或一个形状。在“插入”选项卡中单击相应命令实现。

小贴士

占位符是幻灯片中各种元素实现占位的虚线框，包括标题占位符和内容占位符等。内容占位符中可以插入表格、图表、SmartArt 图形、图片以及媒体剪辑等各种对象。

2. 插入艺术字

为了美化幻灯片，使其更加引人注目，可以在幻灯片中插入艺术字来增强演示效果。插入艺术字的步骤是：单击“插入”|“文本”|“艺术字” 按钮，在弹出的列表中选择一种艺术字样式，在占位符中输入内容即可。也可以先插入文本，选中文本后，单击“绘图工具-格式”|“艺术字样式”命令，在下拉列表中单击艺术字样式，将文字转换为艺术字。

向幻灯片中添加了艺术字后，为了使其更加美观、有个性，用户还可以编辑艺术字，如改变艺术字的样式、设置形状效果等，这些操作需要在“格式”选项卡中来完成。

3. 插入其他对象

在包含“内容”版式的幻灯片中，单击“内容”占位符中的相应图标，可插入表格、图表、SmartArt 图形、图片、视频等对象。也可以通过“插入”选项卡插入各种对象，之后通过相应的选项卡设置对象的格式。对象的插入和格式设置方法与在 Word 中的操作相似。

1) 插入图表

单击“插入”|“插图”|“图表”按钮，或者单击“内容”占位符中的“插入图表”按钮，可以插入图表。插入图表后，系统会提供样本数据表，用户可根据需要将样本数据修改为自己的数据，拖曳数据表区域的右下角可调整图表数据区域的大小以适应新数据表，由系统自动生成与数据相对应的图表。右击图表，在快捷菜单中选择“编辑数据”可再次打开数据表进行编辑。

2) 插入 Excel 电子表格

单击“插入”选项卡“表格”组中的“Excel 电子表格”选项，可以在幻灯片中插入一个空的 Excel 电子表格，用鼠标拖动可调整其大小和位置。它类似于 Excel 电子表格的窗口，具有电子表格的某些功能，可满足一些基本的数据处理。单击幻灯片空白位置可以退出表格编辑状态，双击表格可再次进入表格编辑状态。

也可以通过复制/粘贴方式插入 Excel 工作表中的部分表格数据。在 Excel 工作表中，鼠标选定所需要的数据区域，按 Ctrl + C 键复制，在幻灯片中右击鼠标，选择所需要的“粘贴选项”粘贴表格数据。

还可以通过“插入”|“文本”|“对象”|“由文件创建”命令，将外部 Excel 工作表插入幻灯片中。

3) 插入音频

单击“插入”|“媒体”|“音频”下拉按钮，选择“PC 上的音频”命令，或者单击“内容”占位符中的“插入媒体剪辑”按钮，可以插入音频文件，之后幻灯片上出现声音图标和播放控制条，同时自动显示“音频工具”选项，通过其中的“格式”选项卡中的工具按

钮可以设置声音图标的格式；通过“播放”选项卡中的工具按钮可以进行音频文件的剪裁，设置音频播放的开始方式(自动播放还是单击鼠标后播放)、音量以及是否循环等播放效果。

4) 插入视频

单击“插入”|“媒体”|“视频”下拉按钮，选择“此设备”命令，然后选择视频文件，单击“插入”按钮，幻灯片上出现视频播放窗口并显示视频预览图像，同时自动显示“视频工具”选项，通过其中的“格式”选项卡中的工具按钮可以调整播放画面的色彩，设置标牌框架(视频未开始播放时显示的图像)，调整视频形状等；通过“播放”选项卡中的工具按钮可以进行视频文件的剪裁，设置视频播放的开始方式、音量以及是否循环等播放效果。

6.2　任务：修饰“我的大一生活”演示文稿

6.2.1　任务描述与实施

1．任务描述

本任务要对 6.1 节中制作的演示文稿进行修饰美化，统一设置演示文稿的外观，包括设置幻灯片切换效果，为幻灯片中的对象设置动画效果，使用母版统一设置标题样式等内容，最后制作出具有动态性和美观性的演示文稿——“我的大一生活(2).pptx”。

2．任务实施

【解决思路】

本任务的主要工作：一是要为幻灯片上的重点对象设置动画效果，提高演示文稿的动态性和交互性；二是要通过母版向幻灯片上统一放置对象，并统一设置对象格式，利用母版来统一幻灯片的外观，使演示文稿更加美观。

本任务涉及的主要知识技能点如下：

(1) 幻灯片切换效果的设置。

(2) 幻灯片对象动画效果的设置。

(3) 幻灯片中超链接的使用。

(4) 幻灯片母版的运用。

第 6 章任务二

【实施步骤】

本任务要求及操作要点如表 6-3 所示。

表 6-3　任务要求及操作要点

任务要求	操作要点
1. 设置幻灯片切换效果	
设置所有幻灯片切换效果为“立方体”，方向为“自左侧”	选定任意一张幻灯片，单击“切换”选项卡；在“切换到此幻灯片”组中单击列表右侧的“其他”箭头按钮，在下拉列表中单击“华丽型”中的“立方体”；单击“效果选项”，在下拉列表中选择“自左侧”；单击“切换”|“计时”|“应用到全部”命令，将切换效果应用到所有幻灯片

续表

任务要求	操 作 要 点
2. 设置对象动画效果	
(1) 设置第 1 张幻灯片的“标题”占位符的“进入”效果为“翻转式由远及近”，开始方式为“与上一动画同时”。 设置“副标题”占位符以“空翻”效果进入，开始方式为“单击时”	① 选定第 1 张幻灯片，单击选中“标题”占位符，单击“动画”选项卡，单击“动画”组列表框右侧的“其他”箭头按钮，在下拉列表中选择“进入”组中的“翻转式由远及近”效果，单击“计时”|“开始”命令，在下拉列表中选择“与上一动画同时”。 ② 选中“副标题”占位符，在“动画”选项卡“动画”组的下拉列表中选择“更多进入效果”，在对话框中选择“华丽型”的“空翻”效果，开始方式为“单击鼠标”
(2) 设置第 5 张幻灯片中的四张图片的“进入”效果和“退出”效果，以“缩放”效果进入，以“收缩并旋转”效果退出，单击鼠标时动画	① 选定第 5 张幻灯片，选定幻灯片中的四张图片，单击“动画”|“动画”列表框右侧的“其他”箭头按钮，在下拉列表中选择“进入”组中的“缩放”效果。 ② 单击“动画”|“高级动画”|“添加动画”，在下拉列表中选择“退出”组中的“收缩并旋转”效果
3. 设置超链接	
为第 2 张幻灯片(目录)中的“我的感悟”设置超链接，使其链接到第 6 张幻灯片	选定第 2 张幻灯片，选定形状中的文本“我的感悟”，单击“插入”|“链接”|“链接”命令，在打开的“插入超链接”对话框中选择链接到“本文档中的位置”，然后根据标题选择“我的感悟”，单击“确定”按钮
4. 使用幻灯片母版，统一设置背景样式、logo 图片和“返回”链接	
(1) 利用母版统一设置幻灯片背景。为所有幻灯片使用一种预设渐变填充样式	① 单击“视图”|“母版视图”|“幻灯片母版”，进入“幻灯片母版”视图。 ② 单击母版视图左侧窗格中的第 1 张幻灯片母版，单击“幻灯片母版”|“背景”|“背景样式”，在下拉列表中单击“设置背景格式”，在打开的窗格中单击“渐变填充”，选择一种预设渐变样式
(2) 利用母版在所有幻灯片中添加学院 logo 图片，并将其放置于合适位置	下载学院 logo 图片；单击“插入”|“图片”，插入学院 logo 图片；选中图片，拖动图片到幻灯片适当位置
(3) 在母版幻灯片的右下角添加“返回”动作按钮，使单击每张幻灯片中的“返回”按钮时均返回第 2 张目录幻灯片。按钮颜色为“橄榄色，个性色 3，淡色 80%”；按钮形状效果为“棱台”中的“凸圆形”，超链接播放声音为“微风”	① 单击“插入”|“插图”|“形状”|“矩形”，在母版右下角拖动鼠标，添加形状；右击形状，在快捷菜单中选择“编辑文字”，输入“返回”两字；单击“绘图工具-格式”|“形状样式”|“形状填充”，在下拉列表中单击主题颜色中的“橄榄色，个性色 3，淡色 80%”；单击“绘图工具-格式”|“形状样式”|“形状效果”，在下拉列表中选择棱台中的艺术装饰“凸圆形”。 ② 单击“插入”|“链接”|“动作”命令，在打开的对话框中，单击选中“超链接到”单选钮，在列表中单击“幻灯片”后，选择链接到标题为“目录”的幻灯片，然后单击“确定”按钮；单击选中“播放声音”单选钮，在列表中选择“微风”(breeze.wav)，单击“确定”按钮；单击“幻灯片母版”|“关闭母版视图”按钮关闭母版视图

【自主训练】

进一步完善“我的大一生活(2)”演示文稿。

(1) 为第 4 张幻灯片中的图表设置动画效果，使每个柱形从左到右逐个由下向上生长式出现。

提示：选定图表，选择“擦除”进入动画效果，“效果选项”选择“序列”|“按类别”。

(2) 为第 5 张幻灯片中的四个图片对象设置动作路径，设置顺序为“左上”“右上”“左下”“右下”，路径方向分别为左上到图片中心、右上到图片中心、左下到图片中心、右下到图片中心，持续时间均为 1 秒。

(3) 为第 2 张幻灯片中的各项目录内容添加超链接。

(4) 利用幻灯片母版为各张幻灯片的标题统一设置字体颜色(如红色)和动画(如从左侧飞入)效果。

(5) 通过修改幻灯片母版，使第 1 张幻灯片不显示 logo 图片。

【问题思考】

(1) 幻灯片母版视图中有许多张缩略图，它们之间是什么关系？应如何选择这些缩略图进行母版设置？

(2) 在演示文稿中应用了主题，再通过母版设置字体或背景，可能会造成冲突，应如何解决这一问题？

6.2.2 相关知识与技能

6.2.2.1 主题、背景和母版

1. 应用主题

主题包含一组主题颜色、一组主题字体和一组主题背景效果(包括线条和填充效果)。通过应用主题，可以快速而轻松地设置整个文档的格式，赋予它专业时尚的外观。主题分为两类：内置主题(系统提供的)和外部主题(自定义的或以各种方式获得的)。

1) 应用内置主题

打开演示文稿，单击“设计”|“主题”，在图 6-4 中显示出部分内置主题的缩略图。若要查看更多主题，则单击主题列表右侧最下方的“其他”按钮。将鼠标指向某个主题，可显示主题的名称并预览相应效果。单击某一个主题，就可以将该主题快速应用到所有幻灯片中。如果只对选中的部分幻灯片应用主题，应右击某主题并选择“应用于选定幻灯片”。

图 6-4　应用主题

2) 应用外部主题

外部主题指以“.thmx”为扩展名的文件形式存储在磁盘上的主题文件。

单击“设计”|“主题”列表右侧的“其他”按钮，在下拉列表中单击“浏览主题”，在打开的对话框中选择主题文件，单击“应用”按钮即可。

3) 修改或自定义主题

(1) 应用某种主题后，如果对某些幻灯片的效果不够满意，可以选中这些幻灯片，重新选择主题的颜色、字体和效果。方法是：单击“变体”组中的“颜色”“字体”“效果”“背景样式”按钮，从下拉列表中选择需要的效果。

如果对自己选择并修改的主题效果满意，可将修改后的主题保存，以便将来用于其他幻灯片。方法是：单击主题列表中的“其他”按钮，在列表中选择“保存当前主题”，然后设置保存位置和主题文件名称。

(2) 用户也可以定义自己的主题颜色和主题字体，并为其命名，以便以后自定义主题时选用。

2. 设置背景

应用主题可以修改幻灯片的背景，但在背景修改的同时，主题颜色和主题字体也随之更改。若单纯希望修改幻灯片背景或决定使幻灯片的背景和文本之间的对比更强烈，可以通过设置幻灯片背景来构建强烈的视觉效果。

1) 应用内置背景样式

(1) 选择要添加背景样式的幻灯片。

(2) 单击“设计”|“变体”组中的“背景样式”按钮，将鼠标指向“背景样式”列表中的某个样式，则会显示该背景样式的名称；右击鼠标键，在快捷菜单中根据需要选择“应用于所有幻灯片”或“应用于所选幻灯片”选项。

2) 自定义背景格式

如果内置的背景样式不符合需求，可以自定义背景。方法是：选择要添加背景样式的一张或多张幻灯片，单击“设计”|“自定义”组中的“设置背景格式”命令，或者右击“幻灯片/大纲”窗格中的幻灯片缩略图(一张或多张)，单击“设置背景格式”命令，在右面窗格中设置。

3. 使用母版

幻灯片母版就是一张特殊的幻灯片，可以被看作是用于构建幻灯片的框架，它存储着演示文稿的主题和幻灯片版式的所有信息，包括背景、颜色、字体、效果、占位符的大小和位置等信息，运用母版可以统一幻灯片的外观。PowerPoint 2016 提供了幻灯片母版、讲义母版及备注母版三种母版，这里重点介绍幻灯片母版。

例如，要将每张幻灯片的标题设置成统一的字体和颜色，或者要在每张幻灯片的固定位置插入一个标志性图片，就应该在母版中一次性设置，而不必在每张幻灯片中一一设置，当修改母版中的这些内容时，每张幻灯片中的相应内容也会同时修改，实现“一改全改”，既能够统一幻灯片的风格，又能提高制作演示文稿的效率。

1) 进入“幻灯片母版”视图

单击“视图”|“母版视图”|“幻灯片母版”按钮，将进入幻灯片母版视图，如图 6-5 所示。

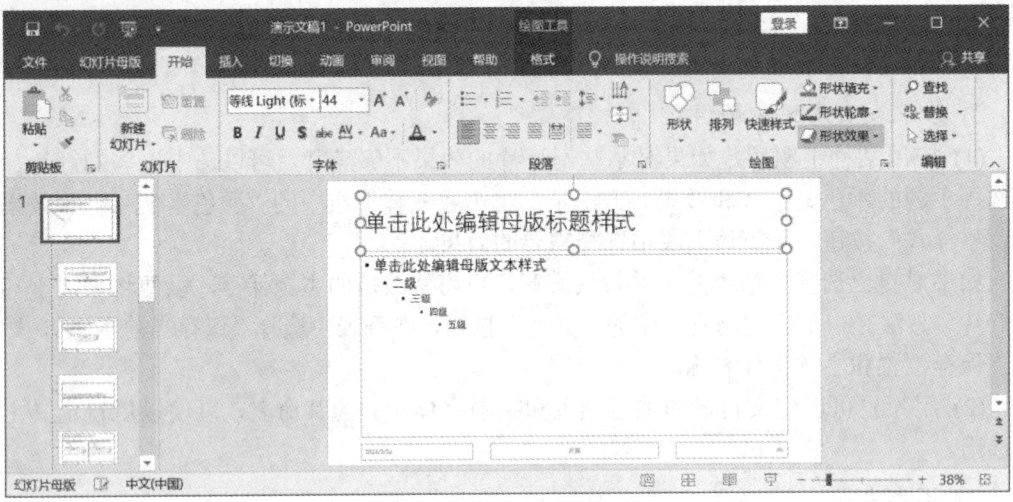

图 6-5　幻灯片母版视图

在母版视图的左窗格中显示了幻灯片母版的缩略图，其中，第一张是“幻灯片母版”，将鼠标指向它，可显示出该母版所使用的主题名称，以及哪些幻灯片使用了它；第一张缩略图下方的各个缩略图，是与某种幻灯片版式对应的幻灯片母版，默认有 11 种版式，将鼠标指向每张缩略图，可显示出该种版式的名称，以及哪些幻灯片使用了它。

单击第一张幻灯片缩略图(“幻灯片母版”)，在右面的幻灯片窗格中将显示该幻灯片母版的内容，对该母版的设置将影响所有幻灯片，因此可认为是“全局母版”；单击除第一张外的某种版式母版的幻灯片缩略图(如第二张“标题幻灯片版式”)，在右面的幻灯片窗格中将显示该版式的幻灯片母版的内容，对母版的设置将影响所有“标题幻灯片”版式的幻灯片。

注意：在修改幻灯片母版下的一个或多个版式时，实质上是在修改该幻灯片母版。每个幻灯片版式的设置方式都不同，然而，与给定幻灯片母版相关联的所有版式(包括空白版式)均包含相同主题(配色方案、字体和效果)。

2) 母版的基本应用

在幻灯片母版(第一张母版)视图中，包括几个虚线框标注的区域(占位符)，如标题区、对象区、日期区、页脚区和数字区(幻灯片编号)，用户可以选中这些占位符设置其文本格式等，也可以删除不用的占位符(单击占位符边框，然后按 Delete 键)，还可以向母版中插入新的占位符(单击“幻灯片母版”|“母版版式”|“插入占位符”按钮，在下拉列表中选择占位符类型，在母版上拖动鼠标画出占位符。如果不能确定占位符的内容，可以选择通用的“内容”占位符，它可以容纳任意内容)。

用户可以在母版上插入任何对象，例如在母版上插入图片、形状、动作按钮等对象，该对象也会在所有幻灯片上出现。

母版设置完成后，单击功能区“幻灯片母版”选项卡中的“关闭母版视图”按钮，结束母版编辑。

3) 母版的高级应用

(1) 在母版中增加或删除版式。

在母版视图中，单击“编辑母版”选项组中的“插入版式”按钮，可以插入版式，也可以将版式重新命名或者删除自定义版式。

(2) 使用多个母版。

每个演示文稿至少包含一个幻灯片母版。根据需要用户也可以在演示文稿中插入多个幻灯片母版。单击“编辑母版”选项组中的“插入幻灯片母版”按钮，可以插入新的母版。

6.2.2.2　设置切换效果与动画效果

1．设置切换效果

幻灯片的切换效果是指演示文稿放映过程中两张连续幻灯片之间的进入和退出屏幕的过渡效果。PowerPoint 预设了细微型、华丽型和动态内容三类切换效果。

在“幻灯片/大纲”窗中选定一个(或多个)幻灯片缩略图，单击“切换”|“切换到此幻灯片”组，单击右侧的“其他”按钮，在下拉列表中选择切换效果。设置切换效果后，在幻灯片缩略图的编号下方会有标记。单击“切换”选项卡“预览”组中的“预览”按钮，可预览切换效果。

大部分切换效果提供了“效果选项”。单击“效果选项”按钮，在下拉列表中可以设置切换效果的方向、形状等选项，不同切换方案会有不同的效果选项。

如有必要，还可以设置切换“声音”“持续时间”和“换片方式”。换片方式有“单击鼠标时”或设置自动换片时间。

如要取消某张幻灯片的切换效果，只要设置其切换效果为“无”即可。

单击“计时”选项组中的“应用到全部”按钮，可以将切换效果应用于所有幻灯片。

2．设置幻灯片动画效果

用户可以为幻灯片中的各类对象添加、设置动画效果，以增加幻灯片的互动性和多彩性，进而丰富演示文稿的放映效果。

动画设置

1) *添加动画效果*

先选定幻灯片中要设置动画效果的对象(一个或多个)，单击“动画”选项卡，再单击“动画”组列表框右侧的“其他”按钮，选择更多的动画效果。

如果列表中显示的动画方案不能满足需求，可以选择列表下方“更多进入效果”“更多强调效果”“更多退出效果”“其他动作路径”选项，打开相应的对话框，在对话框中选择更合适的动画效果。

如果要为同一个对象添加多个动画效果，应单击“动画”|“高级动画”|“添加动画”命令，选择动画的方法同上。

2) *四种动画效果*

(1) 进入效果：设置对象进入屏幕的动画形式，即该对象以何种形式出现。也就是说，刚开始时该对象并不在幻灯片上出现，通过单击鼠标或其他方式对象才会以某种形式出现。进入效果是最常用的动画效果。

(2) 强调效果：指已经显示或已经进入幻灯片的对象，以动态效果做出某种变化，吸引观众对对象的关注度。

(3) 退出效果：设置对象退出幻灯片的动画形式，即该对象以何种形式离开(消失)。退出效果常和进入效果成对使用。

(4) 动作路径：指对象沿着一定的路径运动的动画效果。可以选择“自定义路径”，然后在幻灯片上任意绘制动作路径。

可以为同一对象同时添加进入、强调、退出与动作路径四类动画效果，当然，这四类动画要有合理的顺序。

3) 设置动画选项

(1) 设置动画“效果选项”。

为对象设置动画后，可以单击“动画”组右侧的效果选项按钮效果选项，在下拉列表中选择具体的效果，如方向、颜色、形状等。

(2) 设置动画开始方式。

动画开始方式就是动画开始的条件，即如何触发动画。在“动画”|“计时”组中，单击“开始”列表框右侧的箭头按钮进行设置。

① 单击时：即单击鼠标时触发动画。

② 与上一动画同时：表示和前一个动画同时触发。

③ 上一动画之后：表示在前一个动画完成之后延迟一段时间触发，可以设置具体延迟时间。

如果某个动画设置了触发器，则以触发器中的设置优先。

(3) 动画播放的持续时间。

持续时间表示指定动画的播放时间长度。通过“持续时间”微调按钮调整，也可以直接输入时间，单位为秒。持续时间越长，动画速度越慢。

(4) 动画开始的延迟时间。

动画开始的延迟时间表示以某种方式触发动画后延迟多少时间才播放动画。通过“延迟”微调按钮调整，也可以直接输入时间，单位为秒。例如，某个对象的动画选项中“开始”选项选择了“上一动画之后”，“延迟”时间设置为 5 秒，则表示前一动画结束后 5 秒钟该动画才触发。

(5) 动画播放顺序。

在一张幻灯片内可能存在多个对象的动画，也可能同一个对象设置了多种动画，因此需要调整动画的播放顺序。可以在“动画”|“计时”组中，单击“对动画重新排序”区域中的“向前移动”和“向后移动”两个按钮，调整动画的播放顺序；也可以单击“高级动画”选项组中的“动画窗格”按钮，在动画窗格中直接拖动动画项目。

(6) “效果选项”对话框。

选定幻灯片中要设置动画效果的对象(如一个设置了“出现”动画的文本框)，单击“动画”选项卡，单击“动画”组右下角的对话框启动器按钮，可以打开其他效果选项对话框，如图 6-6 所示，利用该对话框可进行更多的动画选项设置。

①“效果”选项卡，用于设置动画运动方向、动画播放时的声音效果、动画播放后是否隐藏、动画文本的动画序列。

② “计时”选项卡，用于设置动画开始方式、持续时间、延迟时间和是否重复发生。

单击“开始”列表框右侧的箭头按钮，在列表中选择动画的开始方式。

单击“期间”列表框右侧的箭头按钮，在列表中选择动画的持续时间。

通过调整“延迟”微调按钮，设置动画开始的延迟时间。

单击“重复”列表框右侧的箭头按钮，在列表中选择重复方式或重复次数。

③ “文本动画”选项卡，用于更精确地设置动画文本的动画序列的出现方式，包括作为一个整体、所有段落同时、按哪一级段落等，还可以设置不同段落出现的时间间隔及是否从相反方向出现动画。

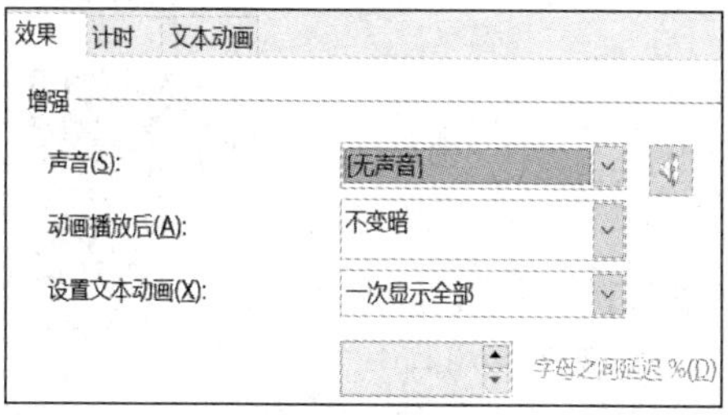

(a) “效果”选项卡

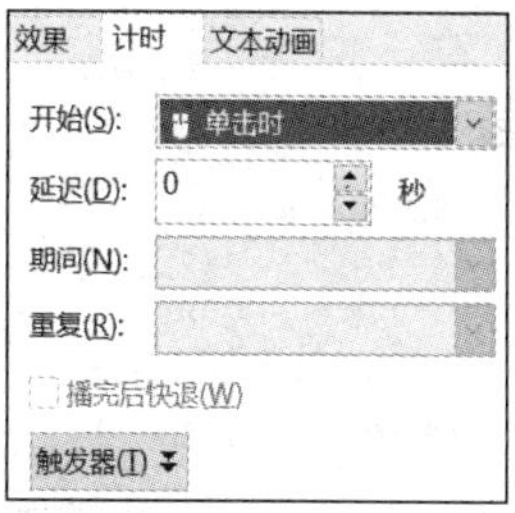

(b) “计时”选项卡

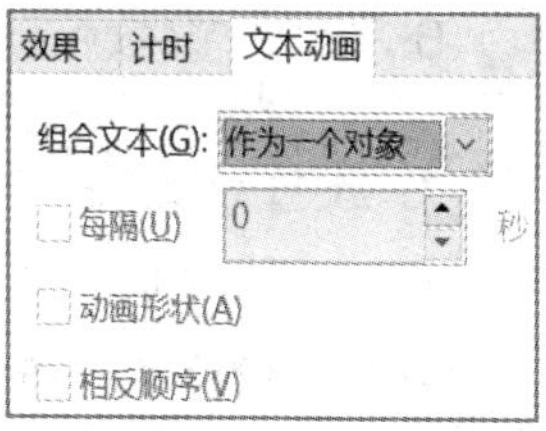

(c) “文本动画”选项卡

图 6-6　动画效果选项对话框

4) 使用动画窗格

动画窗格以列表的形式显示了当前幻灯片中所有对象的动画效果，包括动画类型、对象名称、持续时间和播放顺序等。单击“动画”|“高级动画”|“动画窗格”按钮可打开“动画窗格”。

在动画窗格的动画列表中，右击项目或单击项目右侧的下拉按钮，在快捷菜单中可以设置动画的开始方式。在菜单中单击“效果选项”或“计时”，则打开“效果选项”对话框。选择“隐藏高级日程表”选项，可以隐藏“动画窗格”下方的日程表，它类似于 Flash 中的时间轴，用来设置动画顺序、动画时间等。选择“删除”选项时，可删除某个动画。

5) 复制动画效果

选定幻灯片中已经设置了动画效果的对象(作为样板)，单击“动画”|“高级动画”组中的“动画刷”按钮 

，此时光标变为刷子形状，单击目标对象，即可复制动画效果。也可以切换到其他幻灯片或其他演示文稿中的幻灯片上，进行动画效果的设置。

类似于格式刷，单击 

按钮，可以复制一次动画效果，双击 

按钮，则可以多次复制。复制完成后，再次单击“动画刷”按钮或按 Esc 键，取消动画复制状态。

6) 删除动画效果

选定幻灯片中设置了动画的目标对象，切换到“动画”选项卡，按下列方法均可删除动画效果。

(1) 单击“动画”组列表框中的“无”选项。

(2) 单击对象左上角的动画编号，按 Delete 键。

(3) 单击“高级动画”组中的“动画窗格”按钮，打开动画设置窗格，在列表区域中右击要删除的动画项目，从弹出的快捷菜单中选择“删除”命令。

(4) 单击“高级动画”组中的“动画窗格”按钮，打开动画设置窗格，在列表区域中单击要删除的动画右侧的箭头按钮，在下拉菜单中选择“删除”命令。

小贴士

使用动画的主要目的有四个：顺序、强调、简化和展现。顺序就是让屏幕上的对象一个个顺序出现，而不是一开始就全部显示出来，以保持悬念；强调就是用合适的方式让希望强调的重点内容动一动或变一下颜色，使其更加醒目以吸引观众的注意力；简化就是使用动画把较大的、复杂的图示化整为零，逐步出现、讲解，从而把复杂的问题讲清楚；展现就是用动画将难以描述的原理、过程、逻辑展示给观众。

6.2.2.3　设置超链接与动作按钮

超链接和动作设置

1. 设置超链接

幻灯片的放映一般是按照幻灯片的先后顺序进行播放的，如果要实现幻灯片跳转放映，需要使用超链接和动作按钮。这种跳转不仅可以快速跳转到演示文稿中某一张幻灯片，还可以跳转到其他演示文稿、某个文档、某个网址、某个电子邮件地址等。

选择要创建超链接的对象，可以是文本、图片、占位符等，单击“插入”|“链接”|“链接”命令，或者右击对象，在弹出的快捷菜单中选择“超链接”命令，打开如图 6-7 所示的“插入超链接”对话框，如果要链接到某个网址，则直接在“地址”框中输入网址，如果要链接其他目标，则在“链接到”列表框中选择超链接的类型，然后输入相应的内容。有以下几种链接情况：

(1) 现有文件或网页：链接到已有的文件或 Web 页。也可以在“地址”框内直接输入一个网址或文件的位置及名称。

(2) 本文档中的位置：链接到当前演示文稿中的某张幻灯片，右侧列表中显示本文档中所有幻灯片的序号和标题，选择要链接的幻灯片即可。

(3) 新建文档：链接到一个新的演示文稿。

(4) 电子邮件地址：链接电子邮件地址。

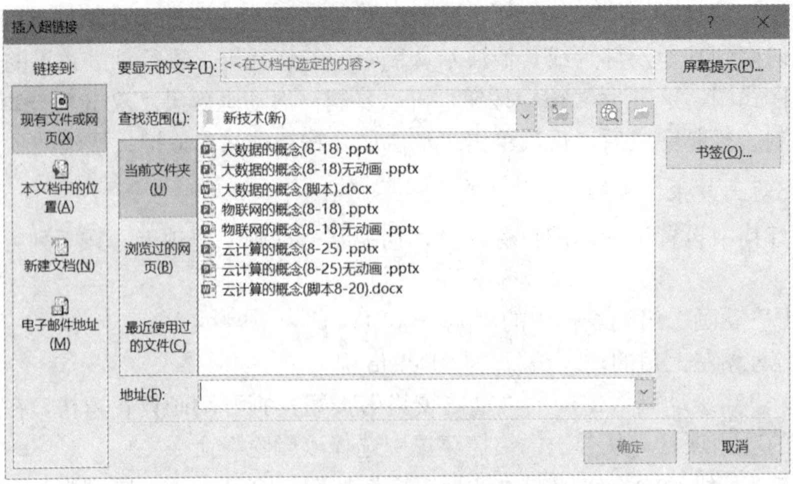

图 6-7　“插入超链接”对话框

“要显示的文字”文本框中显示的是设置超链接前选定的文本内容，可以被修改。单击“屏幕提示”按钮，可以设置当鼠标指向超链接时出现的提示内容。

建立超链接后的文本将自动添加下划线，并且文本颜色也会变化。幻灯片放映时，鼠标指向该文本处，鼠标指针将变成小手形状，单击即可打开超链接。

若要删除或修改超链接，先选定包含超链接的文本或对象，右击文本或对象并在快捷菜单中选择“删除链接”或者选择“编辑链接”命令。

2．设置动作按钮

通过使用绘图工具在幻灯片上绘制图形按钮，然后为其设置动作，能够在幻灯片中起到提示、引导或控制播放的作用。

设置动作按钮一般需要两个步骤：

(1) 插入动作按钮。单击“插入”|“插图”|“形状”命令，在下拉列表中的“动作按钮”组中选择合适的按钮，在幻灯片中合适位置拖动鼠标绘制一个按钮形状。PowerPoint 提供了 12 个内部动作按钮——，从左至右依次为“后退或前一项”“前进或下一项”“转到开头”“转到结尾”“转到主页”“获取信息”“上一张”“视频”“文档”“声音”“帮助”“空白”。

(2) 设置动作选项。在绘制动作按钮形状后会立即弹出如图 6-8 所示的“操作设置”对话框。对话框中的“单击鼠标”选项卡，可设置鼠标单击动作按钮时发生的动作；“鼠标悬停”选项卡，可设置鼠标经过动作按钮处悬停时发生的动作。两者设置动作选项的方法相同。

图 6-8　设置动作按钮

部分系统内部的动作按钮，如“转到开头”“转到结尾”等，其动作已经由系统设置完成，无需再行设置，因此直接在对话框中单击“确定”按钮即可。而“视频”“文档”“声音”“空白”等动作按钮，需要在“操作设置”对话框中设置将要发生的动作。

(1) 选择“超链接到”选项，在下拉列表中选择“URL…”“幻灯片…”“其他文件…”等内容。例如，要链接到某张幻灯片，应选择“幻灯片…”，然后选定某张幻灯片。

(2) 选择“运行程序”选项，单击“浏览”按钮，在弹出的对话框中确定要运行的程序的位置和名称。

(3) 选择“播放声音”复选框，在下拉列表中为动作的发生选择一种声音效果。声音效果可以选择系统内置的效果，也可以选择外部声音文件作为音效。

小贴士

用户也可以选定幻灯片中要设置动作的对象，单击“插入”|“链接”|“动作”命令进入“操作设置”界面。

右击形状按钮，在弹出的快捷菜单中选择“编辑文字”，可以为按钮添加文字。

选定动作按钮，可以在“绘图工具-格式”选项卡中格式化动作按钮的形状。

6.3　任务：放映“我的大一生活”演示文稿

6.3.1　任务描述与实施

1. 任务描述

6.2 节中已经建立了“我的大一生活(2).pptx”演示文稿并设置了统一的外观风格和动画效果，接下来的工作就是进行放映演练，做好放映前的准备。

本任务主要完成下列工作：对“我的大一生活(2).pptx”演示文稿进行页面设置，打印演示文稿讲义以准备向观众分发，对演示文稿打包发布等。

2. 任务实施

【解决思路】

演示文稿制作完成后，接下来的工作就是放映幻灯片。在正式放映前要熟悉所设置的超链接，播放时要单击超链接以实现幻灯片的非连续跳转；另外，许多幻灯片上设置了动画，需要熟悉这些动画的播放方法。总之，只有认真规划放映方法和步骤才能达到较好的播放效果。

本任务涉及的主要知识技能点如下：

(1) 幻灯片页面的设置。

(2) 幻灯片放映方式的设置。

(3) 自定义幻灯片放映方案。

(4) 演示文稿打包。

(5) 幻灯片的放映。

第 6 章任务三

【实施步骤】

本任务要求及操作要点如表 6-4 所示。

表 6-4　任务要求及操作要点

任务要求	操作要点
1. 页面设置	
设置幻灯片的大小为“全屏显示(16∶9)”	打开演示文稿“我的大一生活(2).pptx”，将其另存为“我的大一生活(3).pptx”；单击“设计”|“自定义”|“幻灯片大小”命令，在下拉列表中选择“宽屏(16∶9)”
2. 设置放映方式	
将幻灯片放映设置为“演讲者放映”方式	单击“幻灯片放映”|“设置”|“设置幻灯片放映”按钮，在打开的对话框中选中“演讲者放映(全屏幕)”单选钮，单击“确定”按钮
3. 打印讲义	
使用 A4 打印纸，打印全部幻灯片讲义。每页纸打印 6 张幻灯片，按照先水平后垂直顺序排列幻灯片	① 单击“文件”|“打印”命令，在右侧区域单击“打印机属性”链接，在“纸张/质量”选项卡中选择纸张尺寸为“A4”，单击“确定”按钮。 ② 在右侧区域“设置”部分单击“整页幻灯片”右侧的下三角按钮，然后在“讲义”区域中选择“6 张水平放置的幻灯片”
4. 将演示文稿打包	
将演示文稿打包，将打包后的文件夹复制到其他计算机上播放，查看音频、视频等媒体能否正常播放	单击“文件”|“导出”|“将演示文稿打包成 CD”命令，单击“打包成 CD”按钮将弹出“打包成 CD”对话框，单击“复制到文件夹”按钮，打开“复制到文件夹”对话框，在对话框中输入文件夹名称和位置，单击“确定”按钮
5. 放映幻灯片	
(1) 放映全部幻灯片。要使用目录页的超链接播放幻灯片，按顺序播放完一项内容后通过幻灯片右下角的“返回”按钮返回到目录页，再放映下一项内容	单击“幻灯片放映”|“开始放映幻灯片”|“从头开始”命令按钮，或者直接按 F5 键从头开始播放幻灯片，要在目录页单击链接跳转幻灯片，播放完某项内容后单击右下角“返回”按钮回到目录页再单击其他链接。播放完“我的感悟”幻灯片后不要返回目录页，直接播放下一张。如果要中途结束放映，则按 Esc 键
(2) 自定义幻灯片放映方案。只放映第 1、3、4、5 张幻灯片，放映方案命名为“我的学习”，然后按此方案放映幻灯片	① 单击“幻灯片放映”|“开始放映幻灯片”|“自定义幻灯片放映”|“自定义放映”，在打开的“自定义放映”对话框中单击“新建”按钮，在“幻灯片放映名称”中输入一个名称(如“我的学习”)，将左侧区域的第 1、3、4、5 张幻灯片选中，然后单击“添加”按钮，将其添加到右侧区域，单击“关闭”按钮。 ② 单击“幻灯片放映”|“开始放映幻灯片”|“自定义幻灯片放映”按钮旁边的下拉按钮，选择“我的学习”放映方案进行放映

【自主训练】

(1) 将演示文稿打包，并设置打开和修改演示文稿的密码，然后播放打包的演示文稿。

(2) 隐藏第 5 张幻灯片，然后放映演示文稿。

【问题思考】

如果希望在放映幻灯片时不按幻灯片原来的次序播放，该如何自定义幻灯片放映？

6.3.2 相关知识与技能

6.3.2.1 放映演示文稿

1. 控制演示文稿放映

演示文稿制作完毕后，就可以在屏幕上演示输出了。可以使用计算机的屏幕输出，也可以将计算机连接到投影仪及其他输出设备输出演示文稿。

制作演示文稿的最终目的是要将内容展示给观众，即幻灯片放映。为了适应不同的放映需求，通常需要对放映过程进行设置，包括控制幻灯片放映方式、设置放映时间等。

1) 开始放映

单击“幻灯片放映”|“开始放映幻灯片”|“从头开始”命令，或直接按 F5 键，则从第一张幻灯片开始全屏放映。单击鼠标左键或是空格键切换到下一页幻灯片，按 Esc 键可中断放映并返回 PowerPoint 窗口。

如果要从当前幻灯片开始放映，则单击“幻灯片放映”|“开始放映幻灯片”|“从当前幻灯片开始”命令，或按 Shift + F5 组合键，也可以单击状态栏右下角的幻灯片放映按钮 。

2) 放映控制

(1) 使用按键。

切换到下一张幻灯片的方法：单击鼠标；按回车键/空格键/下翻页键/下箭头键/右箭头键/N 键。

切换到上一张幻灯片的方法：按退格键/上翻页键/上箭头键/左箭头键/P 键。

按 Home 键可切换到第一张幻灯片；按 End 键可切换到最后一张幻灯片。

(2) 使用快捷菜单。放映时右击鼠标，在弹出的快捷菜单中选择“上一张”“下一张”“定位至幻灯片”“结束放映”等命令。

(3) 使用屏幕左下方的图标。放映时，单击屏幕左下方的图标 、 、 、 ，也可以控制放映。

3) 自定义幻灯片放映方案

针对不同的场合或观众，可以选择部分幻灯片或改变幻灯片的放映顺序进行播放。一个演示文稿，可以创建多个自定义放映方案。创建自定义放映方案的方法如下：

单击“幻灯片放映”|“开始放映幻灯片”|“自定义幻灯片放映”|“自定义放映”命令，在对话框中选择“新建”按钮，在“幻灯片放映名称”文本框中输入方案名称，然后从左面的列表中选择幻灯片，单击“添加”按钮添加到右面的列表即可。

创建自定义放映方案后，单击“幻灯片放映”|“开始放映幻灯片”|“自定义幻灯片放映”按钮的下拉列表，单击方案名称即可启用。

小贴士

在幻灯片放映过程中，按“W”键可以白屏，按“B”键可以黑屏。单击屏幕左下角的按钮，在菜单中可选择“笔”或“荧光笔”，此时指针变为绘图笔形状，可在幻灯片上即时书写。也可以选择“墨迹颜色”改变字体颜色或选择“橡皮擦”擦除所书写的内容。

如果不想播放某张幻灯片，可以在“幻灯片/大纲窗格”中右击幻灯片缩略图，在快捷菜单中选择“隐藏幻灯片”命令将其隐藏。

2．设置放映时间

利用幻灯片可以自动切换的特性，能够使幻灯片在无人操作的展台前，通过大型投影仪自动放映。

用户可以通过两种方法设置幻灯片在屏幕上显示时间的长短，一种方法是人工为每张幻灯片设置时间，另一种方法是使用排练计时功能，在排练时自动记录时间。

1) 人工设置放映时间

首先切换到幻灯片浏览视图，选定要设置放映时间的幻灯片，单击“切换”选项卡，在“计时”组中选中“设置自动换片时间”复选框，然后在右侧的微调框中输入幻灯片在屏幕上显示的时间(秒数)，在幻灯片缩略图的左下角将显示幻灯片的放映时间。用同样的方法为每张幻灯片设置放映时间。单击“应用到全部”按钮，则为所有幻灯片设置同样的放映时间。

2) 使用排练计时

排练计时功能用来控制自动运行幻灯片时的放映时间。它可以帮助演讲者合理安排每张幻灯片放映时所需的时间，从而有效地控制整个演示文稿的放映进度。操作步骤如下：

(1) 打开要设置放映时间的演示文稿。

(2) 单击“幻灯片放映”|“设置”|“排练计时”按钮，系统自动切换到幻灯片放映视图并从第一张幻灯片开始放映，同时屏幕左上角出现“录制”工具栏，工具栏中可以看到系统记录的当前幻灯片的播放时间和演示文稿总的放映时间(最右边的框)。

(3) 在放映过程中可以使用“录制”工具栏中的按钮来控制排练计时。单击按钮，结束当前幻灯片的放映，开始播放下一张幻灯片；单击按钮，暂停计时。单击按钮，重新开始记录当前幻灯片的放映时间。

(4) 排练结束后，系统将弹出一个提示框，用户可以选择是否保存本次的排练计时。

如果要使用排练计时在放映时自动换片，则单击“幻灯片放映”|“设置”组，选中“使用计时”复选框。或者在“设置放映方式”(见图 6-9)对话框中勾选“如果出现计时，则使用它”选项，这样演示者可以专注于演讲而无需手工换片。默认情况下，保存了排练计时结果，在放映时可直接使用排练计时的放映过程放映。

如果不再需要幻灯片的排练计时，则单击“幻灯片放映”|“设置”组，取消“使用计时”复选框。或者在图 6-9 所示的对话框中勾选“手动”换片方式。再次放映时，将不会按照用户设置的排练计时进行放映，但所排练的计时仍然存在。

在“幻灯片浏览”视图中，每张幻灯片缩略图的右下角会显示该张幻灯片的放映时间。

可以通过选中“切换”|“计时”组中的“设置自动换片时间”复选框，然后在右侧的微调框中输入希望幻灯片在屏幕上的显示时间(秒数)。

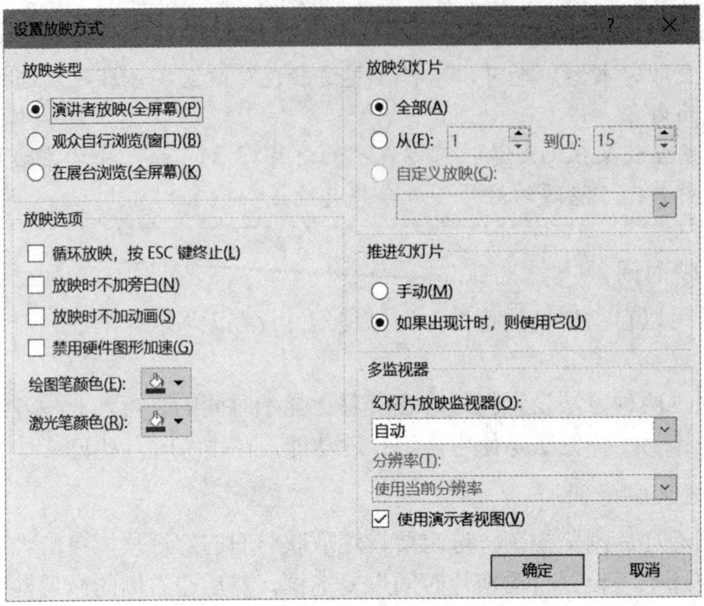

图 6-9 “设置放映方式”对话框

3. 设置放映方式

用户可以根据需要设置幻灯片的放映方式。单击“幻灯片放映”|“设置”|“设置幻灯片放映”按钮，在打开的对话框(如图 6-9 所示)中可以设置放映方式。

1) 选择放映类型

PowerPoint 2016 提供了“演讲者放映”“观众自行浏览”和“在展台浏览”三种放映类型，其中“演讲者放映”是系统默认的放映方式。

(1) 演讲者放映：以全屏方式放映幻灯片，由演讲者手动控制放映过程或启用“排练计时”功能来控制幻灯片放映。

(2) 观众自行浏览：以窗口方式放映幻灯片，适合于召开网络会议和在网络上共享演示文稿。由观众通过窗口右下角的工具按钮自行手动控制放映过程，也可以实现幻灯片的移动、复制、编辑和打印。

(3) 在展台浏览：以全屏方式自动循环放映幻灯片，适合在无人管理的情况下自动放映。此时单击鼠标将无法切换幻灯片，通常需要提前设置排练计时并使用。

2) 设置放映选项

在“放映选项”选项组中可以确定是否循环放映幻灯片，幻灯片放映时是否播放旁白、是否播放为幻灯片设置的动画效果。还可以设置绘图笔和激光笔的默认颜色。

3) 设置幻灯片放映范围

在“放映幻灯片”选项组中可以指定幻灯片放映范围，包括放映全部幻灯片，指定放映的幻灯片范围(从第几张到第几张)，或者使用用户自定义的放映方案。

4) 设置幻灯片换片方式

在“推进幻灯片”选项组中确定放映幻灯片时的换片方式。

(1) 选择“手动”选项时，必须手动切换幻灯片，同时系统将忽略预设的排练时间。

(2) 选择“如果出现计时，则使用它”选项，将使用预设的排练时间自动放映幻灯片。如果没有预设的排练时间，则必须手动切换幻灯片。

6.3.2.2　打印与输出演示文稿

1. 打印演示文稿

演示文稿制作完成后，除了放映之外，还可以将演示文稿打印到纸上。例如，为配合演讲，需要将演示文稿打印出来作为演讲提要分发给观众。非常实用的操作是：将演示文稿设置为“讲义”打印，这样一页纸可以容纳 2～9 张幻灯片，幻灯片旁边的空白可供观众做记录使用。

打开要打印的演示文稿，单击“文件”|“打印”命令，启动“打印”对话框，在对话框中设置各种打印参数，如份数、打印机和打印范围等。

单击“整页幻灯片”右侧的下拉按钮，在打开的列表中可以设置要打印的内容，可以是整页幻灯片、备注页、大纲或讲义等。如果选择讲义，还可以再设置讲义的样式。

在打印输出前，可以对幻灯片的页面进行设置。方法是：单击“设计”|“自定义”|“幻灯片大小”|“自定义幻灯片大小”命令，在对话框中可以设置幻灯片大小、幻灯片起始编号和幻灯片方向等。

小贴士

按讲义形式打印，可以在一张纸上打印多张幻灯片。讲义样式分为水平放置和垂直放置两种。水平放置指按幻灯片编号顺序优先在水平方向放置，如 4 张水平放置的幻灯片形式为，而垂直放置则优先在垂直方向放置，如 4 张垂直放置的幻灯片形式为。

2. 演示文稿的打包

PowerPoint 的打包功能可以将演示文稿及其相关文件组合在一起，并将它们复制到一个文件夹中或直接复制到 CD 中。打包的主要目的是使演示文稿可以在没有安装 PowerPoint 软件的计算机上正常放映，还可以避免放映时因缺少文件而无法呈现特殊字体、音乐、视频等对象的显示效果。对打包的文档只需进行解包即可使用。

单击“文件”|“导出”命令，选择“将演示文稿打包成 CD”选项，再单击“打包成 CD”按钮，将弹出“打包成 CD”对话框，在“将 CD 命名为”文本框内输入打包后演示文稿的名称。

(1) 单击“添加”按钮，会打开“添加文件”对话框，可以选择多个演示文稿一起打包。

(2) 单击“选项”按钮，可以在“选项”对话框中设置是否包含“链接的文件”，是否包含“嵌入的 TrueType 字体”，还可以设置打开和修改文件的密码。

(3) 单击“复制到文件夹”按钮，打开“复制到文件夹”对话框，可以输入打包后的文件夹名称和位置。

(4) 单击“复制到 CD”按钮，将打开一个对话框，并提示程序会将链接的媒体文件复制到计算机中，单击“是”按钮，将打开“正将文件复制到文件夹”对话框并复制文件。

如果演示文稿被打包到某个文件夹，则该文件夹中会含有被打包的演示文稿和系统自动生成的“PresentationPackage”文件夹，双击“PresentationPackage”文件夹中的“PresentationPackage.html”文件，在浏览器上打开网页，单击“Download Viewer”按钮下载 PowerPoint 播放器安装程序，即可放映演示文稿。

3. 保存为视频文件

可以将演示文稿输出为视频文件，操作步骤如下：

打开演示文稿，单击“文件”|“导出”命令，选择“创建视频”选项，再单击“创建视频”按钮，在弹出的“另存为”对话框中选择文件保存的位置并输入视频文件名称后确认。

习　题　6

一、单选题

1. 关于幻灯片版式的说法，错误的是(　　)。
   A. 版式是指幻灯片内容在幻灯片上的排列方式
   B. 每张幻灯片都有一种版式
   C. 幻灯片的版式一旦设置后便不能更改
   D. 幻灯片版式中的占位符可以删除

2. 打印幻灯片讲义时，一张纸上最多打印(　　)张幻灯片。
   A. 6　　B. 8
   C. 9　　D. 10

3. 幻灯片母版可分为三类，它不包括(　　)。
   A. 备注母版　　B. 讲义母版
   C. 幻灯片母板　　D. 版式母版

4. 关于在 PowerPoint 幻灯片中插入图表的说法，错误的是(　　)。
   A. 可以直接通过复制和粘贴的方式将图表插入到幻灯片中
   B. 幻灯片中没有图表占位符也可以插入图表
   C. 幻灯片中所插入的图表不可以修改，只能删除后重新插入
   D. 双击幻灯片中的图表占位符可以插入图表

5. 幻灯片的主题不包括(　　)。
   A. 主题效果　　B. 主题字体
   C. 主题颜色　　D. 主题动画

6. PowerPoint 中能对幻灯片进行移动、删除、复制和设置切换效果，但不能对幻灯片进行编辑的视图是(　　)。
   A. 幻灯片视图　　B. 普通视图

C. 幻灯片放映视图　　D. 幻灯片浏览视图

7. 在幻灯片播放时，如果要结束放映，可以直接按(　　)键。

A. Esc　　B. 回车

C. 空格　　D. Ctrl

8. 在幻灯片放映中，要回到上一张幻灯片，错误的操作是(　　)。

A. 按退格键　　B. 按 P 键

C. 按上翻页键　　D. 按空格键

9. 在 PowerPoint 中，幻灯片(　　)是一种特殊的幻灯片，包含已设定格式的占位符。这些占位符是为标题、主要文本和所有幻灯片中出现的背景项目而设置的。

A. 模板　　B. 母版

C. 版式　　D. 样式

10. 在 PowerPoint 2016 中，将已经创建的演示文稿转移到其他没有安装 PowerPoint 2016 软件的机器上放映的方法是(　　)。

A. 演示文稿打包　　B. 演示文稿发送

C. 演示文稿复制　　D. 设置幻灯片放映

二、简答题

1. 在文本占位符中输入文字和在插入的文本框内输入文字在控制文本格式方面有何不同？哪种方式更好？

2. 超链接和动作按钮的作用有何异同？

3. 如何将某张幻灯片上的某对象的动画效果复制到其他张幻灯片上的对象？

4. 如何为某个对象设置多个动画？

5. 在一张幻灯片上为多个对象设置了多个动画效果，如何才能查看给每个对象设置了什么动画效果？

三、操作题

其美多吉是“感动中国 2018 年度人物”，被藏区人民称为“雪山上的雄鹰”。请从“学习强国”或从百度等搜索引擎搜索其美多吉的先进事迹，以“学习英模”为主题设计并制作一份声情并茂的演示文稿，用于在班会上向班内师生演讲，弘扬其美多吉忠诚事业、专注执着的奉献精神。

要求：作品内容充实，有故事，有图片，有超链接，有动画效果，文字与图片布局合理、清晰美观，幻灯片不少于 10 张。

四、综合题

以宿舍为单位设计并制作“我的宿舍我们的家”演示文稿。

1. 内容要求

(1) 介绍宿舍每一位成员的个人基本情况、兴趣爱好、学习和生活中的团队协作、互助互爱等感人事迹。

(2) 可以包括宿舍成员家乡的自然风光、特色饮食、人文经济、历史或风俗等内容，以让观众记住宿舍成员。

(3) 该作品用于演讲(文字尽量少，要尽量使用图片、图表、视频和音乐表达主题)。

(4) 主题要明确，内容要健康向上，传播正能量。

(5) 作品要有创意，内容要真实，综合运用所学知识和各种制作技巧，作品要有观赏性，能引人注目。

2. 设计要求

(1) 幻灯片不少于 10 张，不超过 20 张。

(2) 应用主题或母版统一设计效果。

(3) 适当地运用动画效果以突出重点。

(4) 选择的图片、图形要与所展现的内容相符合，要有逻辑性。

(5) 有幻灯片切换效果。

(6) 有艺术字，并设置合适的艺术效果。

(7) 用“排练计时”提前录制好幻灯片播放时间，能够进行自动播放，并限制在 5 分钟之内。

(8) 对全部内容打包后，在指定时间内以宿舍为单位向教师提交。

3. 组织要求

一个宿舍要指定一名或两名组长，由组长负责，组长布置安排作品设计与制作的任务分工、时间要求和质量要求。

分工方式一，每位同学可以自己制作一部分与自己相关的幻灯片，然后交给组长，统一内容和风格，最后合成一个作品。

分工方式二，根据同学特长安排任务，可分为准备素材、PPT 版面设计、美工设计、撰写文字等子任务，每一个子任务由专人负责。

作品完成后，要推选一名演讲人，并组织全体宿舍成员观看，征求大家的意见，结合多数同学的意见进行修改、提交。

作品提交教师后，教师初步评阅，然后各宿舍进行修改，修改后择时以宿舍为单位向全班同学展示、交流、评优。

五、模拟测试典型题

打开 PPTKT 文件夹下的“PPT14F.pptx”文件，进行如下操作：

(1) 将第一张幻灯片的版式修改为“空白”，并在此幻灯片中插入艺术字，样式任选。艺术字设置如下：

文字为：保护环境，人人有责；

字体格式为：华文新魏，60 磅；

文本效果为：“转换”中的“波形 2”。

第 6 章模测典型题

(2) 将 PPTKT 文件夹下“环境保护 F.pptx”文件中的所有幻灯片插入到演示文稿的末尾。

(3) 为第三张幻灯片(标题：环境保护的三个层面)中的文本“对地球生物的保护”设置超链接，单击鼠标时跳转到第五张幻灯片。

(4) 为第三张幻灯片中的内容占位符添加动画：

动画效果：“进入”效果中的“基本缩放”，效果选项为“从屏幕中心放大”；

开始：上一动画之后；

延迟：1 秒；

持续时间：2 秒；

正文文本动画：所有段落同时；

声音：微风。

(5) 将所有幻灯片的背景设置为：图案填充，图案为小纸屑；前景色为标准色中的浅绿色；背景色为主题颜色中的白色，背景 1。

最后将此演示文稿以原文件名存盘。

第 6 章其他资源　　第 6 章习题答案

附录 A　五笔字型 86 版字根图与助记词

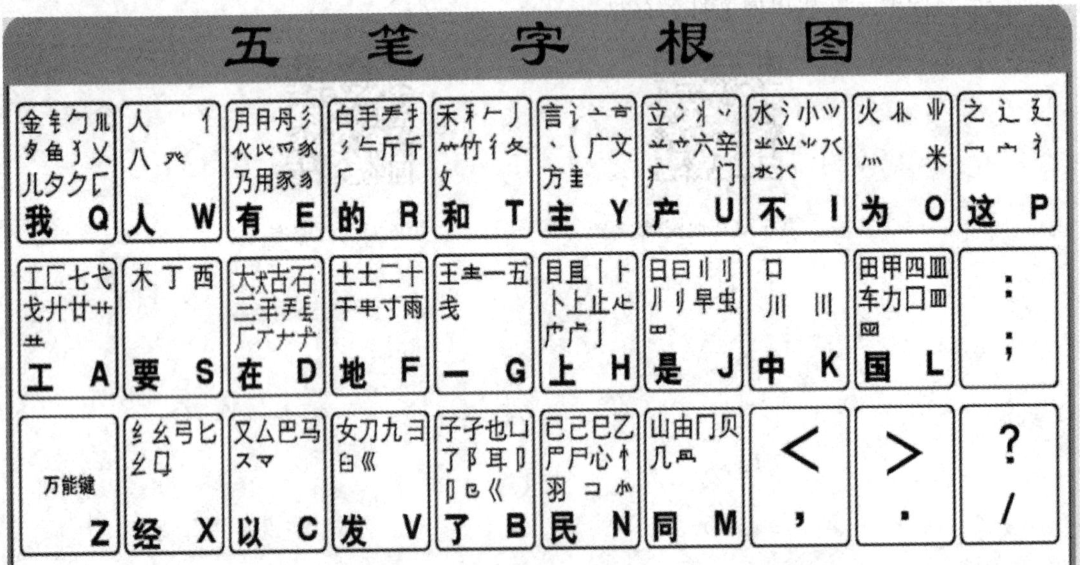

G 王旁青头(兼)五一
F 土士二干十寸雨
D 大犬三羊(羊)古石厂
S 木丁西
A 工戈草头右框七

H 目具上止卜虎皮
J 日早两竖与虫依
K 口与川，字根稀
L 田甲方框四车力
M 山由贝，下框几

T 禾竹一撇双人立
反文条头共三一
R 白手看头三二斤
E 月彡(衫)乃用家衣底
W 人和八，三四里
Q 金勺缺点无尾鱼，犬旁
留儿一点夕，氏无七(妻)

Y 言文方广在四一
高头一捺谁人去
U 立辛两点六门疒
I 水旁兴头小倒立
O 火业头，四点米
P 之宝盖
摘礻(示)衤(衣)

N 已半巳满不出己
左框折尸心和羽
B 子耳了也框向上
V 女刀九臼山朝西
C 又巴马，丢矢矣
X 慈母无心弓和匕
幼无力

五笔字型字根助记词

附录 B　五笔字型输入法示例图

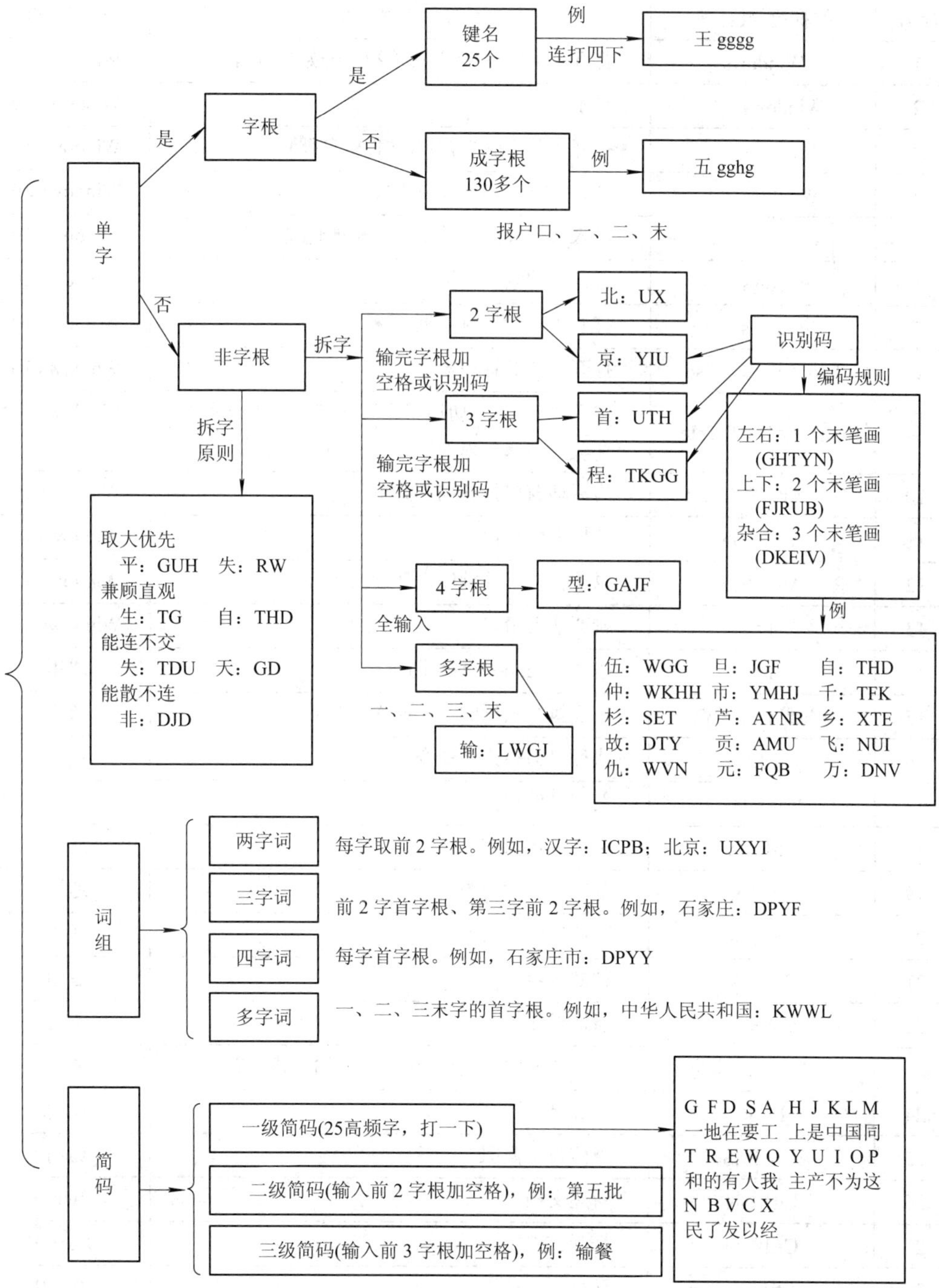

附录C 常用快捷键

序号	快捷键/组合键	功 能 描 述	适用场合
1	Windows	打开/关闭“开始”菜单和“开始”屏幕	Windows 10
2	Windows + D	显示桌面	Windows 10
3	Windows + E	打开“此电脑”窗口(文件管理器)	Windows 10
4	Windows + I	打开 Windows“设置”窗口	Windows 10
5	Windows + L	进入锁屏界面，锁定计算机或切换用户	Windows 10
6	Windows + Q	打开“搜索”对话框	Windows 10
7	Windows + R	打开“运行”对话框	Windows 10
8	Ctrl + Shift + Esc	打开“任务管理器”	Windows 10
9	Ctrl + Alt + Delete	出现“锁定”“切换用户”“注销”“更改密码”“任务管理器”界面	Windows 10
10	Alt+空格	为活动窗口打开控制菜单	Windows 10
11	Alt + Tab	切换桌面窗口	Windows 10
12	Alt + Esc	以项目打开的顺序循环切换项目	Windows 10
13	F5	刷新活动窗口	Windows 10
14	F1	搜索 Windows 的帮助信息	通用
15	F4(或 Ctrl + Y)	重复执行最近的一次操作	通用
16	F12	执行“另存为”命令	通用
17	Alt + F4	关闭当前窗口	通用
18	Ctrl + A	全部选定内容	通用
19	Ctrl + C	复制选定的内容	通用
20	Ctrl + X	剪切选定的内容	通用
21	Ctrl + V	粘贴内容	通用
22	Ctrl + Z	撤销操作	通用
23	Ctrl + 鼠标滚动	更改桌面图标大小(放大/缩小窗口内容)	通用
24	PrtSc	全屏幕截图	通用
25	Alt + PrtSc	当前窗口截图	通用
26	Ctrl + N	新建文档	Office 中
27	Ctrl + O	打开文档	Office 中
28	Ctrl + S	存盘	Office 中

续表

序号	快捷键/组合键	功 能 描 述	适用场合
29	Ctrl + P	打印	Office 中
30	Ctrl + W	关闭文档	Office 中
31	Ctrl + F/H	查找/替换	Office 中
32	F5(或 Ctrl + G)	打开“查找”“替换”“定位”对话框	Word 中
33	F9	重新计算(更新域)	Word 中
34	Ctrl + 回车	插入分页符	Word 中
35	Shift + 回车	输入手动换行符	Word 中
36	Ctrl + 回车	在选定的单元格区域中输入相同的内容	Excel 中
37	Ctrl + ;	输入系统当前日期	Excel 中
38	Ctrl + Shift + ;	输入系统当前时间	Excel 中
39	Ctrl + 1	打开“设置单元格格式”对话框	Excel 中
40	F2	编辑单元格(相当于双击单元格)	Excel 中
41	F4	切换单元格地址的引用方式	Excel 中
42	F5(或 Ctrl + G)	打开“定位”对话框	Excel 中
43	F9	重新计算	Excel 中
44	F11	根据所选定的数据区域一键生成柱形图	Excel 中
45	Ctrl + Shift + 回车	输入数组公式	Excel 中
46	Shift + F3	更改字母大小写	Word/PPT 中
47	Ctrl + M	新建幻灯片	PPT 中
48	F5	从头开始放映	PPT 中
49	Shift + F5	从当前幻灯片开始放映	PPT 中
50	Esc	结束放映	PPT 中

参 考 文 献

[1] 眭碧霞. 计算机应用基础任务化教程[M]. 北京：高等教育出版社，2013
[2] 周晓宏，聂哲，李亚奇. 计算机应用基础[M]. 北京：清华大学出版社，2014
[3] 曾广雄，吴秀英. 计算机应用基础项目化教程[M]. 西安：西安电子科技大学出版社，2013
[4] 胡忭利. 计算机应用基础项目教程[M]. 西安：西安电子科技大学出版社，2015
[5] 孙斌. 计算机文化基础[M]. 西安：西安电子科技大学出版社，2014
[6] 李雪. 计算机应用基础[M]. 3 版. 北京：中国铁道大学出版社，2008
[7] 邢友深，李献军，李同芳. 计算机应用基础[M]. 北京：中国铁道大学出版社，2014
[8] 刁洪斌. 计算机应用基础项目化教程[M]. 大连：大连理工大学出版社，2015
[9] 柏世兵，赵友贵. 计算机文化基础实训指导[M]. 大连：大连理工大学出版社，2014
[10] 柴欣，史巧硕. 大学计算机基础实验教程[M]. 7 版. 北京：中国铁道出版社，2017